全国高等职业教育规划教材

移动通信技术

第2版

高　健　刘良华　王鲜芳　编著

机　械　工　业　出　版　社

移动通信已成为现代综合业务通信网中不可缺少的一环，它和卫星通信、光纤通信一起被列为三大新兴通信手段。目前，移动通信已从模拟技术发展到了数字技术阶段，并且正朝着个人通信这一更高阶段发展。本书全面介绍了现代移动通信系统的组成，既讲述了基本知识和基本原理，又介绍了新技术、新发展和新成果。全书共分为7章，第1章是移动通信简介，第2章是移动通信的传输信道，第3章是GSM移动通信系统，第4章是CDMA移动通信系统，第5章是移动通信基站的工程建设，第6章是第三代移动通信，第7章是直放站与室内覆盖系统。

本书既可作为高职高专院校电子信息和通信技术专业的教材，也可供通信工程技术人员学习使用。

本书配套授课电子教案，需要的教师可登录www.cmpedu.com免费注册、审核通过后下载，或联系编辑索取（QQ：1239258369，电话：010-88379739）。

图书在版编目（CIP）数据

移动通信技术/高健，刘良华，王鲜芳编著．—2版．—北京：机械工业出版社，2012.4（2015.7重印）
全国高等职业教育规划教材
ISBN 978-7-111-37069-7

Ⅰ.①移… Ⅱ.①高…②刘…③王… Ⅲ.①移动通信－通信技术－高等职业教育－教材 Ⅳ.①TN929.5

中国版本图书馆CIP数据核字（2012）第004384号

机械工业出版社（北京市百万庄大街22号 邮政编码100037）
责任编辑：王 颖 版式设计：石 冉
责任校对：张 媛 责任印制：乔 宇
北京机工印刷厂印刷（三河市南杨庄国丰装订厂装订）
2015年7月第2版第3次印刷
184mm×260mm·12印张·296千字
6 001—9 000册
标准书号：ISBN 978-7-111-37069-7
定价：25.00元

出版说明

根据《教育部关于以就业为导向深化高等职业教育改革的若干意见》中提出的高等职业院校必须把培养学生动手能力、实践能力和可持续发展能力放在突出的地位，促进学生技能的培养，以及教材内容要紧密结合生产实际，并注意及时跟踪先进技术的发展等指导精神，机械工业出版社组织全国近60所高等职业院校的骨干教师对在2001年出版的“面向21世纪高职高专系列教材”进行了全面的修订和增补，并更名为“全国高等职业教育规划教材”。

本系列教材是由高职高专计算机专业、电子技术专业和机电专业教材编委会分别会同各高职高专院校的一线骨干教师，针对相关专业的课程设置，融合教学中的实践经验，同时吸收高等职业教育改革的成果而编写完成的，具有“定位准确、注重能力、内容创新、结构合理和叙述通俗”的编写特色。在几年的教学实践中，本系列教材获得了较高的评价，并有多个品种被评为普通高等教育“十一五”国家级规划教材。在修订和增补过程中，除了保持原有特色外，针对课程的不同性质采取了不同的优化措施。其中，核心基础课的教材在保持扎实的理论基础的同时，增加实训和习题；实践性较强的课程强调理论与实训紧密结合；涉及实用技术的课程则在教材中引入了最新的知识、技术、工艺和方法。同时，根据实际教学的需要对部分课程进行了整合。

归纳起来，本系列教材具有以下特点：

1）围绕培养学生的职业技能这条主线来设计教材的结构、内容和形式。

2）合理安排基础知识和实践知识的比例。基础知识以“必需、够用”为度，强调专业技术应用能力的训练，适当增加实训环节。

3）符合高职学生的学习特点和认知规律。对基本理论和方法的论述要容易理解、清晰简洁，多用图表来表达信息；增加相关技术在生产中的应用实例，引导学生主动学习。

4）教材内容紧随技术和经济的发展而更新，及时将新知识、新技术、新工艺和新案例等引入教材。同时注重吸收最新的教学理念，并积极支持新专业的教材建设。

5）注重立体化教材建设。通过主教材、电子教案、配套素材光盘、实训指导和习题及解答等教学资源的有机结合，提高教学服务水平，为高素质技能型人才的培养创造良好的条件。

由于我国高等职业教育改革和发展的速度很快，加之我们的水平和经验有限，因此在教材的编写和出版过程中难免出现问题和错误。我们恳请使用这套教材的师生及时向我们反馈质量信息，以利于我们今后不断提高教材的出版质量，为广大师生提供更多、更适用的教材。

机械工业出版社

前　言

随着科学技术的不断发展，发达国家和发展中国家都在致力于现代综合业务通信网的建设，而现代综合业务通信网中不可缺少的一环就是移动通信。由于移动通信集中了有线和无线通信的最新技术成就，不仅可以传送语音信息，而且还能够传送数据信号，使用户随时随地快速而可靠地进行多种信息交换，因此，它和卫星通信、光纤通信一起被列为现代通信领域中的三大新兴通信手段。移动通信从模拟技术起步，经历了数字技术阶段，现代已经发展到宽带技术阶段即3G时代。未来移动通信的目标是，能在任何时间、任何地点、为任何个人提供快速可靠的通信服务。

移动通信在我国的发展特别快，自20世纪80年代后期投入运行以来，得到广泛使用，越来越被人们所重视，现在移动用户的数量已经超过固定电话数量，它对经济和社会的发展正在发挥日益显著的作用。

所谓移动通信，系指通信双方或至少一方是在运动中进行信息交换的。例如移动体（车辆、船舶、飞机）与固定点之间、或移动体之间的通信等。移动通信采用的是无线通信方式，可以应用于任何条件下，特别是常用在有线通信不可及的场合（如无法架线、埋电缆等）。由于是无线方式，而且是在移动中进行通信，所以移动通信方式具有许多特点。

为了使学生在有限的学时内了解现代移动通信技术的原理和系统、建立完整的移动通信概念、掌握移动通信网的组成，我们将各类移动通信系统（如GSM系统、CDMA系统、3G系统）以及有关工程建设内容浓缩在一门课程中，本书就是专门为这门课程编写的教材。

本书可作为高职高专通信技术专业的专业课教材，也可作为高职高专电子信息技术专业的选修课教材，教学计划为60课时。

本书的第1章和第3章由刘良华编写，第2章和第4章由王鲜芳编写，其余各章及实验部分由高健编写。高健负责全书的统稿工作。考虑到移动通信技术的发展状况，再版修订过程中，将原来的第5章“小灵通个人通信接入系统”改为“移动通信基站的工程建设”，原来的第7章“手机与直放站”改为“直放站与室内覆盖系统”。

在本书的再版修订过程中，得到了中国移动珠海分公司、珠海银邮光电有限公司、珠海世纪鼎利通信科技股份有限公司等多家企业的大力支持，在此深表感谢。同时，也对高健的两位同事魏东和邱小群表示感谢，他们在工作中给予编者大力帮助。

鉴于编者水平有限，加上编写时间紧迫，书中难免存在不妥之处，恳请读者批评指正。

编　者

目　录

第1章 移动通信简介

移动通信是现代通信技术中非常重要的一部分。顾名思义，移动通信就是通信双方至少有一方在运动状态中进行信息交换。例如，移动体（车辆、船舶、飞机或行人）与固定点之间或者移动体与移动体之间的通信都属于移动通信范畴。

现代移动通信技术是一门复杂的高新技术。它不但集中了无线通信和有线通信的最新技术成果，而且集中了网络技术和计算机技术的许多成果。目前，移动通信已从模拟技术发展到了数字技术阶段，并且正朝着个人通信这一更高阶段发展。未来移动通信的目标是，能在任何时间、任何地点为任何人提供快速可靠的通信服务。

1.1 移动通信的特点和分类

1.1.1 移动通信的特点

移动通信采用的是无线通信方式，可以应用于任何条件下，特别是常用在有线通信无法实现的场合（如无法架线、埋电缆等）。移动通信具有以下特点。

1. 电波衰落现象

由于电波受到城市高大建筑物的阻挡等原因，移动台接收到的是多径信号，即同一信号通过多种途径到达接收天线。这种信号的幅度和相位都是随机的，其幅度是瑞利分布的，相位在 $0\sim2\pi$ 范围内均匀分布。因此，当信号出现严重的衰落现象时，其衰落深度可达30dB左右。此时，就要求移动台要具有良好的抗衰落的技术指标。

2. 远近效应

当基站同时接收两个距离不同的移动台发来的信号时，距基站近的移动台B到达基站的功率明显要大于距离基站远的移动台A的到达功率，若二者频率相近，则移动台B的信号就会对移动台A的信号产生干扰或抑制，甚至将移动台A的有用信号淹没，这种现象称为远近效应。克服远近效应的措施主要有两个：一是使两个移动台所用频道拉开必要间隔，二是在移动台端增加自动（发射）功率控制（APC），使所有工作的移动台到达基站的功率基本一致。由于频率资源紧张，所以几乎所有的移动通信系统对基站和移动终端都采用APC工作方式。

3. 干扰大

移动台通信环境的变化是很大的，经常处于强干扰区进行通信。例如，移动台附近的发射机可能对正在通信的移动台形成强干扰。又如，汽车在公路上行驶，本车和其他车辆的噪声所形成的干扰也相当严重。移动通信的质量取决于设备本身的性能和外界的噪声、干扰。噪声主要是由电磁设备（如工厂的高频热合机、高频炉等电磁设备及汽车的点火系统等）引起的；干扰主要有互调干扰、邻道干扰、同频干扰等。

4. 多普勒效应

运动中的移动台所接收到的载频将随运动速度变化而变化，产生不同频移（称为多普勒效应），从而造成接收点的信号场强也在不断变化，其变化范围可达 20 ~ 30dB。

5. 环境条件差

移动台长期处于运动中，尘土、振动、日晒、雨淋的情况时常遇到，这就要求它必须有防振、防尘、防潮、抗冲击等能力。此外，还要求性能稳定可靠、携带方便、低功耗等。同时，为便于用户使用，还要求移动台操作方便、坚固耐用，这都给移动台的设计和制造带来很多困难。

1.1.2 移动通信的分类

随着移动通信应用范围的不断扩大，移动通信系统的类型越来越多，其分类方法也多种多样。

1. 按设备的使用环境分类

按设备的使用环境分类主要有 3 种类型，即陆地移动通信、海上移动通信、航空移动通信。作为特殊使用环境，还有地下隧道矿井、水下和太空等移动通信。

2. 按服务对象分类

按服务对象分类可分为公用移动通信和专用移动通信。在公用移动通信中，目前我国有中国移动、中国联通、中国电信经营的移动电话业务，由于它是面向社会各阶层人士的，所以称为公用网。专用移动通信是为了保证某些特殊部门需要所建立的通信系统，由于各个部门的性质和环境有很大区别，所以各个部门（例如：公安、消防、急救、防汛、交通管理、机场调度等）对使用的移动通信网的技术要求有很大差异。

3. 按系统组成结构分类

1）蜂窝移动电话系统。蜂窝移动电话是移动通信的主体，它是具有全球性用户容量最大的移动电话网。

2）集群调度移动电话。它可将各个部门所需的调度业务进行统一规划建设，集中管理，每个部门都可建立自己的调度中心台。它的特点是共享频率资源，共享通信设施，共享通信业务，共同分担费用。

3）无中心个人无线电话系统。它没有中心控制设备，这是与蜂窝网和集群网的主要区别。它将中心集中控制转化为电台分散控制。由于不设置中心控制，所以可以节约建网投资，并且频率利用率最高。系统采用数字选呼方式，并采用共用信道传送信令，接续速度快。由于系统没有蜂窝移动通信系统和集群系统那样复杂，建网简易，投资低，所以性能价格比最高，适用于个人业务和小企业的单区组网分散小系统。

4）公用无绳电话系统。公用无绳电话是公共场所使用的无绳电话系统，例如商场、机场、火车站等。通过无绳电话可以呼入市话网，也可以实现双向呼叫。它的特点是不适用于乘车使用，只适用于步行。

本书将着重介绍公用移动通信系统，它主要采用了蜂窝移动通信技术。

1.2 移动通信的工作方式

移动通信的工作方式可分为单向通信方式和双向通信方式两大类，而双向通信方式又可分为单工通信方式、双工通信方式和半双工通信方式 3 种类型。

1.2.1 单向通信方式

所谓单向通信方式就是通信双方中的一方只能接收信号，而另一方只能发送信号，不能互逆。单向通信方式中收信号方不能对发信号方直接进行信息反馈。移动通信中的无线寻呼系统就是采用这种工作方式，寻呼机只能收信而不能发信，反馈信息只能通过打电话间接地来完成。

1.2.2 双向通信方式

所谓双向通信方式就是通信双方都可以接收信号和发送信号。双向通信又可分为单工、双工、半双工 3 种通信方式。

1. 单工通信方式

单工通信方式也叫按-讲方式，就是移动通信的双方只能交替地发送信号和接收信号，而不能同时发送信号和接收信号。常用的对讲机就是采用这种通信方式。平时天线与接收机相连接，发信机不工作。当一方用户需要讲话时，按下“按-讲”开关（简称 PTT 开关），天线与发信机相连，发信机同时开始工作；另一方的天线接至接收机，因而可收到对方发来的信号。

这种工作方式只允许一方发送时另一方接收。甲方发送期间，乙方只能接收而无法应答，这时即使乙方起动其发射机也无法通知甲方使其停止发送。此外，任何一方当发话完毕时，必须立即松开 PTT 开关，否则将收不到对方发来的信号。

根据收、发频率的异同，单工通信又可以分为同频单工和异频单工。

1）同频单工。通信双方使用相同的频率 f_1 工作，发送时不接收，接收时不发送，只占用一个频点。其通信方式示意图如图 1-1 所示。

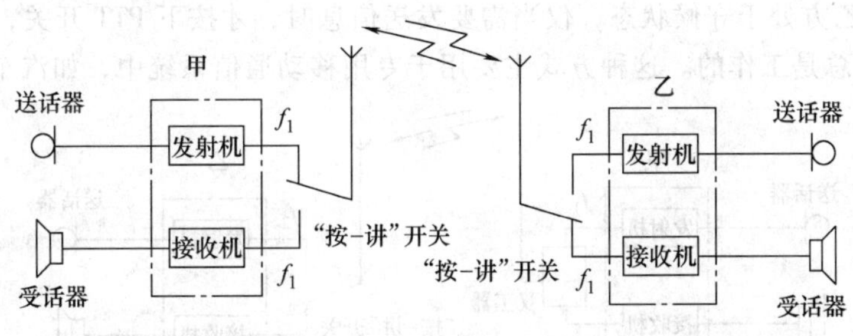

图 1-1　同频单工通信方式示意图

2）异频单工。发信机和收信机分别使用两个不同的频率进行发送和接收。如甲的发射频率和乙的接收频率为 f_1，而乙的发射频率和甲的接收频率为 f_2。同一部电台的发射机和接收机是轮换工作的，其通信方式示意图如图 1-2 所示。

2. 双工通信方式

双工通信方式是指通信的双方在通话时收、发信机均同时工作，即任意一方在发话的同时，也能收听到对方的信息，与普通有线电话的使用情况类似。双方一般通过双工器来完成这种功能，其示意图如图 1-3 所示。

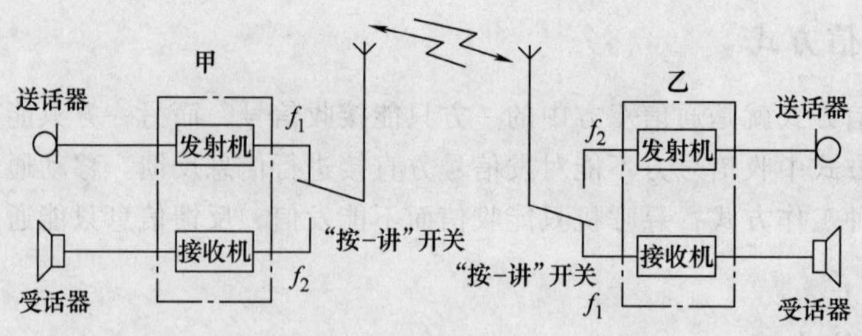

图 1-2　异频单工通信方式示意图

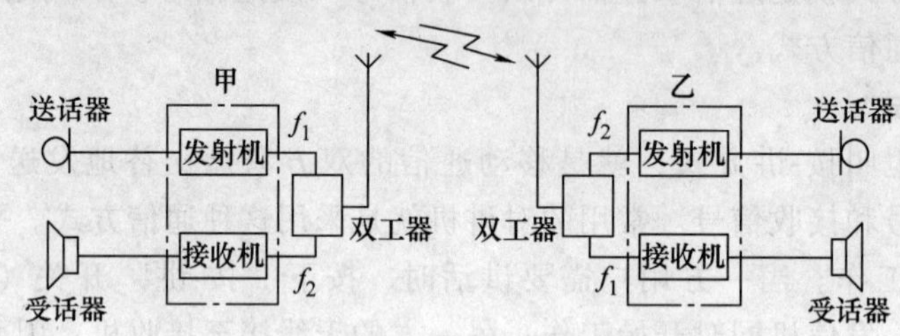

图 1-3　双工通信方式示意图

早期的双工方式，移动台在一次通话过程中，不管是否发话，发射机总是工作的，故电源损耗大。这一点对以电池作电源的移动台而言是不利的。目前，移动台一般采用激活方式工作，当确定有信号要发射时，发射机才工作，在间隙期间，发射机停止工作。

3. 半双工通信方式

这种方式指通信双方中的一方使用双工方式，收发信机同时工作，且使用两个不同频率 f_1 和 f_2；另一方则采用异频单工方式，即收发信机交替工作。半双工通信方式示意图如图 1-4 所示。平时，乙方处于守候状态，仅当需要发送信息时，才按下 PTT 开关，这时发射机才工作，而接收机总是工作的。这种方式主要用于专用移动通信系统中，如汽车调度等。

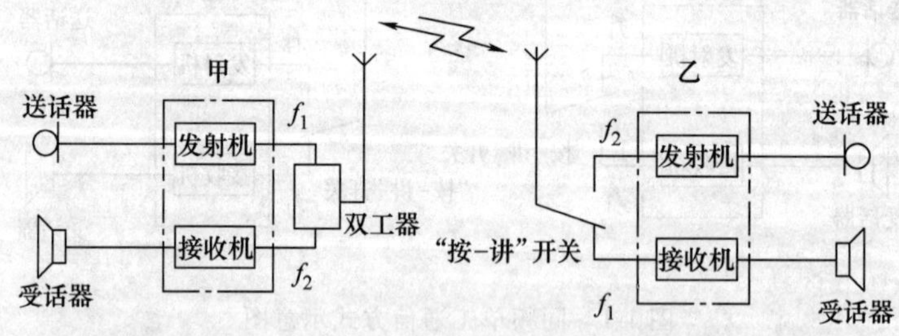

图 1-4　半双工通信方式示意图

1.3　移动通信系统的组成

移动通信系统一般由移动台（MS）、基站（BS）、移动业务交换中心（MSC）组成，其示意图如图 1-5 所示。

移动业务交换中心主要用来处理信息的交换和整个系统的集中控制管理，负责交换移动

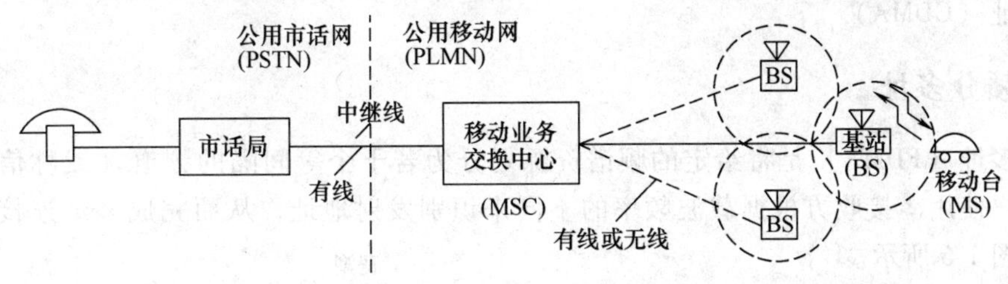

图 1-5 移动通信系统的组成示意图

台各种类型的呼叫，如本地呼叫、长途呼叫和国际呼叫，提供连接维护管理中心的接口，还可以通过标准接口与基站或其他 MSC 相连。

基站包括一个基站控制器（BSC）和由其控制的若干个基站收发信系统（BTS），负责管理无线资源，实现固定网与移动用户之间的通信连接，传送系统信号和用户信息。BSC 与 MSC 之间采用有线中继电路传输信号，有时也可采用微波中继方式传输信号。

移动台是移动通信系统不可缺少的一部分，它有手持机和车载台等类型。在数字蜂窝移动通信系统中，移动台除基本的电话业务以外，还可为用户提供各种非语音业务。

基站和移动台都有收发信机和天线等设备。每个基站都有一个可靠的通信服务范围，称为无线小区。无线小区的大小，主要由基站的发射功率、天线的高度以及接收机的接收灵敏度等条件决定。

大容量的移动通信系统可以由多个基站构成，从而形成一个移动通信网。由图 1-5 所示可以看出，通过基站和移动业务交换中心就可以实现在整个服务区内任意两个移动用户之间的通信，也可以通过中继线与市话局连接，实现移动用户和市话用户之间的通话，从而构成一个有线与无线相结合的移动通信系统。

1.4 移动通信系统的多址方式

从移动通信网的构成可以看出，移动通信具有广播和大面积覆盖的特点。大部分移动通信系统都有一个或几个基站。基站要和许多移动台同时通信，因此基站通常是多路同时工作的，有多个信道；而每个移动台只为一个移动用户使用，是单路工作的。这样，基站的多路工作和移动台的单路工作形成了移动通信的一大特点。在移动通信业务区内，移动台之间或移动台与市话用户之间，通过基站同时建立各自的信道，以实现双向通信的连接，这称为多址连接。

基站以怎样的信号传输方式接收、处理和转发由各移动台发射出来的信号呢？又以怎样的信号结构发出对各种移动台的寻呼信号，并且使移动台从这些信号中识别出发给本台的信号呢？这就是多址连接方式问题。

使用多址方式旨在使许多移动用户同时分享有限的无线信道资源，即将可用的资源（如可用的信道数）同时分配给众多的用户共同使用，以达到较高的系统容量。多址系统的设计主要有两个问题：一是多路复用，也就是将一条通路变成多个物理信道；二是信道分配，即将单个用户分配到某一具体信道上去。

在移动通信系统中，常用的 3 种多址方式是频分多址（FDMA）、时分多址（TDMA）

和码分多址（CDMA）。

1.4.1 频分多址

频分多址（FDMA）是将给定的频谱资源划分为若干个等间隔的频道（或称信道），供不同的用户使用。接收方根据载波频率的不同来识别发射地址，从而完成多址连接。FDMA示意图如图1-6所示。

从信道分配角度来看，可以认为FDMA方式是按照频率的不同给每个用户分配单独的物理信道，这些信道根据用户的需求进行分配。在用户通话期间，其他用户不能使用该物理信道。在频分全双工（FDD）情形下分配给用户的物理信道是一对信道（占用两段频率），一段频率用于前向信道（即基站向移动台传输的信道），另一段频率用于反向信道（即移动台向基站传输的信道）。

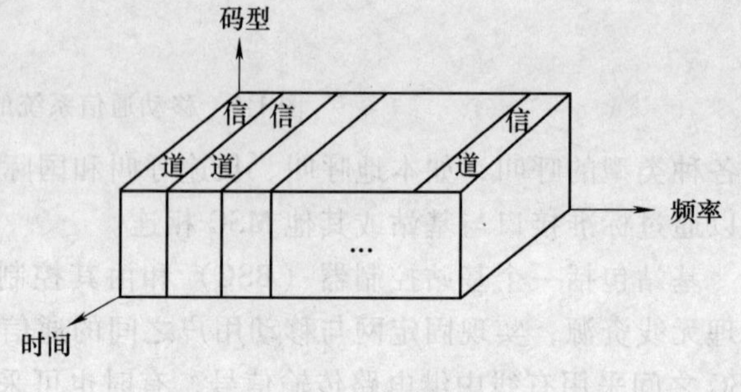

图1-6 FDMA示意图

1.4.2 时分多址

时分多址（TDMA）是把时间分割成周期的帧，每一帧再分割成若干个时隙（无论帧或时隙都是互不重叠的），然后根据一定的时隙分配原则，使各个移动台在每帧内只能按指定的时隙向基站发送信号，在满足定时和同步的条件下，基站可以分别在各时隙中接收到各移动台的信号而不混淆。同时，基站发向多个移动台的信号都按顺序安排在预定的时隙中传输，各移动台只要在指定的时隙内接收，就能在合路的信号中把发给它的信号区分出来。TDMA示意图如图1-7所示。每个用户占用一个周期性重复的时隙。

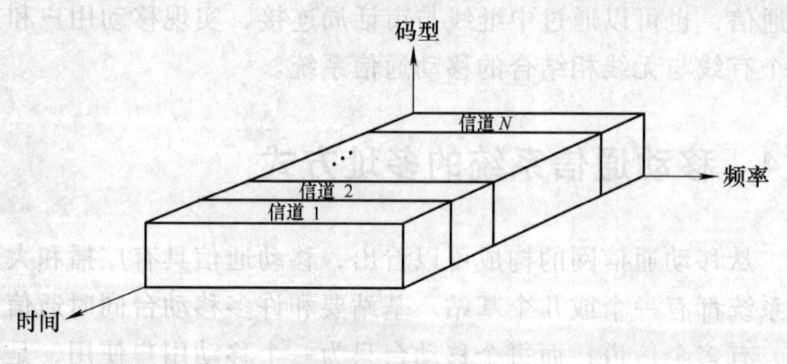

图1-7 TDMA示意图

图1-8所示是TDMA的帧结构。每条物理信道可以看做是每一帧中的特定时隙。在TDMA系统中，8个时隙组成一帧，每帧由前置码、信息码和尾比特组成。在TDMA/FDD系统中相同或相似的帧结构单独用于前向或反向。在一个TDMA的帧的前置码中，包括地址和同步信息，以便基站和用户都能彼此识别对方的信号。

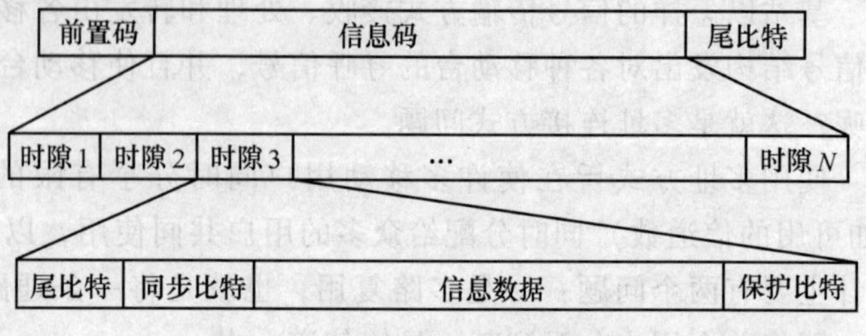

图1-8 TDMA帧结构

TDMA有如下一些特点。

1）TDMA系统中几个用户共享单一的载频，其中，每个用户占用彼此不重叠的时隙。每帧中的时隙数取决于几个因素，如调制方式、可用带宽等。

2）TDMA 系统中的数据发射不是连续的，以突发的方式进行发射。由于用户发射机可以在不同的时间（绝大部分时间）关掉，所以耗电较少。

3）同 FDMA 信道相比，TDMA 系统的传输速率一般较高，故需要采用自适应均衡。

4）TDMA 系统发射是不连续的，移动台可以在空闲的时隙里监听其他基站，从而使其越区切换过程大为简化。

5）TDMA 必须留有一定的保护时间（或相应的保护比特）。

6）由于采用突发式发射，所以 TDMA 系统需要更大的同步报头。TDMA 的发射是分时隙的，这就要求接收机对每个数据突发脉冲串保持同步。

7）TDMA 系统必须有精确的定时和同步，以保证各移动台发送的信号不会在基站发生重叠或混淆，并且能准确地在指定的时隙中接收基站发给它的信号。同步技术是 TDMA 系统正常工作的重要保证，但也是比较复杂的技术难题。

1.4.3 码分多址

在码分多址（CDMA）中，发射载波大多受到两种调制：一种是地址调制（扩频调制）；另一种是射频调制。所有移动台使用相同载频，并且可以同时发射，发射信号往往占有极宽的、有时甚至是移动通信频段的全部频带。每个移动台都有自己的地址码。接收时，对某一地址码，只有相同地址码的接收机才能检测出信号，而其他接收机检测出的是类似高斯过程的宽带噪声。CDMA 示意图如图 1-9 所示。

CDMA 的特征是，不同用户的地址码相互具有正交性，以区分不同用户，而用户信号在频率、时间上可能重叠。

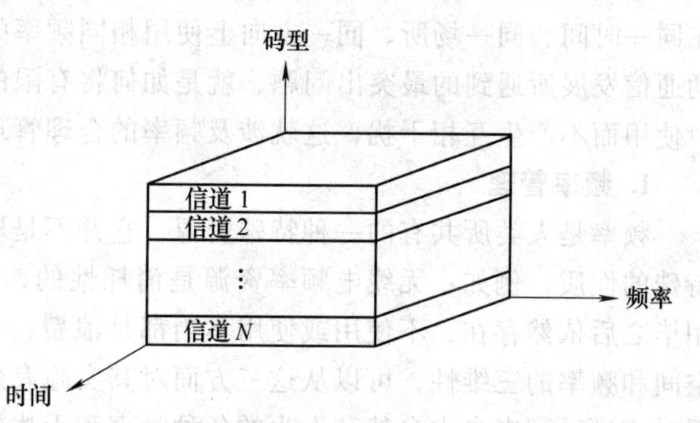

图 1-9 CDMA 示意图

CDMA 方式具有如下一些特点。

1）在 CDMA 系统中许多用户共享同一频率。

2）与 TDMA 或 FDMA 不同，CDMA 系统容量极限是软极限。由于 CDMA 系统用户数目的增加只是以线性方式增加背景噪声，所以 CDMA 系统用户数目没有绝对的极限，但是随着用户数目的持续增加会使系统性能逐渐降低，而随着用户数目逐渐减少又会使系统性能逐渐变好。

3）由于信号扩展到较大的频谱范围，所以多径衰落的影响会显著减小。扩频频带一般总大于信道的相干带宽，其内在的频率分集会降低频率选择性衰落的影响。

4）由于移动台的位置不固定，CDMA 移动通信系统肯定会产生远近效应（即近处无用信号压制远处有用信号的现象），所以，必须采取严格的功率控制技术，以保证到达基站的各移动台的信号强度保持一致。

1.5 组网技术

最早的移动通信是移动体之间或移动体与固体之间点对点的通信，只要将电台设定在同一无线电频道上即可进行通信。随着经济的发展，移动通信应用日益广泛，有限的无线频率要提供给越来越多的用户共同使用，频道拥挤。相互干扰已成为阻碍移动通信发展的首要问题。解决这一问题的办法就是按一定的规范组成移动通信网络，以保障网内用户有秩序地进行通信。

移动通信组网涉及的技术问题非常多，大致可以分为以下两个方面。首先，是对频率资源的合理管理与有效利用。频率是人类所共有的一种特殊资源，需在全球内统一管理，在不同的空间域、时间域和频率域可以采用多种技术手段来提高它的利用率。其次，是网络控制方面的问题。随着移动通信服务区域的扩大，需要用合理方法对全服务区划分并组成相应的网络。各种业务需求不同，网络结构也有所不同，为保证全网用户有序地进行通信，必须对网内的设备实施各种控制，这些控制信号的总体称为信令系统，它是通信网络的重要组成部分。在信令的控制之下，要适时地将主呼用户与被呼用户的线路连接起来，这就是网络的交换。这些都是移动通信组网的共性问题。

1.5.1 频率管理与有效利用技术

无线通信是利用无线电波在空间传递信息的。无数的用户共用同一个空间，因此，不能在同一时间、同一场所、同一方向上使用相同频率的无线电波，否则就会形成干扰。当前移动通信发展所遇到的最突出问题，就是如何将有限的可用频率有秩序地提供给越来越多的用户使用而不产生互相干扰，这就涉及频率的合理管理与有效利用。

1. 频率管理

频率是人类所共有的一种特殊资源，它并不是取之不尽的。与别的资源相比，它有一些特殊的性质，例如：无线电频率资源是消耗性的，用户只是在某一空间和时间内“占用”，用毕之后依然存在，不使用或使用不当都是浪费；电波传播不分地区国界；电波具有时间、空间和频率的三维性，可以从这三方面对其实施有效利用，以提高其利用率；电波在空间传播时容易受到来自大自然和人为的各种噪声和干扰的污染。基于这些特点，频率的分配使用需在全球范围制定统一的规则。

国际上，由国际电信联盟召开世界无线电管理大会，制定无线电规则。它包括各种无线电系统的定义、国际频率分配表和使用频率的原则、频率的分配和登记、抗干扰的措施、移动业务的工作条件以及无线电业务的分类等。国际频率分配表按照大区域和业务种类给定。全球划分为 3 个大区域：第 1 区是欧洲、非洲及蒙古国等；第 2 区是南北美洲（包括夏威夷）；第 3 区是亚洲（除蒙古国等国外）和大洋洲。业务类型划分为固定业务、移动业务（分陆、海、空）、广播业务、卫星业务和遇险呼叫等。

各国以国际频率分配表为基础，根据本国的情况，制定国家频率分配表和无线电规则。我国位于第 3 区，我国针对具体情况做了一些局部调整，分配给公用移动通信的频段主要在 150MHz、450MHz、900MHz 到 2000MHz。

双工移动通信网规定工作在各频段的收发频分别是，VHF 频段为 5. 7MHz、UHF450MHz

频段为 10MHz、UHF900MHz 频段为 45MHz，并规定基站对移动台（下行链路）为发射频率高、接收频率低；反之移动台（上行链路）为发射频率低、接收频率高。

我国统一管理频率的机构是国家无线电管理委员会，移动通信组网必须遵守国家有关的规定，并接受当地无线电管理委员会的管理。

2. 频率的有效利用技术

频率的有效利用是根据其时间、空间和频率域的三维性质，从这 3 个方面采用多种技术来提高它的利用率。

1）频率域的有效利用。频率域的有效利用主要是从信道的窄带化上着手，窄带化的方法从基带方面考虑可采用频带压缩技术，如低速率话音编码等；从射频调制频带方面考虑可采用各种窄带调制技术，如窄带和超窄带调频、插入导频振幅压扩单边带调制以及各种窄带数字调制技术。应用窄带化技术减小信道间隔后，可在有限的频段内设置更多的信道，从而提高频率的利用率。

2）空间域的有效利用。在某一地区使用了某一频率之后，只要能控制电波辐射的方向和功率，在相隔一定距离的另一地区完全可以重复使用这一频率，这就是所谓的频率复用。蜂窝移动通信就是根据这一概念组成的。在频率复用的情况下，会有若干收发信机使用同一频率，虽然它们工作在不同的空间，但相隔距离有限，仍会存在相互之间的干扰，这被称为同频干扰。在频率复用的通信网设计中，必须使同频工作的收发信机之间有足够的距离，以保证有足够的同频道干扰防护比。因此，在采用空间域的有效利用技术时，必须严格掌握好网络的空间结构以及各基站的信道配置等，这是组网技术的一个重要方面。

3）时间域的有效利用。当某一用户固定占用了某一信道进行通话时，任何其他用户都无法再使用这个信道。实际上它不可能占用全部时间一直在通话，总是有空闲的时间。可是在它空闲时别人却无法插入利用，只能让它闲置着，这是极大的浪费。如何充分利用这些空闲时间是值得研究的一个问题。CDMA 技术已经做出了尝试。

计算表明，若多个信道供大量用户共用，则频率资源的利用率可以明显提高。当然，在信道共用的情况下，当某一用户发出呼叫的同时，有可能信道正被其他用户占用着，因此呼叫不通，即发生"呼损"（如同有线电话的占线）。显然，在信道数一定的条件下，用户越多则频率使用率越高，同时呼损也越频繁。究竟怎样的呼损率是人们可以接受的，共用信道数、用户数、呼损率、信道利用率之间又有着怎样的定量关系，这都是多信道共用技术需要研究的问题，也是组网技术的一个重要方面。

频率有效利用的最终评价准则是频率利用率。它定义为

$$\eta = A \div (WST)$$

式中，η 代表频率利用率；A 代表通信话务量；W 代表使用的频带宽度；S 代表占有的物理空间大小；T 代表使用时间。由此可见，为提高频率利用率，应压缩信道带宽，减小电波辐射空间的大小，并使信道经常处于使用状态。

1.5.2 区域覆盖

任何移动通信网都有一定的服务区域，无线电波必须覆盖整个区域。由 VHF 和 UHF 的传播特性可知，一个基站只能在其天线高度的视距范围内为移动用户提供服务。这样的覆盖区称为一个无线小区，简称小区。如果网络的服务范围很大或地形复杂，则需用几个小区才

能覆盖整个服务区。例如，公路、铁路、海岸等就需用若干个小区形成带状网络才能进行覆盖，图 1-10 所示为带状网络示意图，由几个小区组成一个区群。群内不能使用相同信道，不同的群间可采用信道复用技术。此外，影响小区组成方式的还有地形、地物和用户分布等因素。

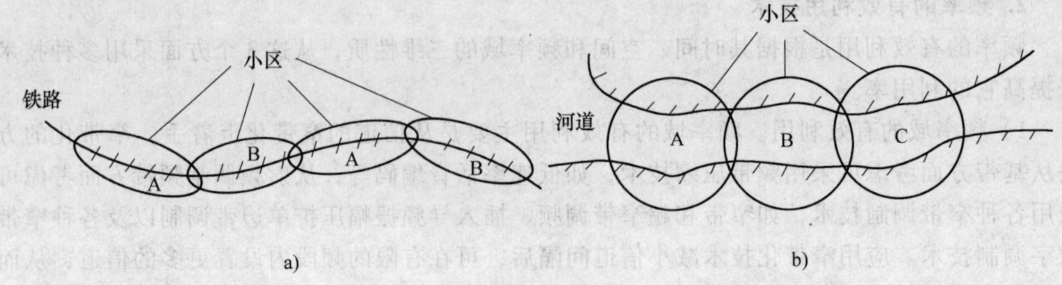

图 1-10　带状网络示意图

a）双频制　b）三频制

一般来说，移动通信网的区域覆盖方式分为两类：一类是小容量的大区制；另一类是大容量的小区制。这两种制式的控制方式有明显的差别，小区制采用了空域的同信道复用技术，频享资源利用率高，容量大，但控制方式复杂。

1. 大区制

大区制是指一个基站覆盖整个服务区。为了增大单基站的服务区域，天线要架设高，发射功率要大。但是这只能保证移动台可以接收基站的信号。反过来，当移动台进行发射时，会受到移动台发射功率的限制，就无法保障通信了。为了解决这个问题，可以在服务区内设若干分集接收点与基站相连，利用分集接收来保证上行链路的通信质量，也可以在基站采用全向辐射天线和定向接收天线，从而改善上行链路的通信条件。

为了增大通信用户量，大区制通信网只能增多基站的信道数（装备量也随之加大），但这总是有限的。因此，大区制只能适用于小容量的通信网，例如用户数在 1 000 以下。这种制式的控制方式简单，设备成本低，适用于中小城市、工矿以及专业部门，是发展专用移动通信网可选用的制式。

2. 小区制

小区制是将整个服务区划分为若干小区，每一小区设一基站负责与小区内所有的移动台进行无线电通信。同时设置一个移动交换中心，统一控制这些基站协调地工作，保证移动用户只要在其服务区内，不论在哪一个基站的辐射区，都能正常进行通信，以提供完善的服务。

小区制的主要特点是应用了空间域的同信道复用技术，这就解决了信道数少和用户数多之间的矛盾。当然在用户数继续增大时，还可以进一步划小无线区。小区制也带来一些问题。因为同信道复用，相隔一定距离的基站应用了同一信道，所以必定会形成同频道干扰。在通话过程中，若移动用户跨越小区边界，为了保证通信不中断，则必须自动切换频道，随着无线区的划小，切换的频率就会加大，而这种过境切换对控制系统的技术要求是很高的。

基站天线若用全向辐射，覆盖区形状便是圆的。带状网是采用定向天线，使每个小区呈扁圆形。带状网可进行频率复用。若采用不同信道的两个小区组成一区群（如图 1-10a 所示)，则称为双频制；若采用不同信道组的3个小区组成一个区群（如图1-10b所示)，则称为三频制。从造价和频率资源的利用而言，当然双频制最好；但从抗同频道干扰而言，则是双频制最差，还是应该考虑多频制。

设 n 频制的带状网络如图1-11所示，每一个小区的半径为 r，相邻小区的重叠宽度为 a，第 $n+1$ 区与第1区为同频道小区。据此，可算出信号传输距离 d_s 与同频道干扰传输距离 d_1 之比。若认为传输损耗近似与传输距离的四次方成正比，则在最不利的情况下可得到相应的干扰信号比，如表1-1所示。由此可见，双频制最多只能获得20dB的同频干扰抑制比，这通常是不够的。

若在平面区域划分小区，则最好组成蜂窝式的网络。在带状分布的蜂窝网中，小区呈线状排列，区群的组成和同频道小区距离的计算都比较方便，而在平面分布的蜂窝网中，这就是一个比较复杂的问题了。

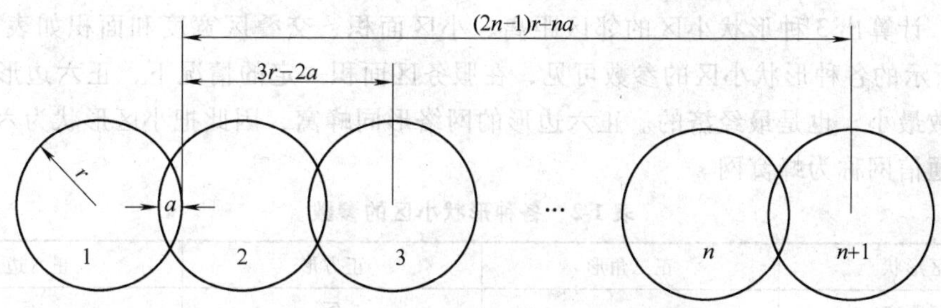

图1-11 n 频制的带状网示意图

表1-1 带状网的同频道干扰

		双频制	三频制	n 频制
$\frac{d_s}{d_1}$		$\frac{r}{3r-3a}$	$\frac{r}{5r-3a}$	$\frac{r}{(2n-1)r-na}$
信噪比	$a=0$	-20dB	-28dB	$40\lg\frac{1}{2n-1}$
	$a=r$	0dB	-12dB	$40\lg\frac{1}{n-1}$

1.6 蜂窝网的应用

公用移动电话系统也称为蜂窝移动通信系统，它采用了小区制覆盖方案，有效地解决了信道数量有限和用户数大量增加之间的矛盾。

1.6.1 小区形状

全天线辐射的覆盖是个圆形。为了不留空隙地覆盖整个平面服务区，一个个圆形辐射区之间一定含有很多的交叠。在考虑了交叠之后，实际上每个有效覆盖区是一个多边形。根据交叠情况不同，若在周围相间120°设置3个邻区，则有效覆盖区为正三角形；若相间90°设置4个邻区，则有效覆盖区为正方形；若相间60°设置6个邻区，则有效覆盖区为正六边形；小区的覆盖区形状如图1-12所示。可以证明，要用正多边形无空隙、无重叠地覆盖一个平

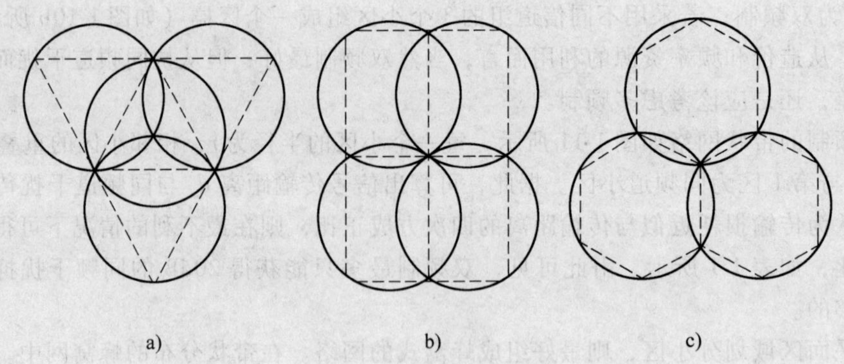

图 1-12 小区的覆盖区形状

面的区域，可取的形状只有这 3 种，那么这 3 种形状中哪一种最好呢？在辐射半径为 r 相同的条件下，计算出 3 种形状小区的邻区距离、小区面积、交叠区宽度和面积如表 1-2 所示。由表 1-2 所示的各种形状小区的参数可见，在服务区面积一定的情况下，正六边形小区所需要的基站数最小，也是最经济的。正六边形的网络形同蜂窝，因此把小区形状为六边形的小区制移动通信网称为蜂窝网。

表 1-2 各种形状小区的参数

小区形状	正三角形	正方形	正六边形
邻区距离	r	$\sqrt{2}r$	$\sqrt{3}r$
小区面积	$1.3r^2$	$2r^2$	$2.6r^2$
交叠区宽度	r	$0.59r$	$0.27r$
交叠区面积	$1.2\pi r^2$	$0.73\pi r^2$	$0.35\pi r^2$

1.6.2 区群的组成

相邻小区显然不能使用相同的信道，为了保证同信道小区之间有足够的距离，附近的若干小区都不能使用相同的信道。这些不同信道的小区组成一个区群，只有不同区群的小区才能进行信道复用。

区群的组成应满足两个条件：一是区群之间可以邻接，且无空隙、无重叠地进行覆盖；二是邻接的区群应保证各个相同信道小区之间的距离相等。满足上述条件的区群形状和区群内的小区数不是任意的。可以证明，区群内的小区数应满足下式

$$N = i^2 + ij + j^2$$

式中，i 和 j 为正整数。

由此可算出群内小区数 N 的可能取值，如表 1-3 所示。

表 1-3 群内小区数 N 的可能取值表

j \ i	0	1	2	3	4
1	1	3	7	13	21
2	4	7	12	19	28
3	9	13	19	27	37
4	16	21	28	37	48

1.6.3 同信道小区的距离

在区群内小区数不同的情况下，可用下面的方法来确定同信道小区的位置和距离。同信道小区的确定图如图 1-13 所示。自某一小区 A 出发，先沿边的垂线方向跨 j 个小区，再向左（或向右）转 60°，再跨 i 个小区，这样就到达同信道小区 A，在正六边形的 6 个方向上，可以找到 6 个相邻同信道小区，所有 A 小区之间的距离都相等。

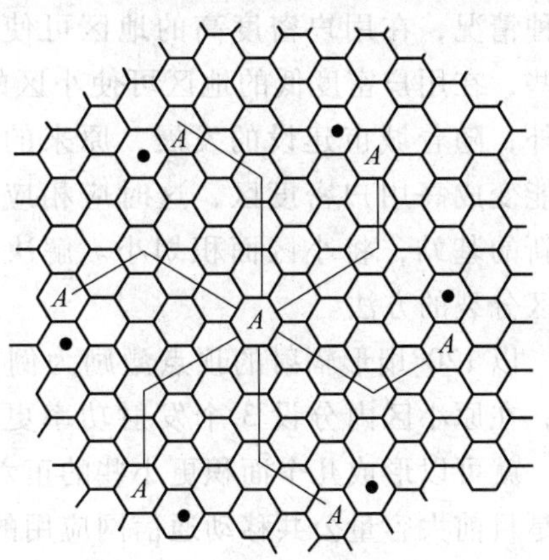

图 1-13　同信道小区的确定图

设小区的辐射半径（即正六边形外接圆的半径为 r），则从图 1-13 所示中可以算出同信道小区之间的传输距离为

$$d_1 = \sqrt{3}r\sqrt{(j+i/2)^2 + (\sqrt{3}i/2)^2} = \sqrt{3(i^2+ij+j^2)} \times r = \sqrt{3N} \times r$$

可见，群内小区数 N 越大，同信道小区的距离就越远，抗同频干扰的性能也就越好，这是小区制组网需要考虑的一个重要因素。

1.6.4 中心激励与顶点激励

基站被设在小区的中央，用全向天线形成圆形覆盖区，这就是所谓“中心激励”方式，如图 1-14a 所示。假设小区内有大的障碍物（如孤立的山丘或高大建筑物），中心激励方式难免会出现辐射阴影区，若改为在正六边形的 3 个顶点上设置基站，用 120°扇形辐射的定向天线就可以避免阴影区的出现，这就是所谓的“顶点激励”，顶点激励的基站设置如图 1-14b所示。图 1-15 所示说明了顶点激励消除障碍物阴影的原理。

顶点激励除对消除障碍物阴影有利外，对来自天线方向除主瓣之外的干扰还有一定的隔离度，因而允许同信道小区的距离可以减小些，这进一步提高了频率资源的利用率，对简化设备、降低成本都有好处，但控制将更复杂一些。

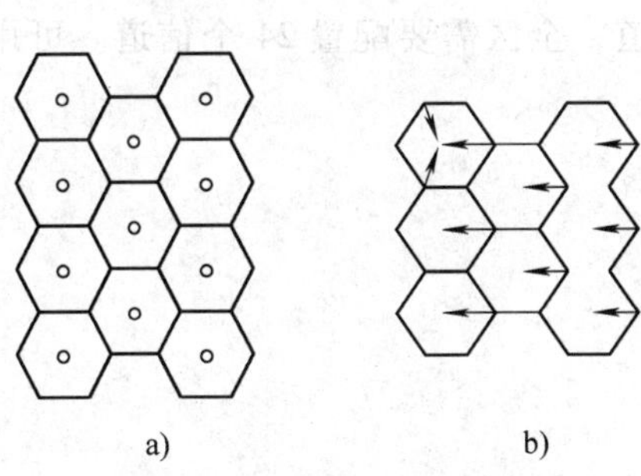

图 1-14　中心激励方式和顶点激励方式
a）中心激励　b）顶点激励

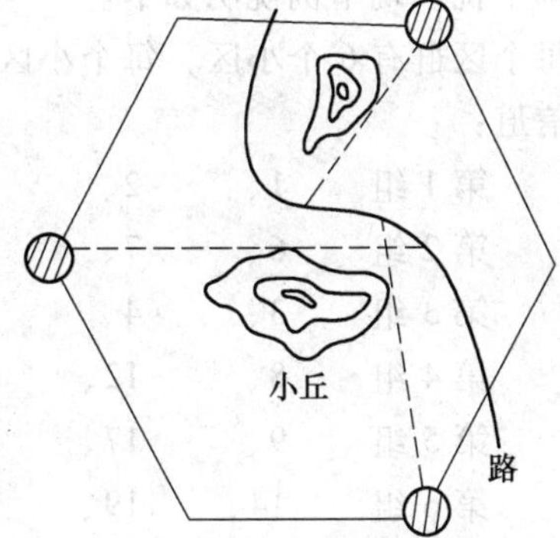

图 1-15　顶点激励消除障碍物阴影原理示意图

1.6.5 小区的分裂

以上均认为在整个服务区中每个区都是大小相同的，每个基站的信道数也是相同的，这

只能适应用户密度均匀的情况。事实上服务区内的用户密度是不均匀的，例如城市中心商业区的用户密度高，居民区和市郊区的用户密度低。为了适应这种情况，在用户密度高的地区可使小区的面积小一些，在用户密度低的地区可使小区的面积大一些。另外，随着城市建设的发展，原来的低用户密度区可能变成高用户密度区，这时应相应地在该地区设置新的基站，将小区面积划小。解决以上问题可用小区分裂的方法。

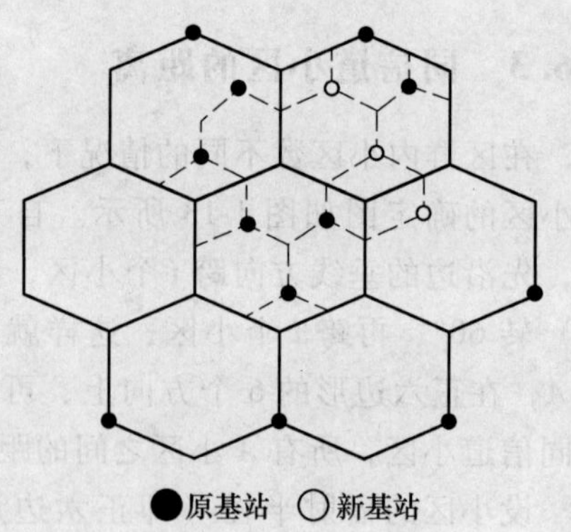

图 1-16 小区分裂示意图

以 120°扇形辐射的顶点激励为例，如图 1-16 所示，在原小区内分设 3 个发射功率更小一些的新基站，就可以形成几个面积更小些的正六边形小区，如图中虚线所示。这种蜂窝状的小区制方式是目前大容量公共移动通信网应用的主要覆盖方式。

1.7 信道配置

不论是大区制还是小区制的移动通信网，只要基站为多信道工作，都需要研究信道配置的问题。对大区制单基站的通信网，根据用户业务量的多少，需设置若干个信道，这些信道应按一定的规则配置，以避免互相干扰。至于小区制多个基站的通信网，对信道的配置有更为严格的限制。在信道分配中要解决 3 个问题，即信道组的数目（即群内小区数）、每组（即每个小区）的信道数目和信道的频率分配。

1.7.1 分区分组配置法

分区分组配置法所遵循的原则是，尽量减小占用的总频段，以提高频段的利用率；同一区群内不能使用相同的信道，以避免同频道干扰；小区内采用无三阶互调的相容信道组，以避免互调干扰。现举例说明如下。

设每个区群有 6 个小区，每个小区需要 4 个信道，全区需要配置 24 个信道。可用下面的 6 组信道：

第 1 组	1、	2、	5、	11
第 2 组	6、	7、	10、	16
第 3 组	3、	4、	13、	15
第 4 组	8、	12、	18、	25
第 5 组	9、	17、	20、	21
第 6 组	14、	19、	22、	23

这里 24 个信道互不相重，应用 24 个信道仅占用了 25 个信道的频段，利用率很高。每组信道都是无三阶互调的相容信道组，这是分区分组配置法的一个很好的例子。

若每个区群有 7 个小区，每个小区需 6 个信道，按上述原则进行分配，可得到下面 7 组信道：

第 1 组 1、 5、 14、 20、 34、 36

第2组	2、	9、	13、	18、	21、	31
第3组	3、	8、	19、	25、	33、	40
第4组	4、	12、	16、	22、	37、	39
第5组	6、	10、	27、	30、	32、	41
第6组	7、	11、	24、	26、	29、	35
第7组	15、	17、	23、	28、	38、	42

这里使用42个信道只占用了42个信道频率，是最佳的分配方案。

以上配置的主要出发点是避免三阶互调，但未考虑同一信道组中的频率间隔，可能会出现较大的邻道干扰，这是这种配置方法的一个缺陷。

1.7.2 等频距配置法

等频距配置法是按频率间隔来配置信道的，只要频距选得足够大，就可以有效地避免邻道干扰。这样的频率配置正好满足产生互调的频率关系，因为频距大，干扰易于被接收机输入滤波器清除，而不易作用到非线性器件，也就避免了互调的产生。

等频距配置时可根据群内的小区数 N 来确定同一信道组之间的频率间隔，例如，第1组用（$1, 1+N, 1+2N, 1+3N, \ldots$），第2组用（$2, 2+N, 2+2N, 2+3N, \ldots$）等。例如 $N=7$，则信道的配置为：

第1组	1、	8、	15、	22、	29、	…
第2组	2、	9、	16、	23、	30、	…
第3组	3、	10、	17、	24、	31、	…
第4组	4、	11、	18、	25、	32、	…
第5组	5、	12、	19、	26、	33、	…
第6组	6、	13、	20、	27、	34、	…
第7组	7、	14、	21、	28、	35、	…

这样，同一信道组内的信道最小频率间隔为7。若信道间隔为25kHz，则其最小频率间隔可达175kHz。可见，接收机输入滤波器可有效抑制邻道干扰和互调干扰。

以上是以全向天线进行中心激励的方式来说明的。如果是定向天线进行顶点激励的小区制，情况就有所不同。若是三顶点120°定向辐射，则每个基站应配置3组信道，向3个方向辐射，每个小区也有来自3个不同方向的3组信道的辐射。按我国体制规定，将900MHz频段分为A、B、C等3段。

A段频率为890~897.5MHz（移动台发，基站收）、935~942.5MHz（基站发，移动台收），按频道间隔25kHz计算，可划分为300个频道，序号为1~300。其中，频道序号1~22、44~300为通话频道，频道序号23~43为信令信道。频道序号1的频点为890.0125MHz（移动台发，基站收）和935.0125MHz（基站发，移动台收）；频段序号2的频点为890.0375MHz和935.0375MHz…直至频道序号300的频点为897.4875MHz和942.4875MHz。900MHz频段A段的频段配置图如图1-17所示。这就是说，每一频道序号指定了一对双工频道，所有频点标称频率的最后3位有效数字为12.5、37.5、62.5、87.5（单位为kHz）。

B段频率为897.5~905MHz（移动台发，基站收）、942.5~950MHz（基站发，移动台

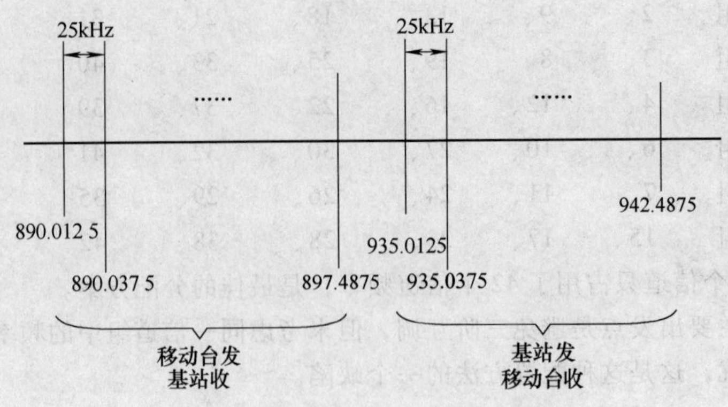

图 1-17 900MHz 频段 A 段的频段配置图

收）。频道序号为 301 ~ 600。

C 段频率（仅几个城市用）为 879 ~ 890MHz（移动台发，基站收），924 ~ 935MHz（基站发、移动台收）。频道序号为 1609 ~ 2047，最后还有一个序号为 0 的频点，它的标称频率是 889.9875MHz 和 934.9875MHz。

在 7 个基站 21 个扇形小区的情况下，可查表获取信道。例如，每一台需用 5 个信道，查表，基站 1 可配置如下 3 个信道组：

1a（23、44、65、86、107）

1b（30、51、72、93、114）

1c（37、58、72、100、121）

同理，基站 2 可配置如下 3 个信道组：

2a（24、45、66、87、108）

2b（31、52、73、94、115）

2c（38、59、80、101、122）

依此类推，即可完成 7 个基站 21 个信道组，总共 105 个频点的配置。

以上讲的信道配置方法都是将某一组信道固定配置给某一基站的，这只能适应移动台业务分布相对固定的情况。事实上，移动台业务的地理分布是经常发生变化的，如早上从住宅区向商业区移动，傍晚又反向移动，发生交通事故或集会时又向某处集中。此时，某一小区业务量增大，原来配置的信道可能不够用了，而相邻小区业务量小，原来配置的信道可能有空闲，小区之间的信道又无法相互调剂，因此频率的利用率不高，这就是固定配置信道的缺陷。为了进一步提高频率利用率，使信道的配置能随移动通信业务量地理分布的变化而变化，可采取两种办法。一种办法是动态配置法，即随业务量的变化重新配置全部信道；另一种办法是柔性配置法，即准备若干个信道，需要时提供给某个小区使用。前者如能理想地实现，频率利用率即可提高 20% ~ 50%，但要及时算出新的配置方案，且能避免各类干扰，收发信机及天线共用器等装备又能适应，是十分困难的。后者控制比较简单，只要预留部分信道使各基站都能共用，即可应付局部业务量变化的情况，是一种比较实用的方法。

1.7.3 多信道共用

移动通信的频率资源十分紧缺，不可能为小区内每一个移动台预留一个信道，只能配置好一组信道，为小区所有移动台共用。这就是这里要讨论的多信道共用问题，即一种在时间域内有效利用频率资源的技术。

在多信道共用的情况下，一个基站若有 n 个信道同时为小区内的全部移动用户所共用，则在其中 $k(k < n)$ 个信道被占用之后，其他要求通信的用户可以按照呼叫的先后顺序占用 $(n - k)$ 个空闲信道中的任何一个来进行通信。基站最多可以同时保障 n 个用户进行通信。究竟 n 个信道能提供多少用户使用呢？共用信道之后必然会遇到一次呼叫不通的情况，发生这种情况的概率有多大呢？下面将要讨论这些问题。

1. 话务量与呼损率

在话音通信中，业务量的大小用话务量来量度。话务量又分为流入话务量和完成话务量。流入话务量的大小取决于单位时间（如 1h）内平均发生的呼叫次数 λ 和每次呼叫平均占用信道的时间（含通话时间）S，显然 λ 和 S 的加大都会使业务量加大，因而可定义流入话务量 A 为

$$A = S\lambda \tag{1-1}$$

式中，λ 的单位是次/h，S 的单位是 h/次，两者相乘而得到的 A 应是一个量纲为 1 的量，专门命名它的单位为“爱尔兰”（Erl）。

根据式（1-1）的定义，可以这样理解 Erl 的含义：已知 1h 内平均发生呼叫的次数为 λ，用式（1-1）可求得

$$A\ (\mathrm{h}) = S\ (\mathrm{h}/次)\ \lambda\ (次)$$

可见，这个 A 是平均 1h 内所有呼叫需要占用信道的总小时数。因此，1Erl 就表示平均每小时内用户要求通话的时间为 1h。例如，全通信网平均每小时发生 20 次呼叫，即

$$\lambda = 20\ (次/\mathrm{h})$$

代入式（1-1），可得

$$A = \frac{1}{20} \times 20\mathrm{Erl} = 1\mathrm{Erl}$$

这就表示，1h 内平均呼叫 20 次所要求的总通话时间为 1h，所以流入话务量等于 1Erl。

从一个信道看，它充其量在 1h 之内不间断地进行通信，那么它所能完成的最大话务量也就是 1Erl，由于用户发起呼叫是随机的，不可能不间断地持续利用信道，所以一个信道实际所能完成的话务量必定少于 1Erl，也就是说，信道的利用率不可能达到 100%。

在信道共用的情况下，通信网是无法保证每个用户的所有呼叫都能成功的，必然有少量的呼叫会失败，即发生“呼损”。已知全网用户在单位时间内的平均呼叫次数为 λ，其中有的呼叫成功了，有的呼叫失败了，设单位时间内成功呼叫的次数为 λ_0（$\lambda_0 < \lambda$），就可以算出完成话务量 A_0 为

$$A_0 = \lambda_0 \times S$$

流入话务量 A 与完成话务量 A_0 之差，即为损失话务量，其与流入话务量的比率即为呼叫损失的比率，称为呼损率，用符号 B 表示

$$B = (A - A_0)/A = (\lambda - \lambda_0)/\lambda$$

显然，呼损率 B 越小，成功呼叫的概率就越大，用户就越满意。因此，呼损率 B 也称为通信网的服务等级（或业务等级）。例如，某通信网的服务等级为 0.05（即 $B = 0.05$），表示在全部呼叫中未被接通的概率为 5%。但是，对于一个通信网来说，要想使呼叫损失

小，只有使流入话务量减小（即使可容纳的用户数减少些），但这又是我们所不希望的。可见，呼损率与流入话务量是相互矛盾的，要折中处理。

2. 完成话务量的性质与计算

设在观察时间 T 小时内，全网共完成 M 次通话，则每小时完成的呼叫次数为

$$\lambda_0 = M/T$$

完成话务量即为

$$A_0 = S\lambda_0 = 1/TMS$$

式中，$M \times S$ 为观察时间 T 小时内的实际通话时间。

完成话务量是同时被占用信道数（是随机的）的数学期望，因此可以说，完成话务量就是通信同时被占用信道数的统计平均值，也是单位时间内各信道被占用时间的总和，表示了通信网的繁忙度。

【例 1-1】　某通信网共有 8 个信道，从上午 8 时至 10 时共 2h 的观察时间内，统计出 n 个信道同时被占用的时间为

n	0	1	2	3	4	5	6	7	8
T_n/h	0.1	0.2	0.3	0.5	0.4	0.2	0.1	0.1	0.1

按占用时间的总和计算

$$\begin{aligned} A &= [(1 \times 0.2 + 2 \times 0.3 + 3 \times 0.5 + 4 \times 0.4 + 5 \times 0.2 + 6 \times 0.1 + 7 \times 0.1 + 8 \times 0.1)/2]\text{Erl} \\ &= 3.5\text{Erl} \end{aligned}$$

这说明在总共 8 个信道中，2h 的观察时间内平均有 3.5 个信道被占用，每个信道每小时的平均被占用时间为 3.5/8h = 0.4375h。因为一个信道的最大可容话务量是 1Erl，因此它的平均信道利用率就是 43.75%。从这里看信道利用率似乎不太高，但是若进一步提高信道率，则将会使呼损率加大。

1.7.4　空闲信道的选取

对于多信道共用的移动通信网，如果在基站控制的小区内有 n 个无线信道提供给 $n \times m$ 个移动用户共同使用，那么当某一用户需要通信而发出呼叫时，怎么知道这 n 个信道中哪一个是空闲的呢？

1. 专用呼叫信道方式

这种方式在网中设置专门的呼叫信道，专用于处理用户的呼叫，向用户发出选呼，指定通信的语音信道等。移动用户只要不通话时就停在呼叫信道上守候，要发起呼叫时就通过专用呼叫信道发出呼叫信号，控制中心通过专用呼叫信道给主呼和被呼的移动用户指定可用的空闲信道。当移动台被呼时，基站在专用呼叫信道上发出选呼信号，被呼移动台应答后即按基站的指令转入某一空闲语音信道进行通信。这种方式的优点是处理呼叫的速度快，但是，若当用户数和共用信道数不多时，则专用呼叫信道处理呼叫并不繁忙，而它又不能用于通话，故利用率不高。因此，这种方式适用于大容量的移动通信网，是公用移动电话网所用的主要方式。我国规定 900MHz 蜂窝移动电话网就采用这种方式。

2. 循环定位方式

这种方式不设置专门的呼叫信道，所有的信道都可供通话。选择呼叫与通话可在同一信

道上进行，基站在某一空闲信道上发出空闲信号，所有未在通话的移动台都自动地对所有信道进行循环扫描，一旦在某一信道上收到空闲信号，就定位在这个信道上守候，所有呼叫都在这个标定的空闲信道上进行。在这个信道被某一移动台占用之后，基站就转往另一空闲信道发出空闲信号，如果基站的全部信道都被占用，基站就停发空闲信号，所有未通话的移动台就不停地循环扫描，直到出现空闲信道为止，收到空闲信号后才定位。

在移动台受呼时，基站在标有空闲标志的空闲信道上发出选呼信号。所有定位在次空闲信道上的移动台都可收到这个选呼信号，在与本机的号码核对之后，若判定为呼叫本机即发出应答信号。基站在收到应答信道之后，立即将这个信道给被呼叫的移动台占用，另选一个空闲信道发空闲标志。其他移动台发现原定位的空闲信道已被占用，立即进行循环扫描，搜索新的标有空闲标志的空闲信道。

当采用这种方式时，所有信道都可用于通话，使信道的利用率得到提高。此外，所有空闲的移动台都定位在同一个空闲信道上，无论移动台主呼或是被呼都能立即进行，处理呼叫快，但是，正因为所有空闲移动台都定位在同一空闲信道上，它们之中有两个以上用户同时发起呼叫的概率（称为同抢概率）也较大，即容易发生冲突，因此，这种方式只适用于小容量的通信网。

3. 循环不定位方式

为了减小同抢概率，移动台可采用循环扫描不定位方式。该方式是基站在所有的空闲信道上都发出空闲标志信号，不通话的移动台始终处于循环扫描状态，当移动台主呼时，首先遇到任何一个空闲标志信道就立即占用，由于预先设置各移动台对信道扫描的顺序不同，所以两个移动台同时发出呼叫，又同时占用同一空闲信道的概率很小，这样就有效地减小了同抢概率。只不过要主呼时不能立刻进行，要先搜索空闲信道，在搜索到并定位之后才能发出呼叫，时间上稍微慢一点。当移动台被呼时，由于各移动台都在循环扫描，无法接收基站的选呼信号，因此，基站必须先在某一空闲信道上发出一个保持信号，命令所有循环中的移动台都自动地对这个标有保持信号的空闲信道锁定。保持信号需持续一段时间，在等到所有空闲移动台都对它锁定之后，再改发选呼信号。被呼移动台对选呼信号应答，即占用此信道通信，其他移动台识别不是呼叫本台，就立即对此信道释放，重新进入循环扫描。

这种方式降低了同抢概率，但因移动台主呼时要先搜索空闲信道，被呼时要先对保持信号锁定，这都占用了时间，所以建立呼叫的速度就减慢了。

4. 循环分散定位方式

上面说的定位方式是基站标明了一个空闲信道，将所有没有通话的移动台都定位在这同一个信道上，这样移动台主呼时的同抢概率当然就大了。假设改为基站同时标明多个空闲信道，将所有没有通话的移动台都分散定位在这些信道上，同抢概率就必然会降低。这就是循环分散定位方式。

1.8 信令

在移动通信网中，除了传输用户信息（通常就是语音信号）之外，为了全网有序地工作，还必须在正常通话的前后和过程中传输很多其他的控制信号，诸如一般电话网中不可少的摘机、挂机、空闲音、忙音、拨号、振铃、回铃以及无线通信网中所需要的频道分配、用户登记管理、呼叫与应答、越区频道切换和发射机功率控制等信号。这些与通信有关的一系列控制信号统称为信令。

信令不同于用户信息，用户信息是直接通过通信网络由发信者传输到收信者，而信令通常需要在通信网络的不同环节（基站、移动台和移动交换中心等）之间传输，各环节进行分析处理并通过交互作用而形成一系列的操作和控制，其作用是保证用户信息的有效、可靠的传输。因此，可将信令看做是整个通信网络的神经中枢，其性能在很大程度上决定了一个通信网络为用户提供服务的能力和质量。

在通信网中，传输信令的方式可采用设专用控制信道的方式，也可采用不设专用控制信道的方式。前者称为公共信道信令，适用于大容量的公用通信网，后者适用于小容量的专用网络。但是在通信过程中需要对状态进行检测，以便进行功率控制、越区切换等控制，因此即使是设置了专用控制信道，有的信令也还必须在语音信道传输，这些可称为随路信令。

按信令形式的不同，信令又可分为数字信令和音频信令两类。数字信令具有速度快、容量大、可靠性高等一系列明显优点，它已成为目前公用移动通信网中采用的主要形式。不同的移动通信网络，其信令系统各具特色，这里只介绍典型的数字信令格式。

1.8.1 数字信令

随着移动通信网容量的扩大以及微电子技术的发展，从需求和可能两方面都促进了数字信令的发展，有了逐步取代模拟音频信令的趋势。特别在大容量的移动通信网中（无论是第一代还是第二代移动通信网)，目前均已广泛使用了数字信令。数字信令传输速度快，组码数量大，电路便于集成化，可以促进设备小型化且降低成本。需要注意的是，在移动信道中，传输数字信令除需要窄带调制和同步之外，还必须解决可靠传输的问题。因为在信道中遇到干扰之后，数字信号会发生错码，所以必须采用各种差错控制技术（如检错和纠错等)，才能保证可靠的传输。

在传输数字信令时，为了便于接收端解码，要求数字信令按一定的格式编排。信令格式是多种多样的，不同通信系统的信令格式也各不相同。常用的信令格式如图 1-18 所示，它包括前置码（P)、字同步码（SW)、地址或数据（A 或 D)、纠错码（SP）等4 部分。

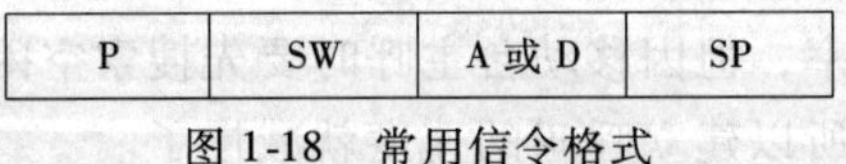

P	SW	A 或 D	SP

图 1-18 常用信令格式

1. 前置码（P）

前置码提供同步信息，确定每一码位的起始和终止时刻，以便接收端进行积分和判决。为了便于提取同步信息，前置码一般采用 1010... 的交替码。接收端用锁相环路即可提取出同步信息。

2. 字同步码（SW）

字同步表示信息（报文）的开始位，相当于时分制多路通信中的帧同步，因此也称帧同步。适合作字同步的特殊码组很多，它们都具有尖锐的自相关函数，以便于与随机的数字信息相区别。在接收时，可以在数字信号序列识别出这些特殊码组的位置来实现字同步。最常用的是著名的巴克码。

3. 地址或数据（A 或 D）

地址或数据（A 或 D）通常包括控制、选呼、拨号等信令，各种系统都有其独特的规定。

4. 纠错码（SP）

纠错码（SP）有时也称做监督码。不同的纠错编码有不同的检错能力，一般来说，监督位码元所占的比例越大，检（纠）错能力就越强，但编码效率就越低。可见，纠错编码是以降低信息传输速率为代价来提高传输可靠性的，移动通信中常用的纠错编码是奇偶校验码、汉明码、BCH 和卷积码等。

基带数字信令常以二进制的 0 和 1 表示。在移动通信中其码元速率一般在 100bit/s～10kbit/s 范围。为了在无线信道上传输这些信令，必须对其进行载波调制。对于低速率（小于几百 bit/s）数字信令，常用两次调制法，第一次调制采用 FSK 或 MSK。例如德国的 B2 网中采用的 TEKAD 信令，速率为 100bit/s，分别用 2070Hz 代表“0”，1950Hz 代表“1”。经过一次调制后的数字信令，其频谱仍处在音频带内，因而可在现有模拟移动通信的信道上传输，接收端检测也比较方便。

对于高速数字信令，常用基带数字信号直接对载波进行调制的方法。

1.8.2 音频信令

音频信令是由不同的音频信号组成的。目前常用的有单音频信令、多音频信令和双音频拨号信令等 3 种。

1. 单音频信令

用 0.3～3kHz 范围内不同的单音作为信令的称为带内单音频信令，否则称带外信令。单音频信令系统要求发端有多个不同频率的振荡器。收端有相应选择性极好的滤波器，通常都用音叉振荡器。这种信令的优点是抗衰落性能好，但每一信令必须持续 200ms 左右，处理速度慢。

带外音频信令即采用低于 300Hz 的单音作信令。有一种用于选呼接收机的音锁系统（CTCSS）用的就是亚音频信令。用户电台在接收期间，若未收到有用信号，则音锁系统起闭锁作用；只有当收到有用信号以及与本机相符的亚音频时，接收机的低频放大电路才被打开进行正常接收。

2. 多音频信令

这种信令都用于移动通信的选呼。每一移动台设定一个号码，基站按号码呼叫，移动台在准确解码后即可应答并沟通联络。对选呼信令的要求是组成简单，组成码尽可能多，抗干扰性能好，由语音和噪声引起误动的概率小。可用的选呼编码信令可分为脉冲式和音频组合式两类。

（1）脉冲方式

脉冲方式又可分为单音频脉冲方式、双音频脉冲方式、二进制编码脉冲方式。各种方式的特点如下。

1）单音频脉冲方式是断续地发送一个单音（如 2.3kHz），用断续的脉冲个数构成地址码。例如，选呼号码为 324 的单音频脉冲选呼信号形式如图 1-19 所示。这种方式简单，但误动作多，可靠性差。

2）双音频脉冲方式是利用两个音频信号 F_1（如 600Hz）、F_2（如 1500Hz）分别代表传号和空号，交替发送，用传号脉冲的个数构成用户地址码，如地址码为 324 的双音频脉冲选呼信号形式如图 1-20 所示。因为传号、空号都有特定频率的音频为标志，所以不易误判，抗干扰性能比前者好。

3）二进制编码脉冲方式是将单音频和双音频脉冲方式中的各位数字变为二进制码序列发送出去。若以 4bit/s 传送一个十进制数，数码速率为 1200bit/s，则传送十位地址码仅需 1/30s，呼叫速度很快。但是，传输速率越快传输带宽就越宽，误码率也就越高，需采用纠错码和重复发送等措施以提高信号传输的可靠性。目前国际上集群系统通用 MPT1327 标准，用 1800 Hz 表示“0”、1200 Hz 代表“1”，速率为 1200bit/s。

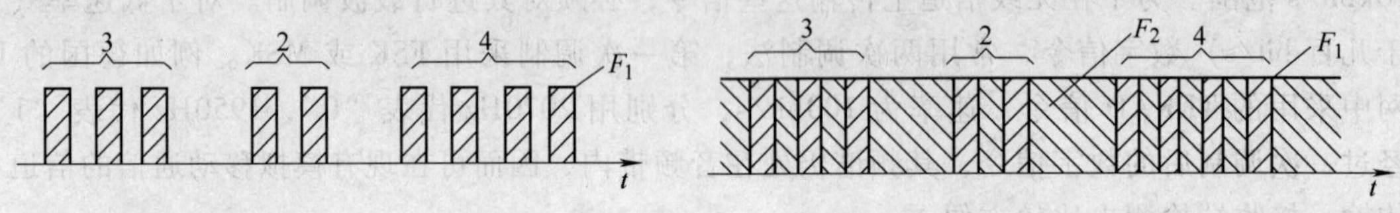

图 1-19　单音频脉冲选呼信号形式　　图 1-20　双音频脉冲选呼信号形式

（2）音频组合方式

音频组合方式又可分为同时发送方式、顺序发送方式和同时顺序发送方式。各种方式的特点如下。

1）同时发送方式使用 n 个音频，每次呼叫从中选择 r 个音频同时发送出去，如图 1-21a 所示。这种方式的优点是，选呼信号只占用了一个码元的持续空间，故呼叫时间短，解码时只需鉴别码元的频率，不需鉴别顺序，解码装置简单。它的缺点是码的总数少。

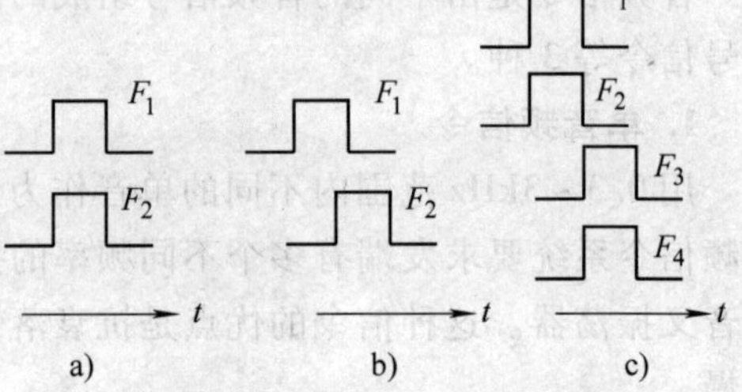

2）顺序发送方式使用 n 个音频，每次呼叫从中选出 r 个音频，按不同的顺序发送出去，如图 1-21b 所示。与同时发送方式相比较，这种方式的优点是，当 n 和 r 相同时，呼叫地址码数较多，每个码元的调制度可选得高一些，码元间无互调，故抗干扰性能较好。缺点是呼叫时间长，解码装置较复杂。这种方式只适用于小容量系统。

图 1-21　音频组合方式选呼信号

a）同时发送方式　b）顺序发送方式

c）同时顺序发送方式

3）同时顺序发送方式是前两种方式的结合，如图 1-21c 所示。它的编码容量可以大幅度提高，达到几万甚至几十万个码，可用于大容量的系统。

3. 双音频拨号信令

双音频拨号信令是移动台主呼发往基站的信号，它应考虑与市话电话机有兼容性且适宜于在无线信道中传输。常用的方式有单音脉冲、双音脉冲、10 中取 1、5 中取 2 以及 4 ×3 方式。

单音脉冲方式是用拨号盘使 2. 3kHz 的单音脉冲形式发送，虽然简单，但受干扰易误动。双音频脉冲方式应用广泛，已比较成熟。10 中取 1 是用话带内的 10 个单音每个单音代表一个十进制。5 中取 2 是用话带内的 5 个单音，每次同时选发两个单音共有 10 种组合，代表 0 ~ 9 共 10 个数。

4 ×3 方式就是市话网用户环路使用的双音多频（DTMF）方式，也是原来 CCITT 与我国国家标准中都推荐的用户多频信令。这种信令在与地面自动电话网衔接时不需译码转换，故为自动拨号的移动通信网普遍采用。表1-4 给出了4×3 方式的频率组成。它使用话带内的7个单音，将它们分为高音群和低音群。每次发送用高音群的1 个单音和低音群的两个低音来代表一个十进制数。7 个单音的分群以及它们组合所对应的码（见表中排列）与电话机拨号盘的排列相一致，使用十分方便，这种方式的优点是，在每次发送的两个单音中，一个取自低音群，另一个取自高音群，两者频差大，易于检出；与市话兼容，不需要转换，传送速度快；设备简单，有国际通用集成电路可用，性能可靠成本低。此外，尚留有两个功能键<＊>和<#>,可根据需要赋予其他功能。

表1-4　4×3 方式的频率组成

	1209Hz	1336Hz	1477Hz
697Hz	1	2	3
770Hz	4	5	6
852Hz	7	8	9
941Hz	*	0	#

1.9　越区切换和位置管理

越区切换与位置管理是移动交换设备所特有的两个功能，只有这样的交换设备，才能不断处理移动用户的呼叫与通话。

1.9.1　越区切换

越区切换是指将当前正在进行的移动台与基站之间的通信链路从当前基站转移到另一个基站的过程，该过程也称为自动链路转移。越区切换通常发生在移动台从一个基站覆盖的小区进入另一个基站覆盖的小区的情况下，为了保持通信的连续性，将移动台与当前基站之间的链路转移到与新基站之间的链路。

越区切换包括3 个方面的问题。

1）越区切换的准则，也就是何时需要进行越区切换。

2）越区切换如何控制。

3）越区切换时的信道分配。

研究越区切换算法所关心的主要性能指标包括：越区切换的失败概率、因越区失败而使通信中断的概率、越区切换的速率、越区切换引起的通信中断的时间间隔以及越区切换发生的时延等。

越区切换分为两大类：一类是硬切换，另一类是软切换。硬切换是指在新的连接建立以前，先中断旧的连接，而软切换是指维持旧的连接，又同时建立新的连接，并利用新旧链路的分集合并来改善通信质量，在与新基站建立可靠连接之后再中断旧链路。

在越区切换时，可以仅以某个方向（上行或下行）的链路质量为准，也可以同时考虑双向链路的通信质量。

1. 越区切换的准则

通常根据移动台所接收的平均信号的强度，也可以根据移动台处的信噪比（或信号干扰比）、误比特率等参数来确定何时需要进行越区切换。

假定移动台从基站 1 向基站 2 运动，其信号强度的变化如图 1-22 所示。判断何时需要越区切换的准则如下。

1）相对信号强度准则。在任何时间都应选择具有最强接收信号的基站，如图 1-22 所示的越区切换示意图中的 A 处将要发生越区切换。这种准则的缺点是，在原基站的信号强度仍满足要求的情况下，会引起太多不必要的越区切换。

2）具有门限规定的准则。仅允许移动用户在当前基站的信号足够弱（低于某一门限），且新基站的信号强于本基站的信号情况下，才可以进行越区切换。如图 1-22 所示，在门限为 Th_2 时，在 B 点将会发生越区切换。在该方法中，门限选择具有重要作用。例如，在图 1-22 中，如果门限太高取为 Th_1，则该准则与准则 1 相同；如果门限太低取为 Th_3，则会引起较大的越区时延。此时，既可能会因链路质量较差而导致通信中断，又会引起对同信道用户的额外干扰。

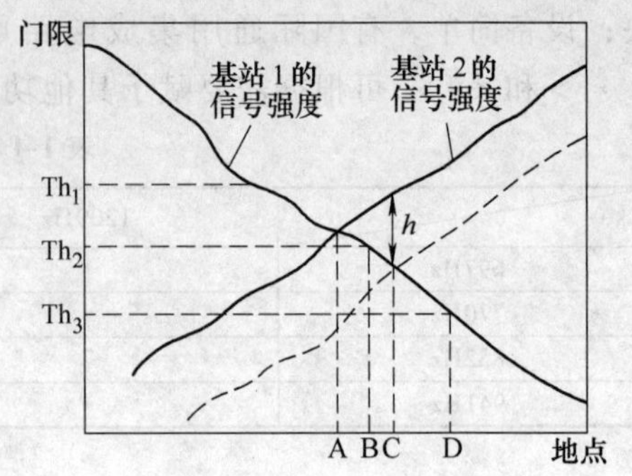

图 1-22　越区切换示意图

3）具有滞后余量的准则。仅允许移动用户在新基站的信号强度比原基站信号强度强很多（即大于滞后余量）的情况下进行越区切换。例如图 1-22 中的 C 点。该技术可以防止由于信号波动引起的移动台在两个基站之间的来回重复切换，即“乒乓效应”。

4）具有滞后余量和门限规定的准则。仅允许移动用户在当前基站的信号电平低于规定门限并且新基站的信号强度高于当前基站一个给定滞后余量时进行越区切换。

2. 越区切换的控制策略

越区切换控制包括两个方面：一方面是越区切换的参数控制，另一方面是越区切换的过程控制。参数控制在上面已经提到，下面主要介绍过程控制。在移动通信系统中，过程控制的方式主要有以下 3 种。

1）移动台控制的越区切换。在该方式中，移动台连续监测当前基站和几个越区时的候选基站的信号强度和质量。在满足某种越区切换准则后，移动台选择具有可用业务信道的最佳候选基站，并发送越区切换请求。

2）网络控制的越区切换。在该方式中，基站监测来自移动台的信号强度和质量，当信号低于某个门限后，网络开始安排向另一个基站的越区切换。网络要求移动台周围的所有基站都监测该移动台的信号，并把测量结果报告给网络。网络从这些基站中选择一个基站作为越区切换的新基站，把结果通过旧基站通知移动台和新基站。

3）移动台辅助的越区切换。在该方式中，网络要求移动台测量其周围基站的信号质量，并把结果报告给旧基站，网络根据测试结果决定何时进行越区切换及切换到哪一个基站。

3. 越区切换时的信道分配

越区切换时的信道分配要解决的问题是，当呼叫要转换到新小区时，新小区如何分配信道，才使得越区失败的概率尽量小。常用的做法是，在每一个小区预留部分信道专门用于越区切换。这种做法的特点是：新呼叫的增加，使新小区可用信道数减少，这样虽然增加了呼损率，但减少了通话被中断的概率，从而更符合人们的使用习惯。

1.9.2 位置管理

在移动通信系统中，用户可在系统覆盖范围内任意移动。为了能把一个呼叫传送到随机移动的用户，就必须有一个高效的位置管理系统来跟踪用户的位置变化。

在现有的第二代数字移动通信系统中，位置管理采用两层数据库，即归属位置寄存器（HLR）和访问位置寄存器（VLR）。通常一个 PLMN 网络由一个 HLR 和若干个 VLR 组成，HLR 负责存储在其网络内注册的所有用户的信息，包括用户预定的业务、记账信息、位置信息等，一个位置区由一定数量的蜂窝小区组成，VLR 管理该网络中若干位置区内的移动用户信息。

位置管理包括两个主要的任务，即位置登记和呼叫传递。位置登记的步骤是在移动台的实时位置信息已知的情况下，更新位置数据库（HLR 和 VLR）并认证移动台；呼叫传递的步骤是在有呼叫给移动台的情况下，根据 HLR 和 VLR 中可用的位置信息来定位移动台。

与上述两个问题紧密相关的另外两个问题是，位置更新和寻呼。位置更新要解决的问题是，移动台如何发现位置变化及何时报告它的当前位置；寻呼要解决的问题是，如何有效地了解移动台当前处于哪一个小区。

位置管理涉及网络处理能力和网络通信能力。网络处理能力涉及数据库的大小、查询的频度和响应速度等；网络通信能力涉及传输位置更新和查询信息所增加的业务量和时延等。位置管理所追求的目标就是用尽可能小的处理能力和附加业务量来最快地确定用户位置，以求容纳尽可能多的用户。

1. 位置登记和呼叫传递

在现有的移动通信系统中，将覆盖区域分为若干个登记区 RA。在 GSM 中，位置登记过程分为 3 个步骤：在管理新 RA 的新 VLR 中登记 MT（T1）；修改 HLR 中记录服务该 MT 的新 VLR 的 ID（T2）；在旧 VLR 和 MSC 中注销该 MT（T3. T4）。移动台位置登记过程如图 1-23所示。

呼叫传递过程（如图 1-24 所示）主要分为两步：确定为被呼 MT 服务的 VLR 及确定被呼移动台正在访问哪个小区。确定被呼 VLR 的过程和数据库查询过程如下：

1）主叫 MT 通过基站向其 MSC 发出呼叫初始化信号。

2）MSC 通过地址翻译过程确定被呼 MT 的 HLR 地址，并向该 HLR 发送位置请求消息。

3）HLR 确定出被叫 MT 服务的 VLR，并向该 VLR 发送路由请求消息，该 VLR 将该消息中转给为被叫 MT 服务的 MSC。

4）被叫 MSC 给被叫的 MT 分配一个称为临时本地号码 TLDN 的临时标识，并向 HLR 发送一个含有 TLDN 的应答消息。

5）HLR 将上述消息中转给为主呼 MT 服务的 MSC。

6）主叫 MSC 根据上述信息便可通过 SS7 网络向被叫 MSC 请求呼叫建立。

上述步骤允许网络建立从主叫 MSC 到被叫 MSC 的连接。但由于每个 MSC 与一个 RA 相连，而每个 RA 又有多个蜂窝小区，这就需要通过寻呼的方法，确定出被叫 MT 在哪一个蜂窝小区中。

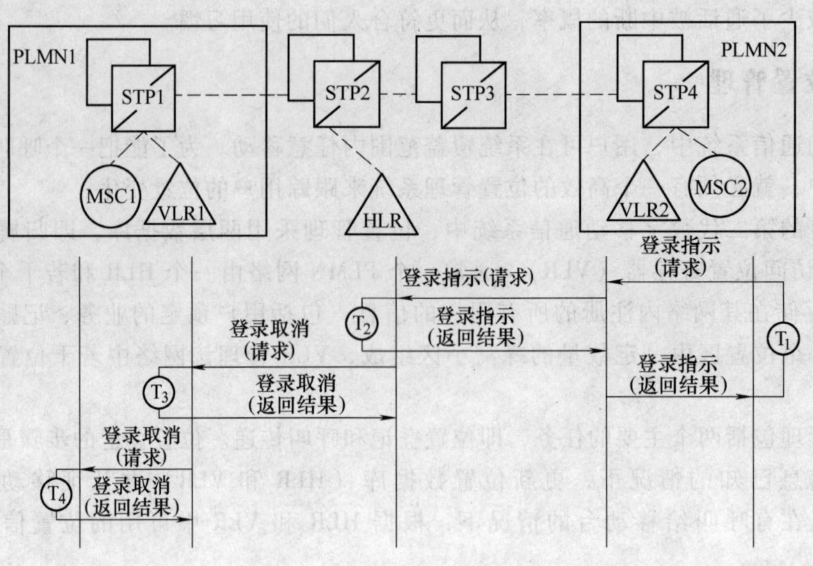

图 1-23　移动台位置登记过程

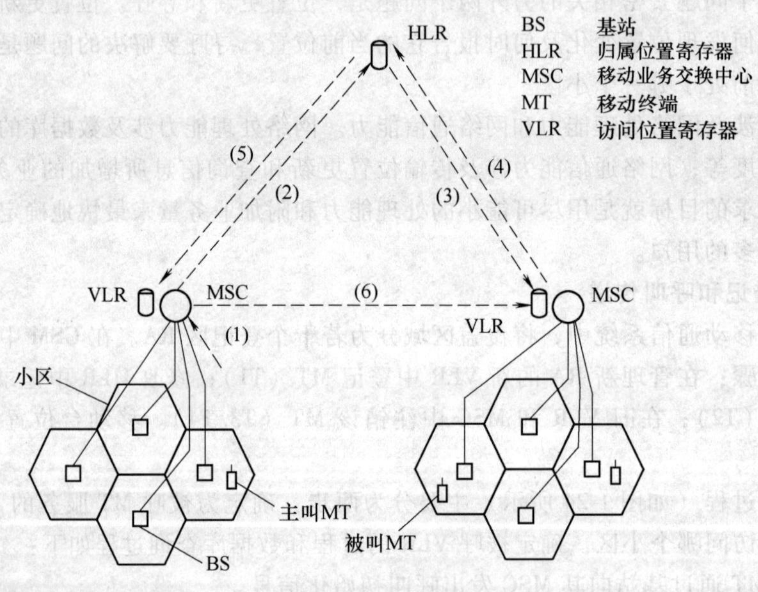

图 1-24　呼叫传递过程

2. 位置更新和寻呼

前面提到，在移动通信系统中，系统覆盖范围被分为若干个登记区（RA）。当用户进入一个新的 RA，它将进行位置更新。当有呼叫要到达该用户时，将在 RA 内进行寻呼，以确定出移动用户在哪一个小区范围内。位置更新和寻呼信息都是在无线接口中的控制信道上传输的，因此必须尽量减少这方面的开销。在实际系统中，位置登记区越大，位置更新的频率越低，但每次寻呼的基站数目就越多。在极限情况下，移动台每进入一个小区就发送一次位置更新信息，这时用户位置更新的开销非常大，但寻呼的开销很小；反之，移动台从不进行位置更新，这时如果有呼叫到达，就需要在全部网络内进行寻呼，用于寻呼的开销就非常大。

由于移动台的移动性和呼叫到达情况是千差万别的，一个 RA 很难对所有用户都是最佳的。理想的位置更新和寻呼机制应能够基于每一个用户的情况进行调整。有以下 3 种动态位置更新策略。

1）基于时间的位置更新策略。每个用户每隔 ΔT 秒周期性地更新其位置。ΔT 的确定可由系统根据呼叫到达间隔的概率分布动态确定。

2）基于运动的位置更新策略。在移动台跨越一定数量的小区边界（运动门限）以后，移动台就进行一次位置更新。

3）基于距离的位置更新策略。当移动台离开上次位置更新时所在的小区的距离超过一定的值（距离门限）时，移动台进行一次位置更新。最佳距离门限的确定取决于各个移动台的运动方式和呼叫到达的参数。

基于距离的位置更新策略具有最好的性能，但实现它的开销最大。它要求移动台能有不同小区之间的距离信息，网络必须能够以高效的方式提供这样的信息。而对于基于时间和运动的位置更新策略实现起来比较简单，移动台仅需要一个定时器或运动记数器就可以跟踪时间和运动的情况。

1.10 小结

本章介绍了移动通信的基本概念和移动通信系统的组成以及相关基本知识。

移动通信就是通信双方至少有一方在运动状态中进行信息交换。按移动体所处的运动区域不同，移动通信可分为陆地移动通信、海上移动通信和空中移动通信。而陆地移动通信系统又包括无线寻呼系统、无绳电话系统、集群移动移动通信系统和蜂窝移动通信系统等。

移动通信有以下几项特点：传输信道必须使用无线电波；电波传输特性复杂；干扰多而复杂；组网方式灵活；对设备要求苛刻；用户量大而频率有限。

移动通信的工作方式分为单向通信方式和双向通信方式。而双向通信方式又分为单工通信、双工通信和半双工通信 3 种方式。

移动通信系统一般由移动台（MS）、基站（BS）、移动业务交换中心（MSC）以及与 PSTN 相连的中继组成。

移动通信中常用的多址方式有频分多址（FDMA）、时分多址（TDMA）、码分多址（CDMA）。

移动通信的组网涉及两个方面，一是频率资源的管理与有效利用，二是网络控制方面的问题。频率是人类所共有的一种特殊资源，它具有时间、空间和频率的三维性。频率的分配使用需在全球范围制定统一的规则。频率的有效利用是根据其时间、空间和频率域的三维性质，采用多种技术来设法提高它的利用率。我国现阶段移动通信的使用频段为 150MHz 频段、450MHz、900MHz 频段和 1800MHz 频段。

移动通信网的服务区域覆盖结构分大区制和小区制。大区制的容量小，小区制的容量大。小区制分带状网和蜂窝网，蜂窝网的小区形状为正六边形，这种形状所需基站数最少，最经济。小区制利用同频道复用技术提高频率的利用率。

信道的分配方法主要有两种：一种是分区分组配置法，另一种是等频距配置法。

在话音通信中，业务量的大小用话务量来量度。话务量又分为流入话务量和完成话务量。话务量的单位为“爱尔兰”（Erl）。损失话务量占流入话务量的比率即为呼叫损失的比率，称为“呼损率”，呼损率与流入话务量是相互矛盾的，要进行折中处理。

空闲信道的选取方式主要可以分为两类：一类是专用呼叫信道方式，另一类是标明空闲信道方式。标明空闲信道方式可分为“循环不定位”、“标明多个空闲信道的循环分散定位”和“标明多个空闲信道的循环不定位”等多种方法。

按信令形式的不同，信令可分为数字信令和音频信令两类。

越区切换是指将当前正在进行的移动台与基站之间的通信链路从当前基站转移到另一个基站的过程。越区切换包括3个方面的问题，即越区切换的准则（也就是何时需要进行越区切换）、越区切换如何控制和越区切换时的信道分配。

位置管理采用两层数据库，即归属位置寄存器（HLR）和访问位置寄存器（VLR）。位置管理包括两个主要的任务，即位置登记和呼叫传递。

1.11 习题

1. 什么叫移动通信？移动通信有哪些特点？
2. 单工通信与双工通信有何区别？各有何优点？
3. 在 TDMA 和 CDMA 系统中，频道和信道有何区别？
4. 移动通信系统主要由哪几部分组成？试绘出大容量移动通信系统的框图。
5. 现代移动通信系统使用哪几个频段？我国大容量移动通信系统使用的是哪几个频段？范围为多少？
6. 移动通信中有效利用频率资源的技术主要有哪几种？
7. 为什么说最佳的小区形状是正六边形？区群的组成条件是什么？
8. 空闲信道的选取方式主要有哪几种？
9. 什么叫中心激励？什么叫顶点激励？采用顶点激励方式有什么好处？
10. 什么叫越区切换？越区切换包括哪些主要问题？软越区和硬越区的差别是什么？
11. 在越区切换时，采用什么信道分配方法可减少通信中断概率？它与呼损率有何关系？
12. 什么叫位置区？移动台位置登记过程包括哪几步？
13. 什么叫呼叫传递？其主要步骤有哪些？

第2章 移动通信的传输信道

任何一个通信系统，信道是必不可少的组成部分。信道按传输媒介分为有线信道和无线信道。移动信道是一种典型的无线信道。研究无线通信系统首先要研究无线信道的电波传播特性。

无线信道的电波传播特性与电波传播环境密切相关，这些环境包括地貌、建筑物、气候特征、电磁干扰情况、通信体移动速度情况和使用的频段，它们直接关系到无线通信设备要采用的无线传输技术，关系到无线通信系统的通信能力和服务质量。无线移动通信的信道是一种电波传播环境很复杂的无线信道，电波在不同的地形地貌和移动速度的环境条件下进行传播。

本章在阐述移动通信的电波传播特性的基础上，重点介绍陆地移动信道的常用数字特征、自由空间的电波传播损耗以及地形地物对电波传播的影响；然后介绍移动通信信道的特征，阐明快衰落和慢衰落产生的原因、特点以及表现形式；接着讲述电波传播的路径损耗和预测，对各种模型进行较为详尽的分析，并对分集接收技术进行介绍；最后对通信系统受到的噪声和干扰的影响进行归纳和分析。

2.1 移动通信的电波传播特性

由于陆上、海上和航空移动通信的传播条件不同，所以它们的传播特性也不同。现代移动通信已广泛使用150MHz、450MHz、900MHz、1800MHz频段。电波传播方式主要是空间波，即直射波和反射波的合成波。对于陆上移动通信，通常移动台的天线高度仅超出地面1~4m，电波传播受地形地物的影响较大。为了掌握各种地形地物条件下的电波传播特性，通常的解决方法是做大量的传播实验，找出统计的规律，即找出各种地形地物条件下的传播衰耗和距离、频率及天线高度之间的关系，绘出陆上移动通信的传播特性计算图表，从而获得准确预测接收信号强度的方法。

2.1.1 表征衰落特性的数字特征

移动通信接收点所接收到的信号场强是随机起伏变化的，这种随机起伏变化称为衰落。对于这种随机量的研究通常是采用统计分析法，即在研究衰落特性时，先测得各个不同时刻的实际信号电平，掌握衰落的瞬时分布，然后对图中的瞬时分布曲线进行统计分析，最后得到描述衰落特性的一些数字特征。

1. 场强中值

具有50%概率的场强值称为场强中值。在图2-1所示的场强曲线中，若在一个相当长的时间内观测，场强值高于E_0和低于E_0的时间各占一半，则规定场强中值为E_0。由场强中值的定义可知，若场强中值恰好等于接收机的最低门限值，则通信的可通率为50%，即50%的时间能维持正常通信。因此，必须使实际的场强中值远大于接收机的门限值，才能保证在大多数时间内正常通信。

2. 衰落深度

衰落深度是描述衰落严重程度的物理量。若以分贝表示衰落深度，则

$$衰落深度 = 20\lg \frac{E_i}{E_0} \quad (2\text{-}1)$$

式中，E_i 代表接收电平值；E_0 代表场强中值。

在图 2-1 中，曲线 E_1 和曲线 E_2 的场强中值是相同的，但曲线 E_1 的衰落深度大于曲线 E_2 的衰落深度。通常在移动通信系统中，衰落深度可达 20 ~ 30dB。

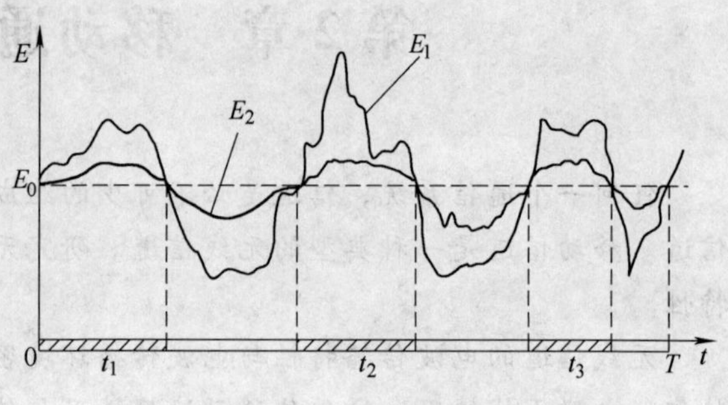

图 2-1 场强中值的确定

3. 衰落速率

衰落速率是用来描述场强变化的快慢，即衰落频繁程度的物理量。其定义为：单位时间内场强包络与场强中值相交次数的一半。

研究表明，衰落速率与工作频率、移动台运行的速度及行进方向等因素有关，工作频率越高，移动速度越快，场强包络变化就越快。实践表明，当移动台的行进方向正好朝着或背着信号传播方向时，衰落最快，其平均衰落速率 N 可用下式表示

$$N = \frac{V}{\lambda/2} = 1.82 \times 10^3 Vf \quad (2\text{-}2)$$

式中，N 代表平均衰落速率，单位为 Hz；V 代表速度，单位为 km/h；f 代表频率，单位为 MHz。

例如，对于 900MHz 移动通信系统，若移动台以 60km/h 的速度在传播方向上行驶时，则接收信号场强的平均衰落速率为 100Hz。

4. 衰落持续时间

衰落持续时间是指场强低于某一给定电平值的持续时间。通常给定电平是指接收机的门限电平。在通话的过程中，如果接收到的信号电平低于接收机门限电平，就可能造成话音中断或产生信令误码。因此，了解衰落低于门限电平持续时间的统计分布规律，对提高通信质量是非常重要的。

2.1.2 自由空间的传播衰耗

自由空间是理想空间，是相对介电常数和磁导率均为 1 的均匀介质所存在的空间。电波在自由空间中沿直线传播而不被吸收，也不产生反射、折射、绕射和散射等现象。对移动通信而言，自由空间的路径损耗 L_{bs} 仅与传播距离 d 和工作频率 f 有关，而与收、发天线增益无关。其计算公式为

$$L_{bs} = 32.45 + 20\lg d + 20\lg f \quad (2\text{-}3)$$

式中，d 代表传播距离，单位为 km；f 代表工作频率，单位为 MHz。

需要指出，在自由空间传播的条件下，电磁波的能量并没有损失，衰减是球面波扩散效应的结果，接收天线所得到的功率仅是发射天线辐射功率很小的一部分。由公式看出，工作

频率 f 提高，电波在自由空间的传播衰耗就增加；传播距离 d 加大，电波在自由空间的传播衰耗也增加。

2.1.3 地形地物对电波传播的影响

地形地物的种类千差万别，对移动通信的影响也是错综复杂的。下面就对地形地物进行分类和明确的定义。

1. 地形的分类和定义

各种各样的地形可归纳为“准平滑地形”和“不规则地形”两类。

1）准平滑地形。是指在电波传播路径上，地形断面的起伏高度在 20m 以下且变化缓慢的平坦地形。

2）不规则地形。除准平滑地形之外，均属于不规则地形，它们包括以下几种。

- 丘陵地形：指不规则起伏山岳重叠的地形。
- 孤立山岳：指传播路径上有单独山岳的地形。
- 倾斜地形：指传播路径方向的地面呈斜坡形状。
- 水陆混合地形：指在传播路径中包含有湖面或海面的地形。

2. 地物的分类和定义

根据障碍物的稠密程度，可将地物分为以下 3 类。

1）开阔区。是指在电波传播的方向上没有高大树木、建筑物等障碍物的开阔地带，或者在电波传播方向 300 ~ 400m 内没有任何阻挡的小片场地，如农田、广场等。

2）郊区。在移动台附近有障碍物但不稠密的地区，如树木、房屋稀少的农村或市郊公路等地区。

3）市区。此区域内有稠密的建筑物，如城市市区、大的街道以及建筑物和茂盛稠密的高大树木混杂的地区等。对于建筑物及隧道内部的场强分布要另行考虑。

3. 基站、移动台天线有效高度的定义

1）基站天线有效高度 h_b：若天线的海拔为 h_{ts}，地面平均的海拔为 h_{gs}，则基站天线有效高度 h_b 为 $h_b = h_{ts} - h_{gs}$。基站天线有效高度示意图如图 2-2 所示。

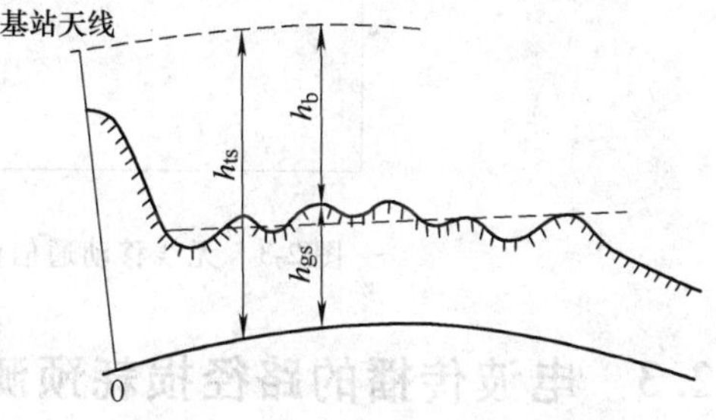

图 2-2 基站天线有效高度示意图

2）移动台天线高度 h_m：指高于地面的高度（包括车体和人体的高度），通常 $h_m < 3$m。

2.2 移动信道的特征

在陆地移动通信中，移动台常常工作在城市建筑群和其他地形地物较为复杂的环境中，其传输信道的特性是随时随地而变化的，因此移动信道是典型的随参信道。

在移动通信中，无线电波主要是以地波形式传播的，因此主要考虑直达波和反射波传播。一般情况下，对电波反射按平面波处理，即电波在反射点的入射角等于反射角，电波相位发生一次变化。在接收端接收到的信号是直达波和多个反射波的合成。由于大气折射随时间变化，传播路径差也随时间和近端地形地物变化，信号有时同相相加，有时反相抵消，所以会造成接收端信号的幅度变化，这种现象称为衰落。

移动通信信道是由长期慢衰落和短期快衰落效应来表征的。当忽略热噪声时，接收机接收的信号可以表示为

$$r(t) = m(t) \times r_0(t) \tag{2-4}$$

式中，$m(t)$ 表示长期慢衰落，即本地平均或对数正态衰落分量，其幅度是对数正态功率密度函数；$r_0(t)$ 表示短期快衰落，即多径或瑞利衰落分量。两种衰落都与接收机天线的位移有关。

长期慢衰落是由移动通信信道路径上的固定障碍物（建筑物、山丘、树林等）的阴影引起的，衰减特性一般服从 d^{-n}律，平均信号衰落和关于平均衰落的变化具有对数正态分布的特征。利用不同测试环境下移动通信信道长期慢衰落中值的计算公式，可以计算移动通信系统的业务覆盖区域。从无线系统工程的角度看，传播的衰落主要影响到无线区的覆盖。

短期快衰落是由移动台运动和地点的变化而产生的。其中，多径产生时间扩散，引起信号符号间干扰；运动产生多普勒效应，引起信号相位变化。不同的测试环境有不同的短期快衰落特性。而多径衰落严重影响信号传输质量，并且是不可避免的，只能采用抗衰落技术来减少其影响。

图 2-3 示出了无线移动通信信道的长期慢衰落和短期快衰落效应。

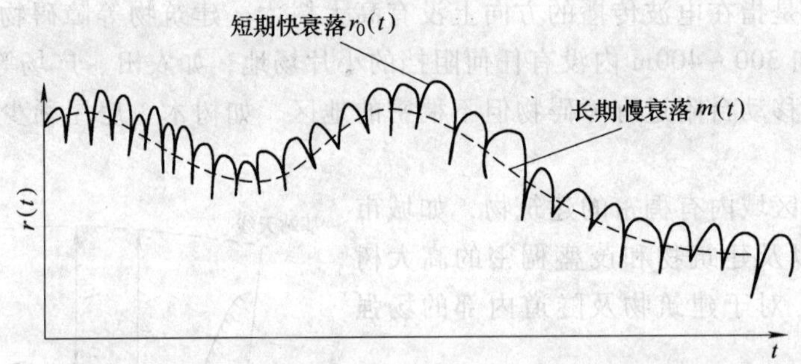

图 2-3　无线移动通信信道的长期慢衰落和短期快衰落效应

2.3　电波传播的路径损耗预测简介

在移动通信系统的无线网络工程设计中，采用电波传播路径损耗预测模型来估计无线路径的传播损耗，以确定无线蜂窝小区的服务覆盖区。

常用的几种电波传播损耗预测模型有 Hata 模型、LEE 模型、CCIR 模型以及 COST-231-walfisch-Ikegami 模型（WIM）。这几种传播模型各自适用的范围不同，计算路径损耗的方法和需要的参数也不相同。在使用时，应该根据不同预测点位置、发射机到预测点的地形和地物特征、建筑物高度和分布密度以及街道宽度和方向差异等因素选取适当的传播模型。如果传播模型选取不当，使用不合理，就将影响路径损耗预测的准确性，并影响链路预算、干扰计算、覆盖分析和容量分析。

1. 传播模型的适用范围

要在复杂多变的无线传播环境下选取适当的传播模型，灵活地运用各种模型，准确地预

测路径损耗，就需要研究各种传播模型的特点、适用范围、路径损耗计算的原理以及模型中各个参数的含义。Hata 模型、LEE 模型、CCIR 模型和 COST-231-Walfisch-Ikegami 模型（WIM）4 种传播模型的适用范围如表 2-1 所示。

表 2-1　4 种传播模型的适用范围

传播模型 \ 适用范围		宏蜂窝（>1km） 微蜂窝（<1km）	频率/MHz	天线高度/m	地域
Hata	Okumura-Hata	宏蜂窝	150 ~ 1500	基站：30 ~ 200 移动台：1 ~ 10	城区、郊区、乡村
	COST-231 Hata	宏蜂窝	1500 ~ 2000	基站：30 ~ 200 移动台：1 ~ 10	城区、郊区、乡村
CCIR		宏蜂窝	150 ~ 2000	基站：30 ~ 200 移动台：1 ~ 10	城区、郊区
LEE		宏蜂窝	450 ~ 2000		城区、郊区、乡村
		微蜂窝，分 LOS 和 NLOS	450 ~ 2000		城区、郊区
WIM		0.02 ~ 5km，分 LOS 和 NLOS	800 ~ 2000	基站：4 ~ 50 移动台：1 ~ 3	城区、郊区

2. 传播模型的应用方法

当基站和移动台之间水平距离大于 1km 时，应该采用宏蜂窝模型，如 Hata 模型、CCIR 模型、LEE 宏蜂窝模型和 WIM 模型。此时，对于距离比较远的情况（大于 5km），一般采用 Hata 模型或 CCIR 模型；当距离近时（小于 5km），采用 WIM 模型；当有实测数据并得到 LEE 模型中参数 P_{R1}（1km 处接收功率）和距离衰减因子 γ 时，建议采用 LEE 模型。

当基站和移动台之间水平距离小于 1km 时，应该采用微蜂窝模型，如 LEE 微蜂窝模型和 WIM 模型，一般采用 WIM 模型；当有实测数据时，可采用 LEE 模型。

传播模型的具体使用及其评价如下。

（1）Hata 模型

因为在路径损耗计算公式中的参数（如工作频率、天线有效高度、距离、覆盖区类型等）容易获得，所以模型易于使用，这是 Hata 模型被广泛使用的主要原因。但在 Hata 模型中把覆盖区简单分成 4 类，即大城市、中小城市、郊区和乡村，这种分类过于简单，尤其是在城市环境中。建筑物的高度和密度、街道的分布和走向是影响无线电波传播的主要因素，而在 Hata 模型中没有反映这些因素的参数，因此根据模型计算出的路径损耗也就难以反映这些导致路径损耗的差异，使预测值和实际值的误差较大。

（2）CCIR 模型

CCIR 模型是 Hata 模型在城市传播环境下的应用。与 Hata 城市模型相比，CCIR 模型粗略地考虑了建筑物密度对路径损耗的影响。在模型中除了需要 Hata 模型的参数外，还需要地理数据给出被建筑物覆盖区域的百分比参数，将这个参数定义为覆盖区域内被建筑物覆盖的面积与总面积的比值，反映了建筑物的密度。此参数从地理数据中不难获得。

（3）LEE 模型

在 LEE 模型中的主要参数 P_R（距离基站 r_0 处断点的接收功率）和路径损耗的斜率 γ 易

于根据测量值进行调整，以适合本地无线传播环境，在这种情况下，使得模型准确性大大提高。另外，LEE 模型预测算法简单，计算速度快，因此，在有测试数据时，建议采用这种模型进行设计。

(4) WIM 模型

WIM 模型被广泛用于建筑物高度近似一致的郊区和城区环境。高基站天线时的模型采用理论的 WIM 模型计算多屏绕射损耗；低基站天线时的模型采用测试数据，也考虑了自由空间损耗、从建筑物顶到街面的损耗以及街道方向的影响。因此，发射天线可以高于、等于或低于周围建筑物。

由于在实际应用中，建筑物的高度和间距不是规则的，所以在使用该模型计算路径损耗计算公式中两个主要参数建筑物的平均高度 h_R 和相邻行建筑物中心距离 b 的依据如下：

1）根据收发天线的第一菲涅尔区判断产生衍射的建筑物。

2）将这些发生衍射的建筑物的高度及其间距平均，得出建筑物的平均高度 h_R 和相邻行建筑物中心的距离 b。

3. 传播模型预测与校正

在使用传播模型时，用户需要对其准确性和可靠性进行测试，或者根据地形实际校正其中的参数因子，这就涉及传播模型的路测与校正。针对每个不同模型，输入参数相同，故有不同的校正方法。对于线性关系，有多元线性回归分析方法；对于非线性关系，有数形式整体校正方法。

2.4 分集接收技术

陆地移动信道、短波电离层反射信道等随参信道引起的多径时散、多径衰落、频率选择性衰落、频率弥散等，会严重影响接收信号质量，使通信系统性能大大降低。为了提高随参信道中信号传输质量，必须采用抗衰落的有效措施。常采用的技术措施有抗衰落性能好的调制解调技术、扩频技术、功率控制技术、与交织结合的差错控制技术、分集接收技术等。其中分集接收技术是一种有效的抗衰落技术，已在短波通信、移动通信系统中得到广泛应用。

所谓分集接收，是指接收端按照某种方式使收到的携带同一信息的多个信号衰落特性相互独立，并对多个信号进行特定的处理，以降低合成信号电平起伏，减小各种衰落对接收信号的影响。从广义信道的角度来看，可将分集接收看做是随参信道中的一个组成部分，通过分集接收使随参信道衰落特性得到改善。

分集接收包含有两重含义：一是分散接收，使接收端能得到多个携带同一信息的、统计独立的衰落信号；二是集中处理，即接收端把收到的多个统计独立的衰落信号进行适当的合并，从而降低衰落的影响，改善系统性能。

2.4.1 分集方式

为了在接收端得到多个互相独立或基本独立的接收信号，一般可利用不同路径、不同频率、不同角度、不同极化、不同时间等接收手段来获取。因此，分集方式也有空间分集、频率分集、时间分集、极化分集、角度分集等多种方式。

1. 空间分集

空间分集是接收端在不同的空间位置上接收同一个信号，只要各位置间的距离大到一定程度，则所收到信号的衰落是相互独立的。因此，空间分集的接收机至少需要两副间隔一定距离的天线。空间分集示意图如图2-4所示。图中，发送端用一副天线发射，接收端用N副天线接收。

为了使接收到的多个信号满足相互独立的条件，接收端各接收天线之间的间距应满足

$$d \geqslant 3\lambda \tag{2-5}$$

式中，d为接收端各接收天线之间的间距，λ为工作频率的波长。通常，分集天线数（分集重数）越多，性能改善越好。但当分集重数多到一定数时，分集重数继续增多，性能改善量将逐步减小。因此，分集重数在2~4重比较合适。

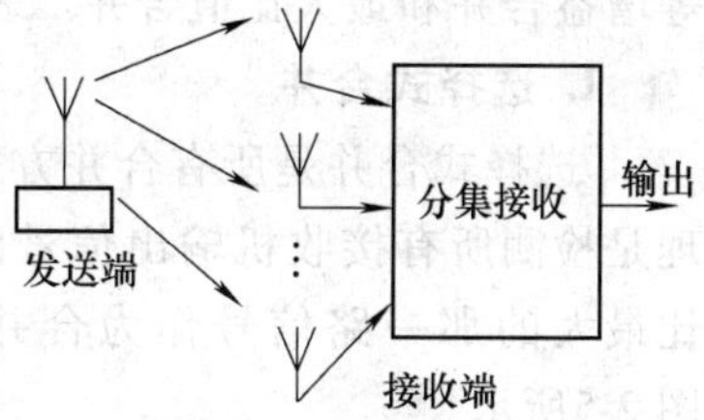

发送端
分集接收
输出
接收端

图2-4 空间分集示意图

2. 频率分集

频率分集是将待发送的信息分别调制到不同的载波频率上发送，只要载波频率之间的间隔大到一定程度，则接收端所接收到信号的衰落是相互独立的。在实际中，当载波频率间隔大于相关带宽时，则可认为接收到信号的衰落是相互独立的。因此，载波频率的间隔应满足

$$\Delta f \geqslant B_c = \frac{1}{\Delta \tau_m} \tag{2-6}$$

式中，Δf为载波频率间隔，B_c为相关带宽，$\Delta \tau_m$为最大多径时延差。

在移动通信中，当工作频率在900MHz频段时，典型的最大多径时延差为5μs，此时有

$$\Delta f \geqslant B_c = \frac{1}{\Delta \tau_m} = \frac{1}{5 \times 10^{-6}}\text{Hz} = 200\text{kHz}$$

3. 时间分集

时间分集是将同一信号在不同的时间区间多次重发，只要各次发送的时间间隔足够大，则各次发送信号所出现的衰落将是相互独立的。时间分集主要用于在衰落信道中传输数字信号。

在移动通信中，多普勒频移的扩散区间与移动台的运动速度及工作频率有关。因此，为了保证重复发送的数字信号具有独立的衰落特性，重复发送的时间间隔应满足

$$\Delta t \geqslant \frac{1}{2f_m} = \frac{1}{2(v/\lambda)} \tag{2-7}$$

式中，f_m为衰落频率，v为移动台运动速度，λ为工作波长。若移动台是静止的，则移动速度$v=0$，此时要求重复发送的时间间隔Δt为无穷大。这表明时间分集对于静止状态的移动台是无效果的。

以上介绍的是几种显式分集方式，在CDMA系统中还采用Rake接收机形式的隐式分集方式。另外，在实际应用中还可以将多种分集方式结合使用。例如在CDMA移动通信系统中，通常将空间分集与Rake接收相结合，以改善传输条件，提高系统性能。

2.4.2 合并方式

在接收端采用分集方式可以得到N个衰落特性相互独立的信号，所谓合并就是根据某种

方式把得到的各个独立衰落信号相加后合并输出，从而获得分集增益。合并可以在中频进行，也可以在基带进行，通常是采用加权相加方式合并。假设 N 个独立衰落信号分别为 $r_1(t), r_2(t), \cdots, r_N(t)$，则合并器输出为

$$r(t) = a_1 r_1(t) + a_2 r_2(t) + \cdots + a_N r_N(t) = \sum_{i=1}^{N} a_i r_i(t) \tag{2-8}$$

式中，a_i 为第 i 个信号的加权系数。

选择不同的加权系数，就可构成不同的合并方式。常用的 3 种合并方式是选择式合并、等增益合并和最大比值合并。表征合并性能的参数有平均输出信噪比、合并增益等。

1. 选择式合并

选择式合并是所有合并方式中最简单的一种，其原理是检测所有接收机输出信号的信噪比，选择其中信噪比最大的那一路信号作为合并器的输出，其原理图如图 2-5所示。

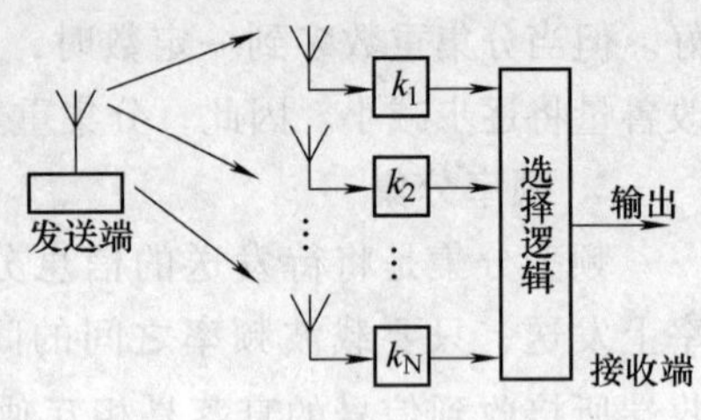

图 2-5　选择式合并原理图

选择式合并的平均输出信噪比为

$$\overline{r_M} = \overline{r_0} \sum_{k=1}^{N} \frac{1}{k} \tag{2-9}$$

合并增益为

$$G_M = \frac{\overline{r_M}}{\overline{r_0}} = \sum_{k=1}^{N} \frac{1}{k} \tag{2-10}$$

式中，$\overline{r_M}$为合并器平均输出信噪比，$\overline{r_0}$为支路信号最大平均信噪比。可见，对选择式分集，每增加一条分集路径，对合并增益的贡献仅为总分集支路数的倒数倍。

2. 等增益合并

等增益合并原理如图 2-6 所示。当加权系数 $k_1 = k_2 = \cdots = k_N$ 时，即为等增益合并。假设每条支路的平均噪声功率是相等的，则等增益合并的平均输出信噪比为

$$\overline{r_M} = \overline{r}\left[1 + (N-1)\frac{\pi}{4}\right] \tag{2-11}$$

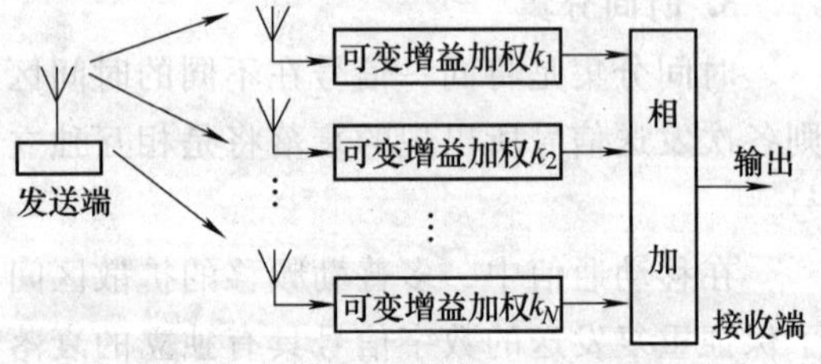

图 2-6　等增益合并、最大比值合并原理图

合并增益为

$$G_M = \frac{\overline{r_M}}{\overline{r}} = 1 + (N-1)\frac{\pi}{4} \tag{2-12}$$

式中，$\overline{r}$ 为合并前每条支路的平均信噪比。

3. 最大比值合并

最大比值合并方法最早是由 Kahn 提出的，其原理如图 2-6 所示。最大比值合并原理是各条支路加权系数与该支路信噪比成正比。信噪比越大，加权系数越大，对合并后信号贡献也越大。若每条支路的平均噪声功率是相等的，则可以证明，当各支路加权系数为

$$k_k = \frac{A_k}{\sigma^2} \tag{2-13}$$

时，分集合并后的平均输出信噪比最大。式中，A_k 为第 k 条支路信号幅度，σ^2 为每条支路

噪声平均功率。

最大比值合并后的平均输出信噪比为

$$\overline{r_{\mathrm{M}}} = N\bar{r} \tag{2-14}$$

合并增益为

$$G_{\mathrm{M}} = \frac{\overline{r_{\mathrm{M}}}}{\bar{r}} = N \tag{2-15}$$

可见，合并增益与分集支路数 N 成正比。

3 种分集合并的性能比较如图 2-7 所示。可以看出，在这 3 种合并方式中，最大比值合并的性能最好，选择式合并的性能最差。比较式（2-12）和式（2-15）可以看出，当 N 较大时，等增益合并的合并增益接近于最大比值合并的合并增益。

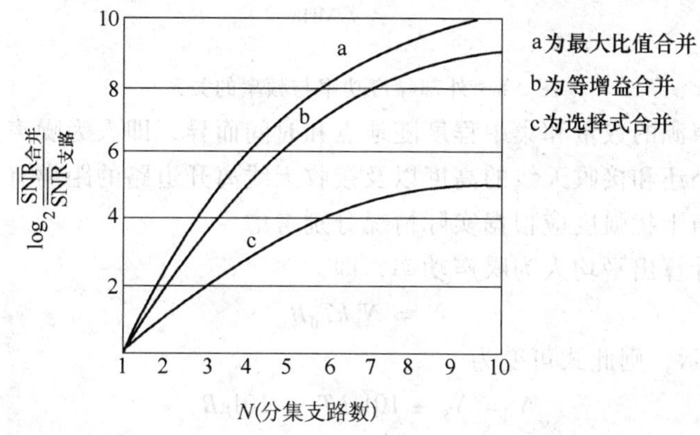

图 2-7　3 种分集合并的性能比较

2.5　噪声与干扰

外部噪声和干扰是影响通信性能的重要因素，接收机能否正常工作，不仅取决于输入信号的大小，而且取决于噪声和干扰的大小。因此，研究各种噪声和干扰，对移动通信的设计来说，具有十分重要的实际意义。

2.5.1　噪声

外部噪声包括自然噪声和人为噪声。

自然噪声主要有大气噪声、太阳噪声和银河噪声；人为噪声主要是指电气设备的噪声，如电力线噪声、工业电气噪声、汽车或其他发动机的点火噪声等。这些噪声来源不同，频谱范围及强度也不同。因此，必须根据移动通信所使用的频段，分析具体情况下的主要噪声来源。在移动通信使用的频率范围内，自然噪声通常低于接收机的固有噪声，可忽略不计，仅需考虑人为噪声。

人为噪声多属于冲击性噪声，大量噪声混在一起形成连续性或连续性中叠加有冲击性噪声。在城市中各种噪声源比较集中，故城市的人为噪声比郊区大；大城市的人为噪声比中小城市大。随着汽车数量的日益增多，汽车点火噪声已成为城市噪声的主要来源。频谱分析表明，这种噪声的频谱较宽，而且噪声强度随频率的升高而下降。图 2-8 所示是 ITT 手册给出的平均人为噪声的频率特性曲线，表示出外部噪声功率与频率的关系。

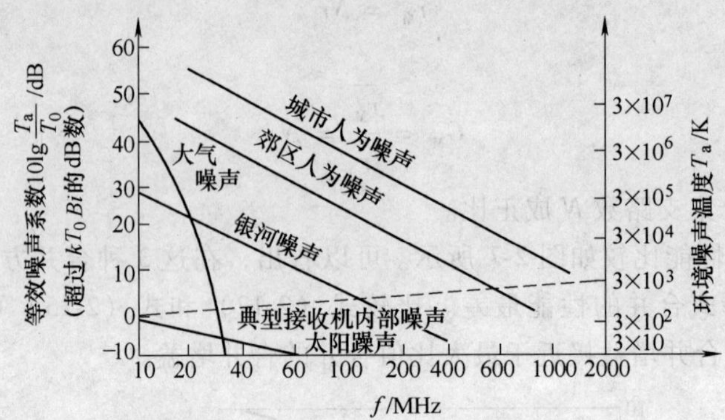

图 2-8　外部噪声功率与频率的关系

通常，人为噪声源的数量和集中程度随地点和时间而异，即人为噪声是随机变化的。此外，人为噪声的大小还和接收天线的高度以及接收天线离开道路的距离有关。因此，基地台和移动台的人为噪声干扰强度应根据实际情况分别考虑。

可用下面公式计算出平均人为噪声功率，即

$$N = N_F k T_0 B_r \tag{2-16}$$

通常，N 用 dBW 表示，则此式可变为

$$N = N_F + 10\lg kT_0 + 10\lg B_r \tag{2-17}$$

式中，N_F 代表等效噪声系数，波尔兹曼常数 $k = 1.38 \times 10^{-23}$ J/K，绝对温度 $T_0 = 290$K，B_r 代表接收机的带宽，单位为 Hz。

【例 2-1】　已知工作频率为 160MHz，接收机带宽 $B_r = 16$kHz，求郊区人为噪声功率的大小。

解： 查图 2-8 得 $N_F = 34$dB

$$kT_0 = (10\lg 1.38 \times 10^{-23} \times 290)\ \text{dBW} = -204\text{dBW}$$

$$B_r = 10\lg 16 \times 10^3\ \text{dB} = 42\text{dB}$$

所以

$$N = (-204 + 42 + 34)\ \text{dBW} = -128\text{dBW}$$

为了抑制或消除汽车点火系统的噪声，应对它采取必要的屏蔽和滤波措施，如在接收机上采用噪声限制器和噪声熄灭器等设备。

2.5.2　干扰

在移动通信中，存在着各种各样的干扰，如互调干扰、邻道干扰、同频干扰、组合频率干扰和副波道干扰、阻塞和倒易混频、发射机寄生辐射、接收机寄生灵敏度等。对于后几种干扰，在引进相关设备时，只要按要求满足指标即可。而互调干扰、邻道干扰和同频干扰，是组网中应考虑的主要干扰。

1. 互调干扰

在移动通信的各种干扰中，互调干扰是最主要的干扰。下面就对互调干扰产生的原因、

计算、判断和减小措施等作简要介绍。

（1）互调干扰的起因

两个或多个干扰信号作用于非线性器件，会产生与有用信号频率相接近的组合频率，从而对接收机造成的干扰，即为互调干扰。

在移动通信中，发射机末级和接收机前端电路的非线性，造成了发射机互调和接收机互调。此外，在发射机强射频场的作用下，金属接触不良等非线性因素也会产生互调，称为外部互调。

（2）互调干扰的一般形式

若晶体管的转移特性用幂级数表示，即

$$i = a_0 + a_1 u + a_2 u^2 + a_3 u^3 + \cdots \tag{2-18}$$

式中，a_0、a_1、a_2、a_3…是由晶体管特性决定的系数，随着幂次的升高，系数逐渐减小。设有用信号的频率为 ω_0，而 3 个干扰信号频率分别为 ω_A、ω_B、ω_C，幅度分别为 A、B、C。它们相组合进入到非线性器件，即将 $u = A\cos\omega_A t + B\cos\omega_B t + C\cos\omega_C t$ 代入式（2-18），展开整理后，可知 i 是由许多频率成分构成。用 $m\omega_A + s\omega_B + k\omega_C$（$m$、$s$、$k$ 是整数）表示所产生的组合频率，当 $|m| + |s| + |k| = n$ 时，即称 n 次干扰。若取 $n = 3$，则产生的组合频率有

ω_A、ω_B、ω_C；　　$2\omega_A \pm \omega_B$、$2\omega_C \pm \omega_A$；

$2\omega_A$、$2\omega_B$、$2\omega_C$；　　$2\omega_B \pm \omega_A$、$2\omega_B \pm \omega_C$；

$3\omega_A$、$3\omega_B$、$3\omega_C$；　　$2\omega_A \pm \omega_C$、$2\omega_C \pm \omega_B$

$\omega_A + \omega_B + \omega_C$、$\omega_A + \omega_B - \omega_C$、$\omega_A - \omega_B + \omega_C$；

可见，互调将产生很多互调产物。但是，就三次项而言，只有 $2\omega_A - \omega_B$ 和 $\omega_A + \omega_B - \omega_C$ 型式的三阶产物落在 ω_A、ω_B、ω_C 的附近，难于用选择性电路滤除，构成互调干扰；而其他互调产物和 ω_A、ω_B、ω_C 频距较大，容易滤除。因此，三阶互调有两种类型，即二信号三阶互调（三阶一型）和三信号三阶（三阶二型）互调，表达式（用频率表示）为

$$2f_A - f_B = f_0 \quad \text{（三阶一型互调）}$$

$$f_A + f_B - f_C = f_0 \quad \text{（三阶二型互调）}$$

此外，三阶互调的幅度与晶体管特性的系数三次项 a_3 成正比，且与干扰信号的幅度有关，当干扰信号的幅度相等时，三阶一型互调电平比三阶二型互调电平高 6dB。

按照同样的方法，取 $n = 5$，可得到五阶互调的 6 种类型。

$$3f_A - 2f_B = f_0$$

$$3f_A - f_B - f_C = f_0$$

$$2f_A + f_B - f_C = f_0$$

$$2f_A + f_B - f_C - f_D = f_0$$

$$f_A + f_B + f_C - 2f_D = f_0$$

$$f_A + f_B + f_C - f_D - f_E = f_0$$

与三阶互调类似，五阶互调产物是由晶体管特性的五次幂项产生的，其幅度和 a_5 成比例。因 $a_3 >> a_5$，故一般只考虑三阶互调干扰。

（3）多信道系统的三阶互调

实际的移动通信系统采用多信道同时工作，相邻无线信道以等间隔（25kHz）分布，其

值与信道载频（900MHz）相比很小。因此在这种情况下，产生三阶互调的频率源是网内的多信道频率。根据上面的推导，多信道系统的三阶互调的表达式为

$$f_x = 3f_i - f_j - f_k \quad (i \neq j \neq k) \tag{2-19}$$

$$f_x = 2f_i - f_j \quad (i \neq j) \tag{2-20}$$

式中，f_x、f_i、f_j、f_k 分别为 x、i、j、k 信道的载频。可见，在组网时若有信道频率满足式（2-19）、式（2-20），就会产生三阶互调干扰。

移动通信系统是等间隔的多信道系统，若用 $1\sim n$ 表示所对应的信道序号，ΔF 为信道间隔，f_1 为起始频率，则序号为 m 的信道所对应的频率 f_m 为

$$f_m = f_1 + \Delta F(C_m - 1) \tag{2-21}$$

将此式代入式（2-19）和式（2-20）中，即可得到用信道序号表示的三阶互调的公式

$$C_x = 3C_i - C_j - C_k \tag{2-22}$$

$$C_x = 2C_i - C_j \tag{2-23}$$

用信道序号表示三阶互调，可以使问题简便化，这也是各种图表计算法和计算机编程计算的基础。

（4）无三阶互调信道组的判别

比较式（2-22）与式（2-23）就可看出，它们只是下标不同，而 i、j、k 又是任意的，故可用下面的通式来表示

$$C_x - C_i = C_j - C_k \tag{2-24}$$

式（2-24）表明，在多信道系统中，当任意两个信道序号之差等于任意另两个信道序号之差时，就构成了三阶互调。若用 d 表示信道序号之差，即

$$d_{xi} = C_x - C_i;\ d_{jk} = C_j - C_k \tag{2-25}$$

则式（2-24）可写为

$$d_{xi} = d_{jk} \tag{2-26}$$

这就是差值阵列法的基本公式。只要满足此式，就会产生三阶互调；反之，不满足此式，就不会存在三阶互调干扰。

【例2-2】 判别信道序号为1、3、8、11、12的信道组是否为无三阶互调信道组？

解：

```
1    3    8    11    12
  2    7    10    11
     5    8     9
        3    4
           1
```

因为任意两个信道序号之差不等于任意另两个信道序号之差，所以不存在三阶互调，此信道组是无三阶互调信道组。

可见，判别信道组是否存在三阶互调时，应首先将给定的信道序号依次排列；然后计算任意两信道序号之差，若构成差值数字三角形，则为差值阵列；最后再检查差值阵列（不包括序号）中是否有相等的数字，若所有数字均不重复，则此信道组为无三阶互调信道组。

(5) 无三阶互调信道组的选择

在一个无线小区内配备信道时，应选择无三阶互调信道组以减小互调干扰。通常作法是将差值阵列法反过来使用，以进行信道频率配置的方法。表 2-2 是依据差值阵列法用计算机选出的无三阶互调信道组。

信道组可用载波频率、信道序号和差值 3 种形式表示。若给定信道组的起始频率和信道间隔，则利用表 2-2 就能很方便地计算出一无三阶互调信道组的频率。

表 2-2 无三阶互调信道组

需用信道数	最小占用信道数	无三阶互调值道组的信道序号	信道利用率/%
3	4	1，2，4	75
4	7	1，2，5，7	57
5	12	1，2，5，10，12 1，3，8，11，12	42
6	18	1，2，5，11，16，18 1，2，5，11，13，18 1，2，9，12，14，18 1，2，9，13，15，18	33
7	26	1，2，8，12，21，24，26 1，3，4，11，17，22，26 1，2，5，11，19，24，26	27
8	35	1，2，5，10，16，23，33，35 1，3，13，20，26，31，34，35	23
9	46	1，2，5，14，25，31，34，41，46	20
10	56	1，2，7，11，24，27，35，42，54，56	18

【例 2-3】 已知所需信道数为 6，起始频率 $f_1=461.200\text{MHz}$，信道间隔为 25kHz，试计算无三互调信道组的频率。

解：参照表 2-2，若选用信道序号为 1、2、5、11、16、18 的信道组，则

$$f_1=461.200\text{MHz}$$

$$f_2=f_1+\Delta f\times(2-1)=(461.200+0.025)\ \text{MHz}=461.225\text{MHz}$$

$$f_5=f_1+\Delta f\times(5-1)=(461.200+0.025\times4)\ \text{MHz}=461.300\text{MHz}$$

$$f_5=f_1+\Delta f\times(11-1)=(461.200+0.025\times10)\ \text{MHz}=461.450\text{MHz}$$

$$f_{16}=f_1+\Delta f\times(16-1)=(461.200+0.025\times15)\ \text{MHz}=461.575\text{MHz}$$

$$f_{18}=f_1+\Delta f\times(18-1)f=(461.200+0.025\times17)\ \text{MHz}=461.625\text{MHz}$$

可见，采用这种方法进行组网方便快捷，对信道数少的系统是可行的，但是，频率利用率不高，而且随着需用信道数的增加，频率利用率会更低。为此，在小区所需信道数较少时，可采用下面的分区分组分配法，以提高频率的利用率。

(6) 发射机互调

为了提高效率，发射机的末级通常工作于 C 类非线性状态。当两个或多个干扰信号进入到发射机的输出端时，就会产生很多互调产物，并通过天线发射出去，从而对工作于互调

产物频率的接收机产生干扰。

发射机三阶互调示意图如图 2-9 所示。由图可见，从发射机 1 到被干扰接收机的全部损耗 L 为

$$L = L_c + L_1 + L_p \tag{2-27}$$

式中，L_c 为耦合损耗，即为发射机 1 的输出信号经耦合进入发射机 2 输出端的衰减分贝数。当各发射机共用一副天线时，L_c 取决于共用器的隔离度；当各发射机分用天线时，L_c 取决于天馈线间的耦合损耗。L_1 为互调转换损耗，是发射机 2 输出端上来自发射机 1 的功率与发射机 2 产生的互调产物之比，它取决于发射机 2 末级的非线性特性和输出回路的选择性。对于一般的晶体管 C 类放大器而言，其三阶互调转换损耗为 5 ~ 20dB，典型值为 15dB，它与两发射机频距的关系曲线如图 2-10 所示。L_p 为传输损耗，它是发射机 2 输出到被干扰接收机输入端之间互调干扰信号的传输损耗，L_p 取决于路径传输损耗、天线增益、馈线损耗、共用器损耗等。

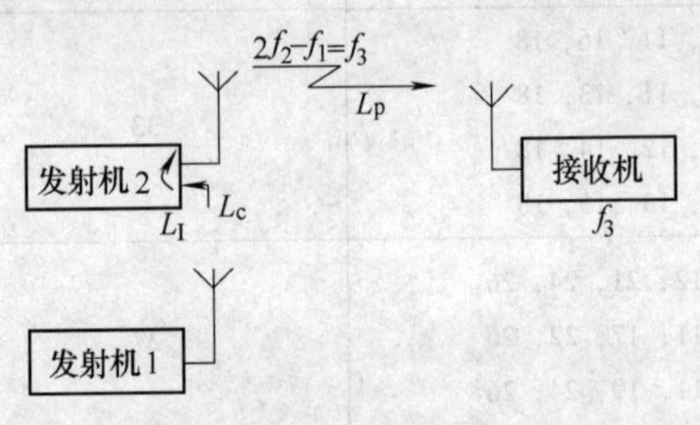

图 2-9　发射机三阶互调示意图

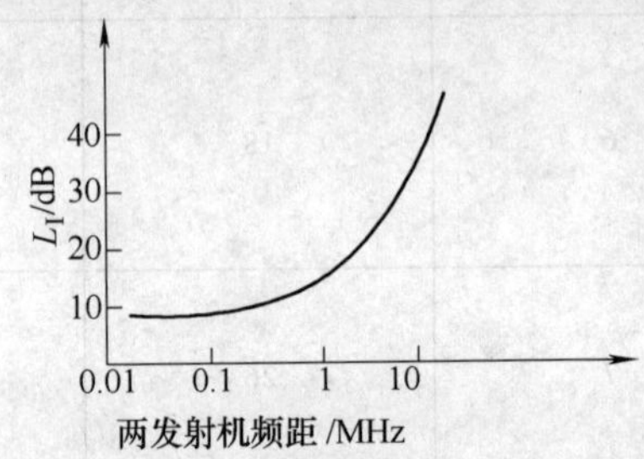

图 2-10　互调转换损耗与两发射机频距的关系曲线

以相对电平来表示发射机互调干扰的大小，因为有用信号也有传输损耗，所以 L 主要取决于前两项。而互调转换损耗 L_1 又局限在 5 ~ 20dB 之间，故增大耦合损耗 L_c 是减小发射机互调干扰的最有效途径。

发射机互调干扰的大小取决于系统设计。减小发射机互调干扰可采取以下措施。

1）尽量增大发射机间的耦合损耗 L_c。当各发射机共用一副天线时，应加入单向隔离器件，如 3dB 定向耦合器、单向环行器等；在发射机输出端和馈线之间插入高 Q 值的带通滤波器，增大频率隔离度；发射机、共用器、馈线、天线之间必须良好地匹配；选用良好的馈线等。

2）为了减小移动台发射机互调干扰，应采用移动台自动功率控制系统。

3）选用无三阶互调信道组工作。

（7）接收机互调

通常接收机前端射频通带较宽，若有两个或多个干扰信号同时进入高放或混频器，则通过它们自身的非线性作用，各干扰信号就会彼此混频产生互调产物。如果互调产物落入接收机频带内，就会造成对接收机的互调干扰，例如基地台多部发射机同时工作，对其附近的移动台接收机就会造成干扰。这时，如有用信号与互调产物的比大于或等于射频防护比 S/I（dB），就不会造成干扰，即

$$E_S - E_{\Sigma I} \geqslant S/I \tag{2-28}$$

式中，E_S 代表接收机有用信号电平，单位为 dB；$E_{\Sigma I}$ 代表总的互调产物干扰电平，单位为 dB。

$E_{\Sigma I}$ 取决于接收机的互调指标、干扰信号的强度和数量及接收机的互调抗拒比。同样，在基地站附近有两个或多个发射机同时工作，将使基地台接收机产生互调。互调干扰的大小与基地站接收机的互调指标、干扰信号强度、移动台在基站附近同时发起呼叫的概率有关。

减小接收机互调可采取以下措施。

1）提高接收机的射频互调抗拒比，一般要求优于 70dB。如：高放、混频级采用平方率器件；提高输入回路的选择性、高放增益不宜过高、接收机采用抗干扰性强的方案等。

2）移动台发射机采用自动功率控制系统也减小无线小区半径、降低最大接收电平等。

3）选用无三阶互调信道组工作。

2. 邻道干扰

邻道干扰是指相邻或相近信道之间的干扰。邻道干扰有两种类型，即发射机调制边带扩展干扰和发射机边带辐射。

（1）发射机调制边带扩展干扰

发射机调制边带扩展干扰是指语音信号经调频后某些边带频率落入邻近信道所形成的干扰。

由调频波的特性可知，其频谱有无穷多个边频分量，如果落入邻道接收机的通带之内，且强度和有用信号相比拟的话，就会造成对邻道信号的干扰。调制边带扩展干扰如图 2-11 所示。

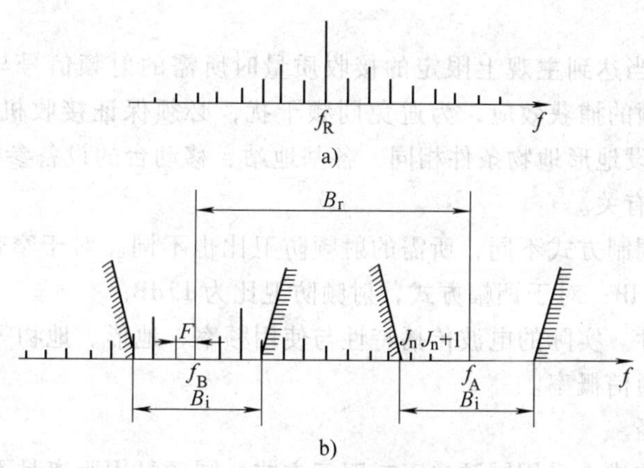

图 2-11　调制边带扩展干扰

为了减小发射机调制边带扩展干扰，应严格限制调制信号的带宽。在发射机的语音加工电路中，必须有瞬时频偏控制电路（IDC）和邻道干扰滤波器。

瞬时频偏控制是指对调频波的最大频偏进行瞬时自动控制的过程。移动通信设备多采用间接调频，即先对语音信号积分，再调相，以获得调频波。IDC 电路就是应用于间接调频方式中，其作用相当于直接调频的限幅电路。这样，将语音信号幅度限定在一定范围内，从而限制了瞬时频偏，也就降低了调制边带扩展干扰。

邻道干扰滤波器是在 IDC 电路之后连接的一个低通滤波器，它可抑制带外高音频成分，减少波形失真，限制落入邻道的边带功率。

（2）发射机边带辐射

发射机边带辐射是指存在于发射机载频两侧的噪声，它的频谱很宽，可能在数兆赫范围内对接收机产生干扰。发射机边带辐射的大小，主要取决于振荡器、倍频器的噪声、IDC 电路和调制电路的噪声以及电源脉动、脉冲等引起的噪声。

如前所述，由于移动通信系统发射机调制器多采用间接调频（放大倍频）方案，所以振荡器的噪声主要考虑相位噪声，它将造成振荡器输出信号的相位抖动。噪声电平的大小可用噪（声）载（波）比表示，它取决于有源和无源器件的性能和电路参数。

为了减小发射机噪声辐射，首先要设法减小发射机本身的边带噪声，如减小倍频次数、降低振荡器的噪声、电源去耦、少采用低电平工作的电路及高灵敏度的调制电路等。其次，在系统设计上应采用减小发射机边带噪声的措施，如在发射机的输出端插入高 Q 带通滤波器或增大各工作信道的频距，采用移动台发射机自动功率控制系统等。

3. 同频干扰

同频干扰是指相同载频电台之间的干扰。在电台密集的地方，如果频率管理或系统设计不当，就会造成同频干扰。

在移动通信中，为了提高频率利用率，采用同频复用的技术，将相同的频率分配给相隔一定距离的两个或多个小区使用。显然，同频小区的距离越远，它们之间的空间隔离度就越大，同频干扰就越小，但频率复用次数随之降低，即频率利用率降低。因此，两者要兼顾考虑。在进行无线小区的频率分配时，应先满足通信质量的要求，并以此确定进行同频复用的最小距离——同频复用距离。可见，在实际应用中，同频干扰和同频复用距离是密切相关的。

射频防卫比是指当达到主观上限定的接收质量时所需的射频信号与干扰信号的比（简称信干比）。根据调频的捕获效应，为避免同频干扰，必须保证接收机输入端的信号/同频干扰射频防卫比。假设地形地物条件相同，各基地站、移动台的设备参数也相同，则同频复用距离只与以下因素有关。

1）调制方式。调制方式不同，所需的射频防卫比也不同。对于窄带调频或调相，射频防卫比约为（8 ±3）dB；对于调幅方式，射频防卫比为 17dB。

2）电波传播特性。实际的电波传播特性与使用频率、地形、地物等因素有关。

3）要求的可靠通信概率。

4）无线小区半径。

5）选用的工作方式。采用同频单工或双工方式，同频复用距离是不同的。

由图 2-12 可见，在同频单工的情况下，A 基站接收机受到 B 基站的发射机的干扰较强。设 A 基站的输入信干比恰好满足通信质量，即等于射频防卫比。两基站间距离即为同频复用距离 D

$$D = D_{\mathrm{I}};\qquad D_{\mathrm{S}} = r \tag{2-29}$$

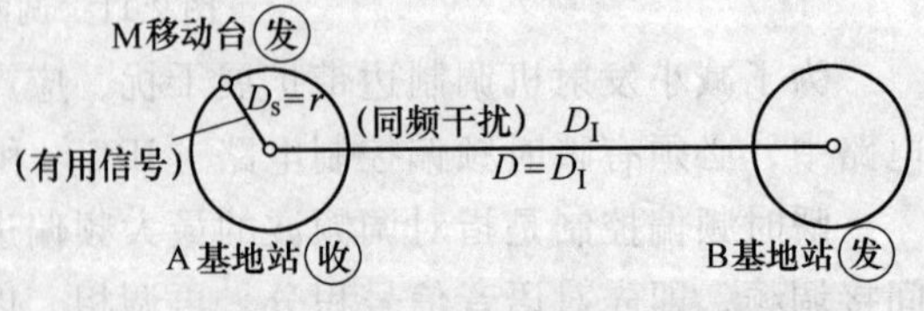

图 2-12 同频单工方式的同频干扰示意图

式中，D_{I} 为被干扰接收机到干扰发射机之间的距离；D_{S} 为有用信号发射机到接收机之间的距离。

若以 D/r 表示同频复用比，则

$$\frac{D}{r} = \frac{D}{D_S} = \frac{D_I}{r} \tag{2-30}$$

由图 2-13 可见，在双工情况下，M 移动台接收机受到 B 基站发射机的干扰。此时

$$D = D_I + D_S = r + D_I \tag{2-31}$$

同频复用比为

$$\frac{D}{r} = \frac{r + D_I}{r} = 1 + \frac{D_I}{r} \tag{2-32}$$

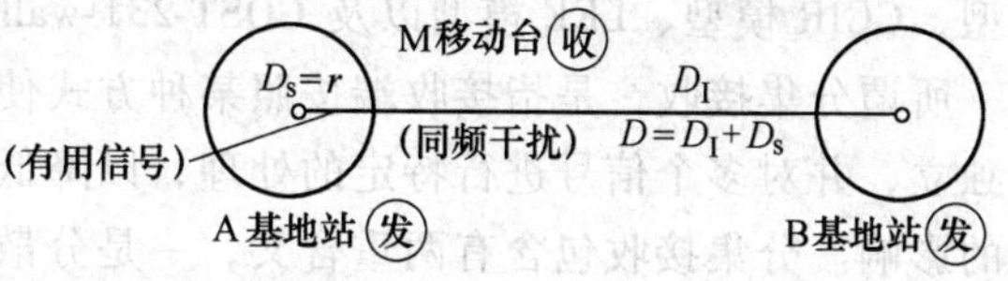

图 2-13　双工方式的同频干扰示意图

在工程上，利用统计得到的电波传播曲线，计算同频复角距离较为准确和方便，如图 2-14 所示。例如，基站有效天线高度为 50m，移动台天线高度为 2m，小区半径 $r = 10\text{km}$，$S/I = 22\text{dB}$，若要计算同频复用距离，则可按图 2-14 所示的曲线求解。

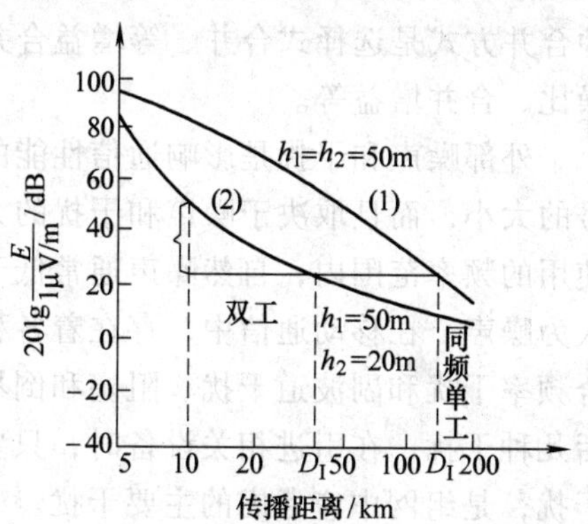

图 2-14　同频单工与双工方式确定同频复用距离示意图

在双工情况下，有用信号和干扰信号的传播曲线相同，为曲线 2，由已知条件并按图示虚线箭头指向，可求出 $D_I = 40\text{km}$，根据前面的推导，同频复用距离 $D = r + D_I = 50\text{km}$。

在同频单工的情况下，有用信号的传播曲线为 2，干扰信号的传播曲线为 1，由已知条件并按图示虚线箭头指向，可求出 $D_I = 140\text{km}$，根据前面的推导，同频复用距离 $D = D_I = 140\text{km}$。

可见，采用同频单工方式的同频复用距离比双工情况远得得多。这是因为在单工方式中，基地站 A 接收到的干扰信号来自基站 B 的高天线，而有用信号却来自移动台的低天线，传播条件相差很大。而双工情况，移动台接收机有用信号来自基地站 A 的高天线，干扰信号来自基站 B 的高天线，传播条件是相同的，强的有用信号将微弱的干扰信号淹没掉。因此双工方式可以在较小的距离进行复用。

2.6　小结

与固定通信相比，移动通信的电波传播显得极为复杂。为了掌握各种地形地物条件下的电波传播特性，必须做大量的传播实验，找出统计的规律，绘出陆上移动通信的传播特性计算图表，从而获得准确预测接收信号强度的方法。表征电波传播衰落特性的数字特征主要有场强中值、衰落深度、衰落速率和衰落持续时间。地形地物的种类千差万别，对移动通信的影响也是错综复杂的。可将各种各样的地形归纳为“准平滑地形”和“不规则地形”两类。

移动台常常工作在城市建筑群和其他地形地物较为复杂的环境中，其传输信道的特性是随时随地而变化的，因此移动信道是典型的随参信道。移动通信信道是由长期慢衰落和短期快衰落效应来表征的。长期慢衰落是由移动通信信道路径上固定障碍物（建筑物、山丘、树林等）的阴影引起的；短期快衰落是由移动台运动和地点的变化而产生的。

在移动通信系统的无线网络工程设计中，采用电波传播路径损耗预测模型估计无线路径的传播损耗，确定无线蜂窝小区的服务覆盖区。常用的几种电波传播损耗预测模型有 Hata 模型、CCIR 模型、LEE 模型以及 COST-231-walfisch-Ikegami 模型（WIM）。

所谓分集接收，是指接收端按照某种方式使收到的携带同一信息的多个信号衰落特性相互独立，并对多个信号进行特定的处理，以降低合成信号电平起伏，减小各种衰落对接收信号的影响。分集接收包含有两重含义，一是分散接收，二是集中处理。为了在接收端得到多个互相独立或基本独立的接收信号，一般可利用不同路径、不同频率、不同角度、不同极化、不同时间等接收手段来获取。因此，分集方式也有空间分集、频率分集、角度分集、极化分集、时间分集等多种方式。选择不同的加权系数，就可构成不同的合并方式。常用的 3 种合并方式是选择式合并、等增益合并和最大比值合并。表征合并性能的参数有平均输出信噪比、合并增益等。

外部噪声和干扰是影响通信性能的重要因素，接收机能否正常工作，不仅取决于输入信号的大小，而且取决于噪声和干扰的大小。外部噪声包括自然噪声和人为噪声。在移动通信使用的频率范围内，自然噪声通常低于接收机的固有噪声，故可忽略不计。因此，仅需考虑人为噪声。在移动通信中，存在着各种各样的干扰，如互调干扰、邻道干扰、同频干扰、组合频率干扰和副波道干扰、阻塞和倒易混频、发射机寄生辐射、接收机寄生灵敏度等。对于后几种干扰，在引进相关设备时，只要按要求满足指标即可。而互调干扰、邻道干扰和同频干扰，是组网中应考虑的主要干扰。

2.7 习题

1. 表征衰落特性的常用数字特征是什么？

2. 已知 $f=900$MHz，通信距离 d 为 15km 和 20 km ，求自由空间的传播衰耗。如果 $f=450$MHz，传播衰耗有何变化？

3. 阐述长期慢衰落和短期快衰落的基本概念。

4. 说明多径衰落对数字移动通信系统的主要影响。

5. 地形地物如何分类？

6. Hata 模型主要用于哪种场合？

7. 移动通信中的主要干扰有哪些？

8. 什么是互调干扰？有几种类型？

9. 用差值阵列法检验信道序号为 1、4、5、13、19、24、26 的信道组是否存在三阶互调？已知信道组的起始频率为 450.025MHz，信道间隔 $\Delta f=20$kHz，求各信道的频率及信道组的频率利用率。

10. 无三阶互调信道组的选择方法是什么？试比较它们频率利用率的情况。

11. 某个公共移动电话网需 12 个信道组；每个信道组有 16 个信道，采用等频距分配法分配信道，求第一和第三信道组的信道序号。

第3章　GSM移动通信系统

20世纪80年代初期，模拟移动通信系统投放市场，被称为第一代移动通信系统。该系统采用频分多址方式，小区内所有用户共用若干个信道，信道中传输的是模拟话音信号，所以被称为"模拟移动通信系统"。应用不久，电信运营部门就发现该系统存在诸多缺陷，如用户容量小、保密性差、各国制式不兼容等。

面对这一现状，欧洲电信运营部门于1982年成立了一个移动特别小组（简称GSM），开始制定一种泛欧数字移动通信系统的技术规范。经过6年的研究、实验和比较，于1988年确定了主要技术规范并制定出实施计划。从1991年开始，这一系统在德国、英国和北欧许多国家投入试运行，吸引了全世界的广泛注意，使GSM向着成为全球移动通信系统的目标迈进了一大步。

3.1　GSM系统组成

GSM系统也叫数字移动通信系统，属于第二代移动通信系统。该系统采用频分多址和时分多址结合的方式，扩大了用户容量，信道中传输的全部是数字信号，保密性能得到了提高。我国参照GSM标准制订了自己的技术要求，主要内容有：使用900MHz频段，即890～915MHz（移动台→基站）和935～960MHz（基站→移动台），收发间隔为45MHz，载频间隔为200kHz。共124个载波，每载波信道数为8个，基站最大功率为300W，小区半径在0.5～35km范围，调制类型为GMSK，传输速率为270kbit/s。

GSM系统由3部分构成，即交换子系统（SSS）、基站子系统（BSS）和操作维护子系统（OMS）。其组成示意图如图3-1所示。

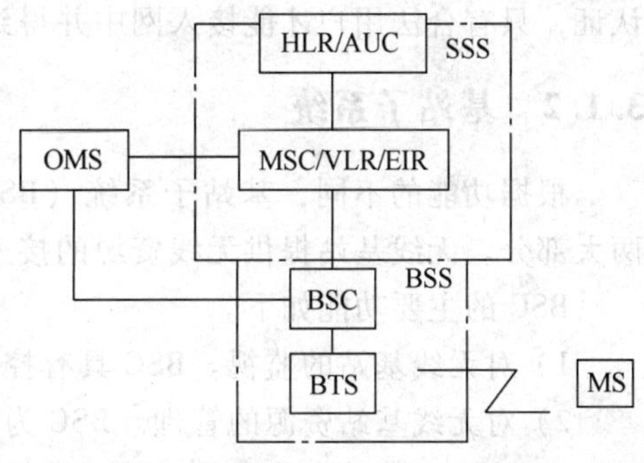

图3-1　GSM系统的组成示意图

3.1.1　交换子系统

交换子系统（SSS）是整个GSM系统的控制和交换中心，它负责所有与移动用户有关的呼叫接续处理、移动性管理、用户设备及保密管理等，并提供GSM系统与其他网络之间的连接。交换子系统分别由移动业务交换中心（MSC）、访问位置寄存器（VLR）、归属位置寄存器（HLR）、设备识别寄存器（EIR）及鉴权中心（AUC）等功能实体所组成。通常HLR、AUC合设于一个物理实体中，而MSC、VLR、EIR合设于另一个物理实体中，也有将MSC、VLR、EIR、HLR、AUC都设在一个物理实体中的产品。

1. 移动业务交换中心（MSC）

MSC是蜂窝通信网络的核心，在它所覆盖的区域中对MS进行控制，是交换的功能实体，也是移动通信系统与其他公用通信网之间的接口。除了完成固定网中交换中心所要完成的呼叫控制等功能外，为了建立移动台的呼叫路由，每个 MSC 还应完成入口 MSC（GMSC）的功能，即查询位置信息的功能。

2. 访问位置寄存器（VLR）

VLR 是 MSC 为了处理所管辖区域中 MS 的来话、去话呼叫所需检索信息的数据库。VLR 存储与呼叫处理有关的一些数据，例如用户的号码、处理过程中的识别、向用户提供本地用户的服务等参数。

3. 归属位置寄存器（HLR）

HLR 是管理部门用于移动用户管理的数据库。每个移动用户都应在某个位置寄存器注册登记。HLR 主要存储两类信息，一类是有关用户的参数，另一类是有关用户当前位置的信息，以便建立至移动台的呼叫路由，例如移动台的漫游号码、VLR 地址等。

4. 设备识别寄存器（EIR）

EIR 也称为设备身份登记器，是存储有关移动台设备参数的数据库，主要完成对移动设备的识别、监视、闭锁等功能。每个移动台有一个惟一的国际移动设备识别码（IMEI），以防止被偷窃的、有故障的或未经许可的移动设备非法使用本系统。移动台的 IMEI 要在 EIR 中登记。

5. 鉴权中心（AUC）

AUC 负责确认移动用户的身份和密码，产生相应认证参数。这些参数有随机号码（RAND）、签字响应（SREC）、密钥（KC）等。AUC 对任何试图入网的移动用户进行身份认证，只有合法用户才能接入网中并得到服务。

3.1.2 基站子系统

根据功能的不同，基站子系统（BSS）可分为基站控制器（BSC）和无线基站（BTS）两大部分。无线基站提供无线资源的接入功能，而基站控制器则提供无线资源的控制功能。

BSC 的主要功能如下。

1）对无线基站的监视。BSC 具有控制无线基站的资源及监视无线基站的性能。

2）对无线基站资源的管理。BSC 为每个小区配置业务及控制信道。

3）处理与移动台的连接。建立及管理由 MSC 发起的与移动台的连接。

4）定位及切换。其定位功能不断地分析话音接续质量，由此判断是否切换。若切换的目标小区在同一 BSS 内，则切换由 BSC 控制，否则，切换请求通过 MSC 送往临近 BSC。

5）寻呼管理。负责分配从 MSC 来的寻呼消息。

6）BSS 的操作与维护。如系统数据的管理、软件安装、设备闭塞/解闭、告警处理、测试数据的收集、收发信机测试等。

7）对传输网路的管理。包括 BSC 配置、分配并监视与 BTS 之间的 64kbit/s 信道，话音编码也在 BSC 内完成。

8）码型变换。将 4 个全速率的 GSM 信道复接成 64kbit/s 信道。

BTS 是无线基站内所有设备的总称，主要包括向移动台提供空中接口的收发信机。BTS 的主要功能有：有线/无线转换、RF 测量、天线分集、加密、跳频、非连续性发射、时间调整、监视和测试。

3.1.3 操作维护子系统

操作维护子系统（OMS）用于对通信分系统中的每一个设备实体进行控制和维护，它是网络操作者对全网进行监控和操作的功能实体。当有服务请求等网络外部条件发生变化时，OMS 应相应地进行一系列技术与管理方面的操作。当部分系统出现严重故障时，维护系统应在最短的时间内完成必要的操作来重新装载运行程序，使系统恢复正常工作。OMC 完成的网络管理功能主要有：用户管理、终端设备管理、计费、业务统计、安全管理、操作与性能管理、网络测量、系统变化控制、维护管理等。

3.2 GSM 网络接口及信道类型

GSM 网络作为公用电话网的一部分，可与其他通信网相连。其他通信网可以是公用交换电话网（PSTN）、综合业务数字网（ISDN）、分组交换公用数据网（PSPDN）、电路交换公用数据网（CSPDN）、公用陆地移动通信网（PLMN）等。

3.2.1 网络接口介绍

在 GSM 系统内各主要功能单元之间，GSM 与其他通信网之间都有大量的接口。GSM 系统已对这些接口及其协议作了详细的规定，从而为不同制造商的产品综合到一个 GSM 网络中创造了条件。图 3-2 给出了 GSM 系统的各种接口与信令。

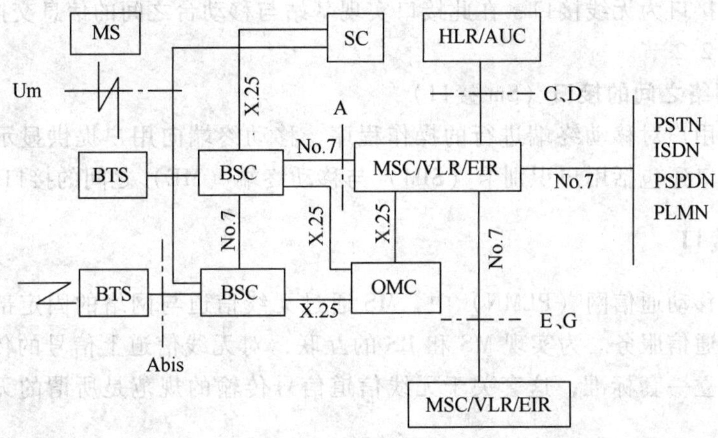

图 3-2 GSM 系统的各种接口与信令

1. MSC 与 BSC 之间的接口（A 接口）

A 接口主要用于传递呼叫处理、移动性管理、基站管理和移动台管理等信息。在 A 接口上话音传输采用 2Mbit/s 数字接口方式。

2. MSC 与 VLR 之间的接口（B 接口）

当一个移动台从一个服务区漫游到另一个服务区时，移动台同 MSC 建立新的位置更新关系，MSC 与 HLR 之间通过 B 接口传递某移动用户的相关数据或业务信息。

3. MSC 与 HLR 之间的接口（C 接口）

当建立呼叫时，MSC 通过此接口从 HLR 取得选择路由的信息。在呼叫结束后，MSC 向

HLR 发送计费信息。C 接口用于管理和路由选择的信令交换。

4. HLR 与 VLR 之间的接口（D 接口）

这个接口用于有关移动用户的位置数据和管理用户数据。主要为移动用户在服务区内提供收/发话业务，VLR 负责通知 HLR 移动用户的位置，并为 HLR 提供移动用户的漫游号码。当移动用户漫游到另一个 VLR 控制的服务区时，HLR 负责通知原先为此移动用户服务的 VLR，消除所有有关此移动用户的信息。当移动用户使用附加业务或用户想要改变其相关信息时，也使用此接口。

5. MSC 之间的接口（E 接口）

E 接口主要用于移动用户在 MSC 之间进行越区切换时交换有关信息。当移动用户在通话过程中从一个 MSC 服务区移动到另一个 MSC 服务区时，为维持连续通话，MSC 之间需进行信令交换，以确定哪一个小区适合切换。

6. MSC 与 EIR 之间的接口（F 接口）

F 接口用于 MSC 和 EIR 之间的信令交换，EIR 存储国内和国际移动设备识别号码，MSC 通过 F 接口查询，以核对移动设备的识别码。

7. VIR 之间的接口（G 接口）

当一个移动用户使用临时移动用户识别号（TMSI）在新的 VIR 中登记时，此接口用来在 VLR 之间传送有关信息，此接口还用于在分配 TMSI 的 VLR 那里检索该用户的国际移动用户识别号码 IMSI。在频道切换后，新的 VIR 向前一个 VIR 查询移动用户的 IMSI。

8. BSS 与 MS 之间的空中接口（Um 接口）

习惯上称此接口为无线接口，在此接口实现基站与移动台之间的信息交换。关于此接口的详细描述见 3. 2. 2 节。

9. 用户与网络之间的接口（Sm 接口）

此接口包括用户对移动终端进行的操作程序、移动终端向用户提供显示信息和信号音等。同时，此接口还包括用户识别卡（SIM）与移动终端（ME）之间的接口。

3. 2. 2 无线接口

在公众陆地移动通信网（PLMN）中，MS 通过无线信道与网络的固定部分相连使用户可接入网内得到通信服务。为实现 MS 和 BS 的互联，对无线信道上信号的传输必须做出一系列的规定，建立一套标准，这套关于无线信道信号传输的规范是所谓的无线接口，又称 Um 接口。

Um 接口是 GSM 系统的诸多接口中最重要的一个，首先，完整规范的无线接口建立了不同国家的 MS，与不同网络之间的完全兼容，这是 GSM 实现全球漫游的最基本条件之一；其次，无线接口决定了 GSM 蜂窝系统的频率利用率，这是衡量一个无线系统的主要经济依据。

Um 接口由下述特征所规定。

- 信道结构和接入能力。
- MS ~ BS 通信协议。
- 维护和操作特性。
- 性能特性。
- 业务特性。

- 工作频带。
- 物理层接口与提供的服务。
- 信道类型。

1. 工作频带

对900MHz频段，上行（MS→BS）：890～915MHz，下行（BS→MS）：925～935MHz，双工间隔：45MHz，载频间隔：200kHz。

对1800MHz频段，上行（MS→BS）：1710～1785MHz，下行（BS→MS）：1805～1880MHz，双工间隔：95MHz，载频间隔：200kHz。

2. 物理层接口与提供的服务

物理层可提供下述服务，即接入能力（物理层通过一系列有限的逻辑信道提供传输服务，逻辑信道复用在物理信道）、误码检测（物理层提供错误保护的传输服务，包括检错和纠错功能）、加密。

3.2.3 信道类型

Um接口定义了一系列逻辑信道，根据信道特征的不同，可将信道分为不同的类型。

1. 业务信道（TCH）

TCH信道承载话音或用户数据，全速率业务信道（TCH/F）载有总速率为22.8kbit/s的信息。在THC信道上提供以下业务信道。

- 全速率话音业务信道（TCH/F9.6）。
- 9.6kbit/s全速率数据业务信道（TCH/F9.6）。
- 4.8kbit/s全速率数据业务信道（TCH/F4.8）。
- ≤2.4kbit/s全速率数据业务信道（TCH/F2.4）。

2. 控制信道

控制信道主要携信令或同步数据。根据处理任务的不同，可分为3类控制信道，即广播信道、公共控制信道和专用控制信道。

（1）广播信道（BCH）

广播信道是从BS到MS的一点对多点的单向控制信道，用于向MS广播各类信息。广播信道可分为以下3种。

1）FCCH：频率校正信道，用于MS频率校正。

2）SCH：同步信道，用于MS的帧同步和BS识别。

3）BCCH：广播控制信道，用于发送小区信息。

（2）公共控制信道（CCCH）

公共控制信道是一点对多点的双向控制信道。主要携带接入管理功能所需的信令信息，也可用于携带其他信令。CCCH由网络中各MS共同使用，有以下3种类型。

1）PCH：寻呼信道，用于BTS寻呼MS。

2）RACH：随机接入信道，用于MS随机接入网络上行信道。

3）AGGH：准予接入信道，用于给成功接入的接续分配专用控制信道。

（3）专用控制信道（DCCH）

专用控制信道是点对点的双向控制信道。根据通信控制过程的需要，将DCCH分配给

MS 使之 BTS 进行点对点信令传输，它可分为下几类。

1）SDCCH/8：独立专用控制信道。

2）SACCH/C8：与 SDCCH/8 随路的慢速随路控制信道。

3）SACCH/TF：与 TCH/F 随路的慢速随路控制信道。

4）FACCH/F：全速率快速随路控制信道。

5）SDCCH/4：与 SDCCH/CCCH 结合使用的独立专用控制信道。

6）SACCH/C4：与 SDCCH/4 随路的慢速随路控制信道。

3. 信道组合

根据通信的需要，实际使用时总是将不同类型的逻辑信道映射到同一物理信道上，称为信道组合。以下给出一些允许的信道组合类型。

- TCH/F + FACCH/F + SACCH/TF。
- FCCH + SCH + BCCH + CCCH。
- FCCH + SCH + BCCH + CCCH + SDCCH/4 + SACCH/C4。
- BCCH + CCCH。

3.3 GSM 系统的控制与管理

GSM 系统是一种功能繁多且设备复杂的通信网络，无论是在移动用户与市话用户还是在移动用户之间，建立通信都必须涉及系统中的各种设备。下面着重介绍系统控制与管理中的几个主要问题，包括位置登记与更新、鉴权与加密、呼叫接续（见 3.4 节）和越区切换等。

3.3.1 位置登记

所谓位置登记（或称注册）是通信网为了跟踪移动台的位置变化，而对其位置信息进行登记、删除和更新的过程。由于数字蜂窝网的用户密度大于模拟蜂窝网，所以位置登记过程必须更快、更精确。

位置信息存储在归属位置寄存器（HLR）和访问位置寄存器（VLR）中。

GSM 蜂窝通信系统把整个网络的覆盖区域划分为许多位置区，并以不同的位置区标志进行区别。位置区划分示意图如图 3-3 所示。

当一个移动用户首次入网时，它必须通过移动业务交换中心（MSC），在相应位置寄存器（HLR）中登记注册，把其有关的参数（如移动用户识别码、移动台编号及业务类型等）全部存放在这个寄存器中。于是网络就把这个位置寄存器称为归属位置寄存器。

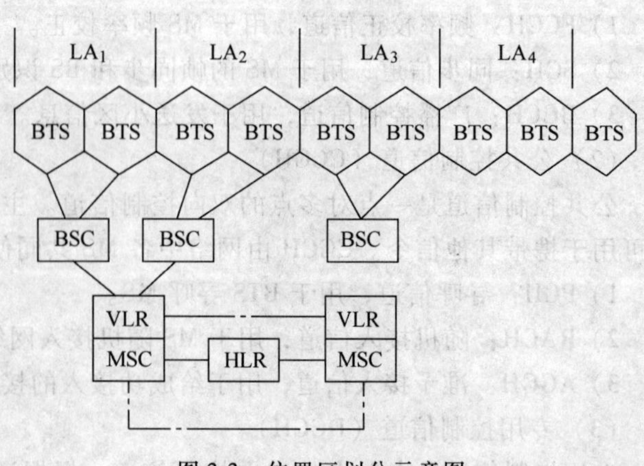

图 3-3 位置区划分示意图

移动台的不断运动将导致其位置的不断变化。这种变化的位置信息由另一种位置寄存器，即访问位置寄存器（VLR）进行登记，并向该移动台的 HLR 查询其有关参数。此 HLR 要临时保存该 VLR 提供的位置信息，以便为其他用户（包括固定的市话网用户或另一个移动用户）呼叫此移动台提供所需要的路由。VLR 所存储的位置信息不是永久性的，一旦移动台离开了它的服务区，该移动台的位置信息就被删除。

位置区的标志在广播控制信道（BCCH）中播送，移动台开机后，就可以搜索此 BCCH，从中提取所在位置区的标志。如果移动台从 BCCH 中获取的位置标志就是它原来用的（上次通信所用）位置区标志，就不需要进行位置更新；如果两者不同，就说明移动台已经进入新的位置区，必须进行位置更新。于是移动台将通过新位置区的基站发出位置更新的请求。

移动台可能在不同情况下申请位置更新。比如，在任一个地区中进行初始位置登记，在同一个 VLR 服务区中进行越区位置登记，或者在不同的 VLR 服务区中进行越区位置登记等。不同情况下进行位置登记的具体过程会有所不同，但基本方法都是一样的。图 3-4 给出的是涉及两个 VLR 的位置更新过程实例，其他情况可依此类推。

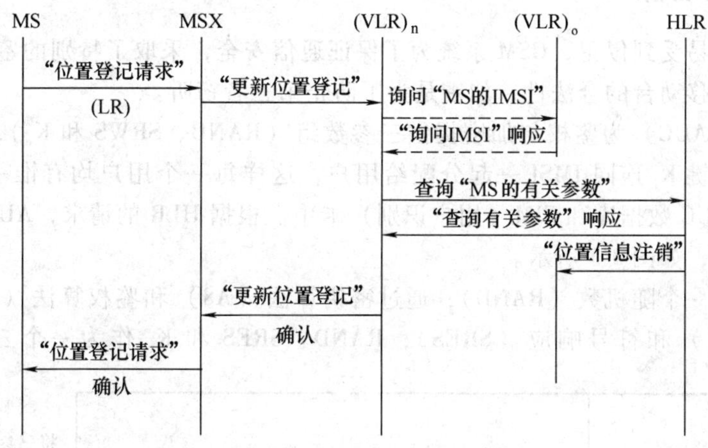

图 3-4 位置更新过程实例

当移动台进入某个访问区需要进行位置登记时，它就向该区的 MSC 发出“位置登记请求（LR)”。若 LR 中携带的是“国际移动用户识别码（IMSI)”，则新的访问位置寄存器 $(VLR)_n$ 在收到 MSC“更新位置登记”的指令后，可根据 IMSI 直接判断出该移动台（MS）的归属位置寄存器 HLR。$(VLR)_n$ 给该 MS 分配漫游号码（MSRN），并向该 HLR 查询“MS 的有关参数”获得成功，再通过 MSC 和 BS 向 MS 发送“更新位置登记”的确认信息。HLR 要对该 MS 原来的移动参数进行修改，还要向原来的访问位置寄存器 $(VLR)_o$ 发送“位置信息注销”指令。

如果 MS 是利用“临时用户识别码（TMSI)”（由 $(VLR)_o$ 分配的）发起“位置登记请求”的，那么 $(VLR)_n$ 在收到后，必须先向 $(VLR)_o$ 询问该用户的 IMSI，若询问操作成功，则 $(VLR)_n$ 再给该 MS 分配一个新的 TMSI，接下去的过程与上面一样。

若 MS 因故未收到“确认”信息，则此次申请失败，可以重复发送 3 次申请，每次间隔至少是 10s。

移动台可能处于激活（开机）状态，也可能处于非激活（关机）状态。移动台转入非激活状态时，要在有关的 VLR 和 HLR 中设置一特定的标志，使网络拒绝向该用户呼叫，以免在无线链路上发送无效的寻呼信号，这种功能称为“IMSI 分离”。当移动台由非激活状态转为激活状态时，移动台取消上述分离标志，恢复正常工作，这种功能称为“IMSI 附着”，两者统称为“IMSI 分离/附着”。

当 MS 向网络发送“IMSI 附着”消息时，当因无线链路质量很差，则可能造成错误，即网络认为 MS 仍然为分离状态。反之，当 MS 发送“IMSI 分离”消息时，因收不到信号，网络也会认为该 MS 处于“附着”状态。

为了解决上述问题，系统还采取周期性登记方式，例如要求 MS 每 30min 登记一次。这时，若系统没有接收到某 MS 周期性登记信息，VLR 则以“分离”作标记，称做“隐分离”。

网络通过 BCCH 通知 MS 其周期性登记的时间周期。周期性登记程序中有证实消息，MS 只有在接收到此消息后才停止发送登记消息。

3.3.2 鉴权与加密

无线接口极易受到侵犯，GSM 系统为了保证通信安全，采取了特别的鉴权与加密措施。鉴权是为了确认移动台的合法性，加密是为了防止第三者窃听。

鉴权中心（AUC）为鉴权与加密提供三参数组（RAND、SRWS 和 K_c），在用户入网签约时，用户鉴权键 K_i 连同 IMSI 一起分配给用户，这样每一个用户均有惟一的 K_i 和 IMSI，它们被存储在 AUC 数据库和 SIM（用户识别）卡中。根据 HLR 的请求，AUC 按下列步骤产生一个三参数组，如图 3-5 所示。

首先，产生一个随机数（RAND）；通过密钥算法（A8）和鉴权算法（A3）和 K_i 分别计算出密钥（K_c）和符号响应（SRES）；RAND、SRES 和 K_c 作为一个三参数一起送给

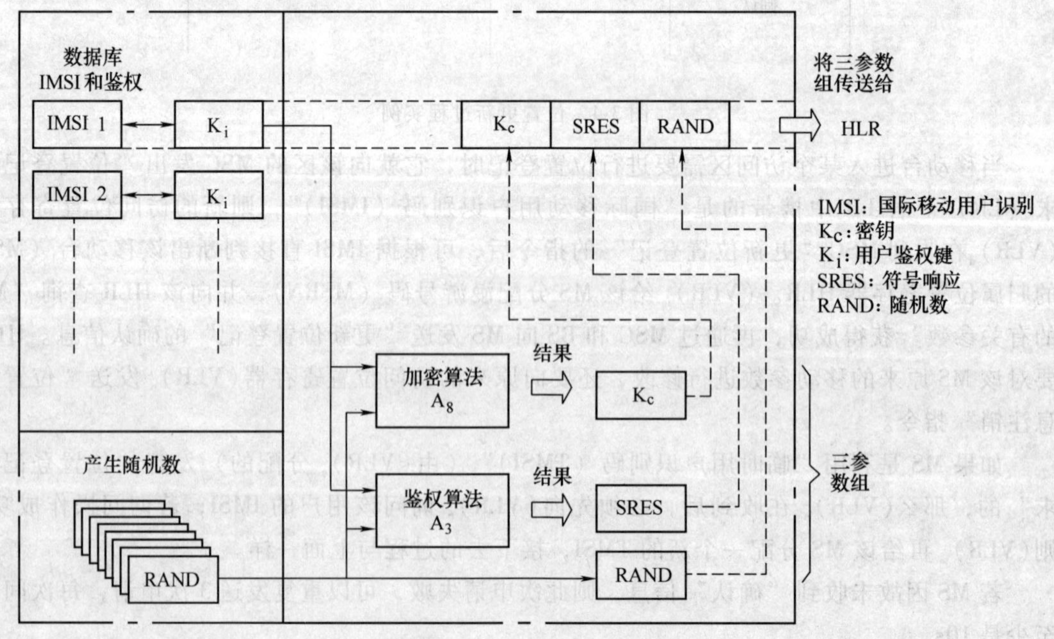

图 3-5 AUC 产生三参数组

HLR。

1. 鉴权

无论是移动台主呼或被呼，鉴权程序均如图 3-6 所示。

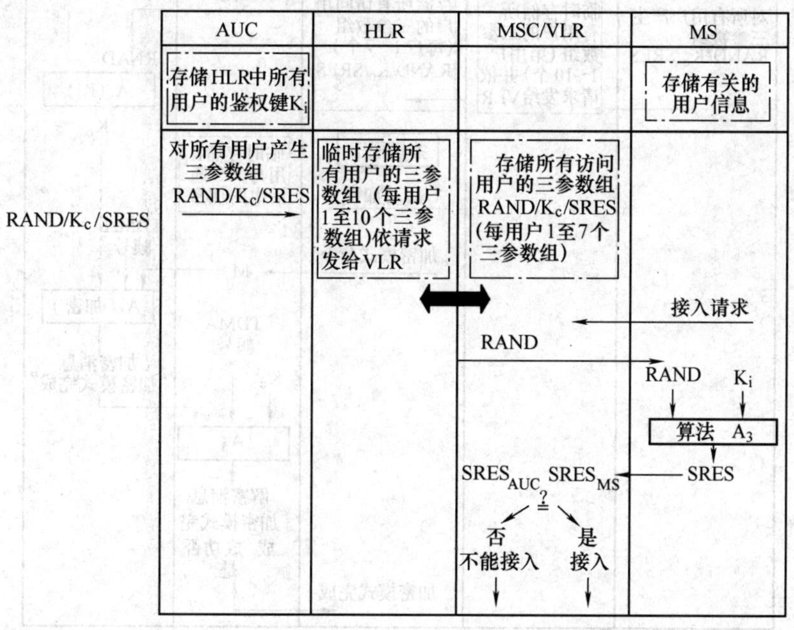

图 3-6　鉴权程序

鉴权过程主要涉及 AUC、HLR、MSC/VLR 和 MS，它们各自存储着用户有关的信息或参数。当 MS 发出入网请求时，MSC/VLR 就向 MS 发送 RAND，MS 使用该 RAND 以及与 AUC 内相同的鉴权键 K_i 和鉴权算法 A3，计算出符号响应 SRES，然后把 SRES 回送给 MSC/VLR，验证其合法性。

2. 加密

GSM 系统为确保用户信息（话音或非话音业务）以及与用户信令信息的私密性，在 BTS 与 MS 之间交换信息时专门采用了一个加密程序，如图 3-7 所示。

在鉴权程序中，当计算 SRES 时，同时用另一个算法（A8）计算出密钥 K_c，并在 BTC 和 MSC 中均暂存 K_c。当 MSC/VLR 把加密模式命令（M）通过 BTS 发往 MS，MS 根据 M、K_c 及 TDMA 帧号通过加密算法 A_5，产生一个加密消息，表明 MS 已完成加密，并将加密消息回送给 BTS。BTS 采用相应的算法解密，恢复消息 M，如果无误，就告知 MSC/VLR，表明加密模式已完成。

3. 设备识别

每一个移动台设备均有一个惟一的移动台设备识别码（IMEI）。在 EIR 中存储了所有移动台的设备识别码，每一个移动台只存储本身的 IMEI。设备识别的目的是确保系统中使用的设备不是盗用的或非法的设备。为此，EIR 中使用以下 3 种设备清单。

1）白名单：合法的移动设备识别号。

2）黑名单：禁止使用的移动设备识别号。

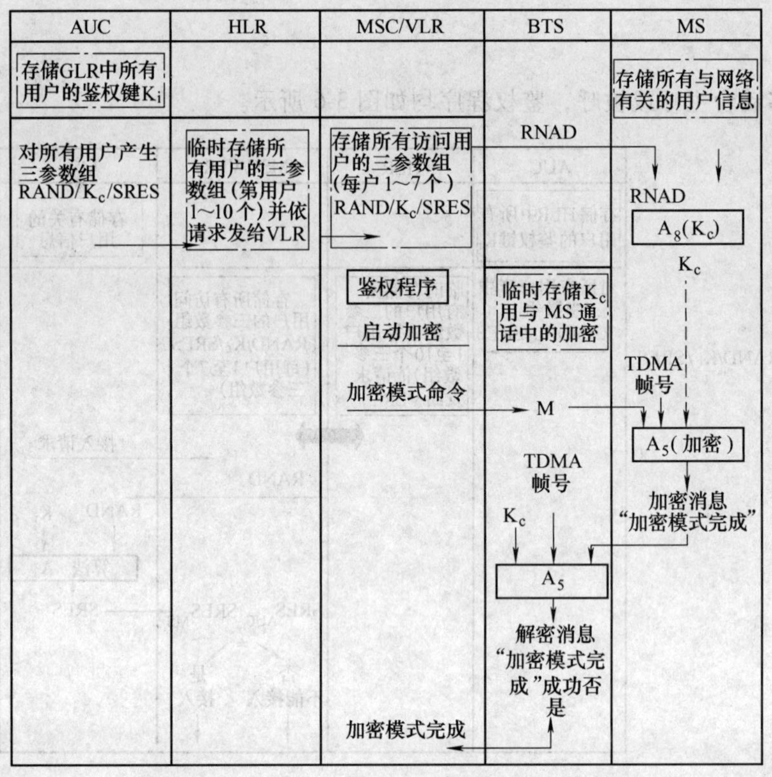

图 3-7　加密程序

3）灰名单：是否允许使用由运营者决定，例如有故障的或未经型号认证的移动设备识别号。

设备识别在呼叫建立尝试阶段进行。例如，MS 发起呼叫，MSC/VLR 要求 MS 发送其 IMEI，MSC/VLR 收到后，与 EIR 中存储的名单进行检查核对，决定是继续呼叫，还是停止呼叫建立程序。

4. 用户识别码（IMSI）保密

为了防止非法监听而盗用 IMSI，在无线链路上需要传送 IMSI 时，均用临时移动用户识别码（TMSI）代替 IMSI。仅在位置更新失败或 MS 得不到 TMSI 时，才使用 IMSI。

由上述分析可知，IMSI 是惟一不变的，而 TMSI 是不断更新的。在无线信道上传送的一般是 TMSI，从而确保了 IMSI 的安全性。

3.3.3　越区切换

所谓越区切换是指在通话期间，当移动台从一个小区进入另一个小区时，网络能进行实时控制，把移动台从原来的小区所用的信道切换到新小区的某一个信道，并保证通话不间断。若小区采用扇区定向天线，则当移动台在小区内从一个扇区进入另一个扇区时，也要进行类似的切换。

无论在模拟蜂窝通信系统中，还是在数据蜂窝通信系统中，越区切换都是重要的网络控制功能。在模拟蜂窝系统中，移动台在通信时的信号强度是由周围的 BS 进行测量的，将测量结果送给 MSC，由 MSC 根据这些测量数据来判断该 MS 是否需要越区切换和应该切换到哪个小区。一旦 MSC 认为 MS 需要切换到一个新小区去，即由它起动此次越区切换，一方面通知新的 BS 起动指配的空闲频道，另一方面通过原来的 BS 通知 MS 把其工作频率切换到新的频道。这种做法需要在 BS 和 MSC 之间频繁地传输测量信息和控制指令，它不仅会增大链路负荷，而且要求 MSC 具有很强的处理能力。随着通信业务量的增大和小区半径的减小，越区切换必然会越来越频繁，这种方法已不能满足数字蜂窝网的要求。

GSM 系统采用的越区切换办法称之为移动台辅助切换法。其主要指导思想是把越区切换的检测和处理等功能部分地分散到各个移动台，即由移动台来测量基站和周围基站的信号强度，把测量结果送给 MSC 进行分析和处理，从而作出有关越区切换的决策。

时分多址（TDMA）技术给移动台辅助切换法提供了条件。GSM 系统在一帧的 8 个时隙中，移动台最多占用两个时隙分别进行发射和接收，在其余的时隙内，可以对周围基站的"广播控制信道"（BCCH）进行信号强度的测量。当移动台发现它的接收信号变弱、达不到或已接近于信噪比的最低门限值而又发现周围某个基站的信号很强时，它就可以发出越区切换的请求，由此来起动越区切换过程。切换能否实现还应由 MSC 根据网中很多测量报告作出决定。如果不能进行切换，BS 就会向 MS 发出拒绝切换的信令。

越区切换主要有下列 3 种情况，下面分别予以介绍。

1. 一个 BSC 控制区内不同小区之间的切换

这也包括不同扇区之间的切换。在同一个 BSC 区不同 BTS 之间的切换示意图如图 3-8 所示。这种切换是最简单的情况。首先由 MS 信道向 BSC 报告原基站和周围基站的信号强度。由 BSC 发出切换命令，MS 切换到新的 TCH 信道后告知 BSC，由 BSC 通知 MSC/VLR，某移动台已完成此次切换。如果 MS 所在的位置区也变了，那么在呼叫完成后还需要进行位置更新。

2. 同一个 MSC/VLR 业务区，不同 BSC 之间的切换

图 3-9 所示为在同一个 MSC/VLR 区不同 BSC 之间的切换示意图。由 MSC 负责切换过程。同一 MSC 的 BSC 间的切换流程如图 3-10 所示。

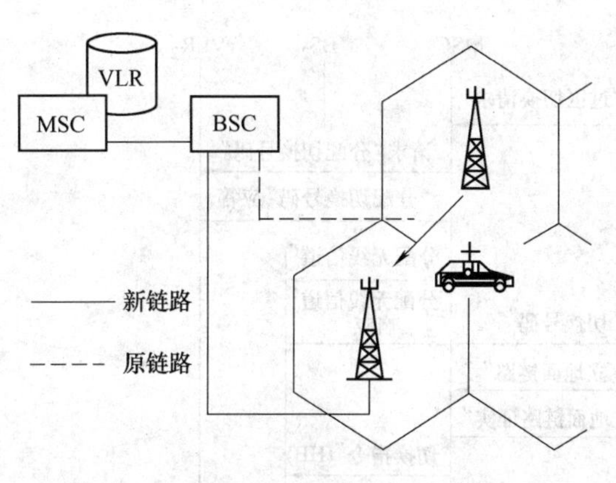

图 3-8 在同一个 BSC 区、不同 BTS 之间的切换示意图

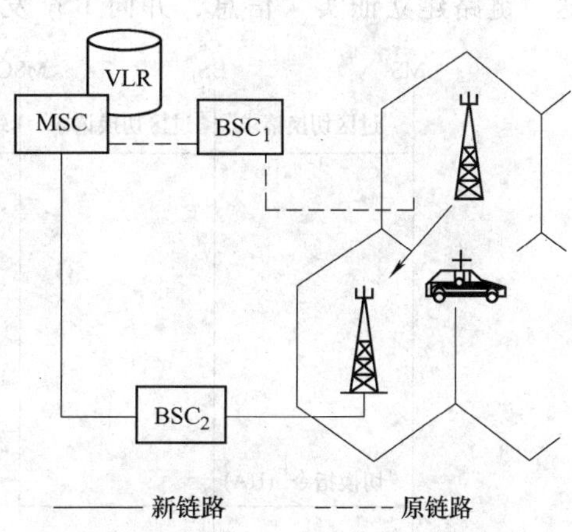

图 3-9 同一个 MSC/VLR 不同 BSC 之间的切换示意图

首先由 MS 向原基站控制器（BSC_1）报告测试数据，BSC_1 向 MSC 发送切换请求，再由 MSC 向 BSC_2（新基站控制器）发出切换指令，BSC_2 向 MSC 发送切换证实消息。然后 MSC 向 BSC_1、MS 发送切换命令，待切换完成后，MSC 向 BSC_1 发出清除命令，释放原来占用的信道。

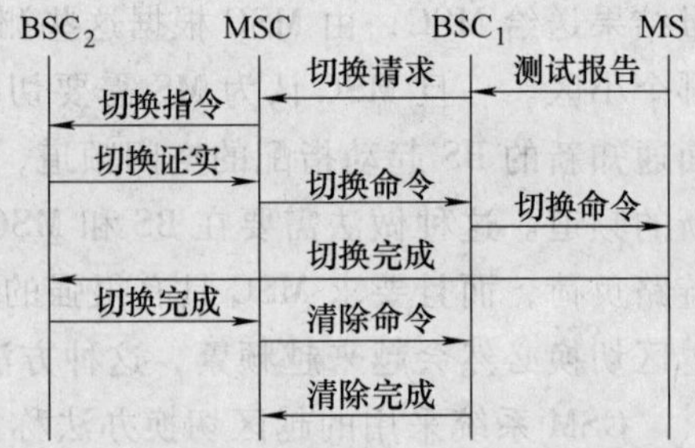

BSC_2　MSC　BSC_1　MS
测试报告
切换请求
切换指令
切换证实
切换命令
切换命令
切换完成
切换完成
清除命令
清除完成

图 3-10　同一 MSC 的 BSC 间的切换流程

3. 不同 MSC/VLR 的区间切换

这是一种最复杂的切换，切换中需要进行很多次信息传递。图 3-11 给出了不同 MSC/VLR 的小区切换示意图，图 3-12 为其切换过程实例，即由 MSC_1 的小区向 MSC_2 的小区进行切换的流程。

当移动台在通话中发现信号强度过弱、而邻近的小区信号较强时，即可通过正在服务的基站 BS1 向正在服务的 MSC_1 发出越区切换请求。由 MSC_1 向另一个新的移动交换中心 MSC_2 转发此切换请求。请求信息包含该移动台的标志和所要切换到的新基站 BS_2 标志，MSC_2 收到后，通知其相关的 VLR_2 给该 MS 分配切换号码，并通知新的基站 BS_2 分配无线信道，然后向 MSC_1 传送切换号码。如果 MSC_2 发现无空闲信道可用，就会通知 MSC_1 结束此次切换过程，这时 MS 现用的通信链路将不被拆除。

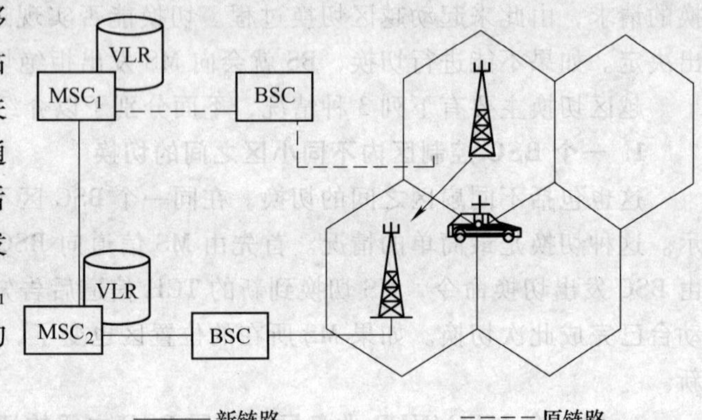

图 3-11　不同 MSC/VLR 的小区切换示意图

MSC_1 在收到“切换号码”后，要在 MSC_1 和 MSC_2 之间建立起“地面有线链路”。完成后，MSC_2 向 MSC_1 发送“链路建立证实”信息，并向 BS_2 发出“切换指令”。而 MSC_1 向 MS 发送“切换指

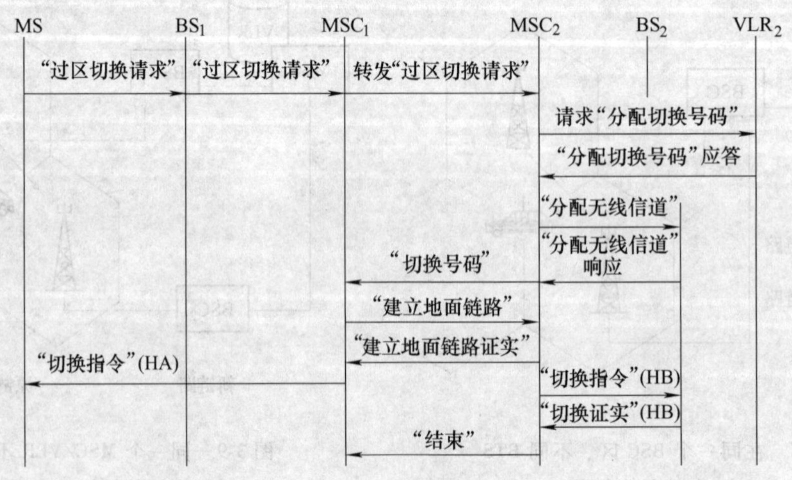

图 3-12　不同 MSC/VLR 的切换过程实例

令”，MS 在收到后，将其业务信道切换到新指配的业务信道上去。BS_2 向 MSC_2 发送“切换证实”消息，MSC_2 收到后向 MSC_1 发出“结束”信息，MSC_1 在收到后，即可释放原来占用的信道，于是整个切换过程结束。

3.4 呼叫接续与接续流程

移动用户主呼叫和被呼叫的接续是不同的，下面分别介绍移动用户向固定用户发起呼叫（即移动用户为主呼）和固定用户呼叫移动用户（即移动用户为被呼）的接续过程，并通过分析几种主要接续流程，使读者加深对 GSM 系统的整体理解。

3.4.1 移动用户主呼

移动用户向固定用户发起呼叫的接续过程如图 3-13 所示。

移动台（MS）在“随机接入信道（RACH）”上，向基站（BS）发出“信道请求”信息，如果 BS 接收成功，就给这个 MS 分配一个“专用控制信道”，即在“准许接入信道（AGCH）”上，向 MS 发出“立即分配”指令。MS 在发起呼叫的同时，设置一定时器，在规定时间内可重复呼叫，如果在按预定的次数重复呼叫后，仍然收不到 BS 的应答，就放弃这次呼叫。

图 3-13 移动用户向固定用户发起呼叫的接续过程

MS 在收到“立即分配”的信令后，利用分配的专用控制信道（DCCH）与 BS 建立起指令链路，经 BS 向 MSC 发送“业务请求”信息，MSC 向 VLR 发送“开始接入请求”应答信令。VLR 在收到后，经 MSC 和 BS 向 MS 发出“鉴权请求”，其中包含一随机数（RAND），MS 在按鉴权算法 A3 进行处理后，向 MSC 发回“鉴权”响应信息。若鉴权通过，承认此 MS 的合法性，VLR 则给 MSC 发送“置密模式”信息，由 MSC 经 BS 向 MS 发送“置密模式”指令。MS 在收到并完成置密后，要向 MSC 发送“置密模式完成”的响应信息。经鉴权、置密完成后，VLR 才向 MSC 作出“开始接入请求”应答。为保护 IMSI 不被监听或盗用，VLR 将给 MS 分配一个新的 TMSI，其分配过程如图 3-13 中虚线所示。

接着，MS 向 MSC 发出“建立呼叫请求”，MSC 在收到后，向 VLR 发出指令，要求它传送建立呼叫所需的信息。如果成功，MSC 即向 MS 发送“呼叫开始”指令，并向 BS 发出分配无线业务信息的“信道指配”信令。

如果 BS 有空闲的业务信道（TCH），即向 MS 发出“信道指配”指令，当 MS 得到信道时，向 BS 和 MSC 发送“信道指配完成”的信息。

MSC 在无线链路和地面有线链路建立后，把呼叫接续到固定网络，并和被呼叫的固定用户建立连接，然后给 MS 发送回铃音。在被呼叫的用户摘机后，MSC 向 BS 和 MS 发送“连接”指令，待 MS 发回“连接”确认后，即转入通信状态，从而完成了 MS 呼叫固定用户的整个接续过程。

3.4.2 移动用户被呼

固定用户向移动用户发起呼叫的接续过程如图 3-14 所示。

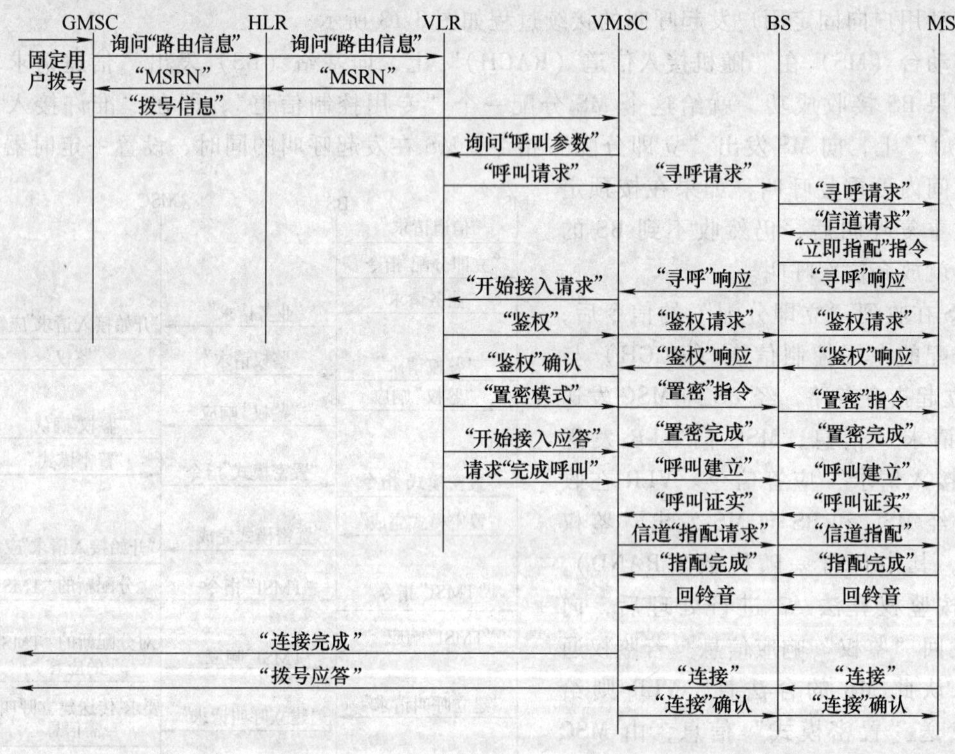

图 3-14 固定用户向移动用户发起呼叫的接续过程

在固定用户向移动用户拨出呼叫号码后，固定网络把呼叫接续到就近的移动交换中心，此移动交换中心在网络中起到入口（Gate Way）的作用，记作 GMSC。GMSC 即向相应的 HLR 查询路由信息，HLR 在其保存的用户位置数据库中，查出被呼 MS 所在的地区，并向该区的 VLR 查询该 MS 漫游号码（MSRN），VLR 把该 MS 的（MSRN）送到 HLR，并转发给查询路由的 GMSC。GMSC 即把呼叫接续到被呼 MS 所在地区的移动交换中心，记作 VMSC。由 VMSC 向该 VLR 查询有关的“呼叫参数”，获得成功后，再向相关的基站（BS）发出“寻呼请求”。基站控制器（BSC）根据 MS 所在的小区，确定所用的收发台（BTS），在寻呼信道（PCH）上发送此“寻呼请求”信息。

MS 在收到寻呼请求信息后，随机接入信道（RACH）向 BS 发送“信道请求”，由 BS 分配专用控制信道（DCCH），即在公用控制信道（CCCH）上给 MS 发送“立即支配”信令。MS 利用分配到 DCCH 与 MS 发送“呼叫建立”的信令。在被呼 MS 收到此信令后，向 BS 和 VMSC 发回“呼叫证实”信息，表明 MS 已可进入通信状态。

VMSC 在收到 MS 的“呼叫证实”信息后，向 BS 发出信道“指配请求”，要求 BS 给 MS 分配无线“业务信道”（TCH）。接着，MS 向 BS 及 VMSC 发回“指配完成”响应和回铃音，于是 VMSC 向固定用户发送“连接完成”信息。当被呼移动用户摘机时，向 VMSC 发送“连接”信息。VMSC 向主呼叫用户发送“拨号应答”信息，并向 MS 发送“连接”确认信息。至此，完成了固定用户呼叫移动用户的整个接续过程。

除去上述两种常用呼叫的接续过程外，还有一个移动台呼叫另一个移动台的接续过程，这里不再介绍。

3.4.3 主要接续流程

通过前面各节的介绍，使我们对 GSM 系统有了初步的了解。本节将通过 4 种主要接续流程的例子，进一步说明对 GSM 系统的整体操作。

1. 位置更新基本流程

一种典型的位置更新基本流程如图 3-15 所示。对应图中的基本流程说明如下。

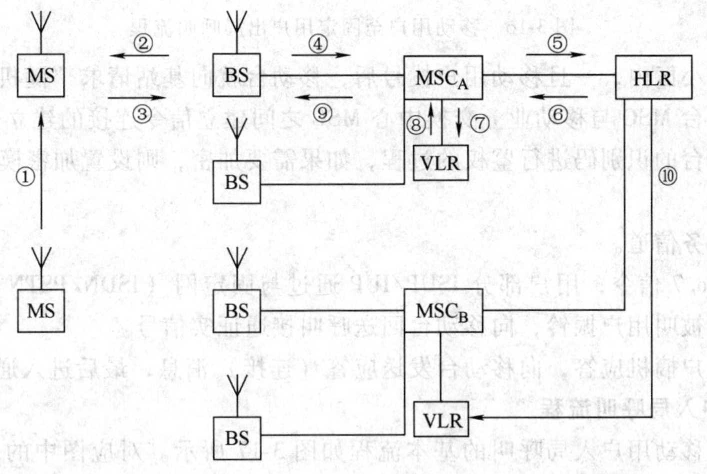

图 3-15　位置更新基本流程

① 移动台 MS 从一个位置区（属于 MSC_B 的覆盖区内）移动到另一个位置区（属于 MSC_A 的覆盖区内）。

② 通过检测由基站 BS 持久发送的广播信息，移动台发现新收到的位置区识别与目前所使用的位置区识别不同。

③④ 移动台通过该基站向 MSC_A 发送具有“我在这里”的信息位置更新请求。

⑤ 由 MSC_A 向 LHR 发送消息。

⑥ HLR 发回响应消息，其中包含有全部相关的用户数据。

⑦⑧ 被访问的 VLR 中进行用户数据登记。

⑨ 把有关位置更新响应消息通过基站送给移动台（如果重新分配 TMSI，此时就一起送给移动台）。

⑩ 通知原来的 VLR，删除与此移动用户有关的用户数据。

2. 移动用户出局呼叫流程

移动用户至固定用户出局呼叫流程如图 3-16 所示。对应图中流程说明如下。

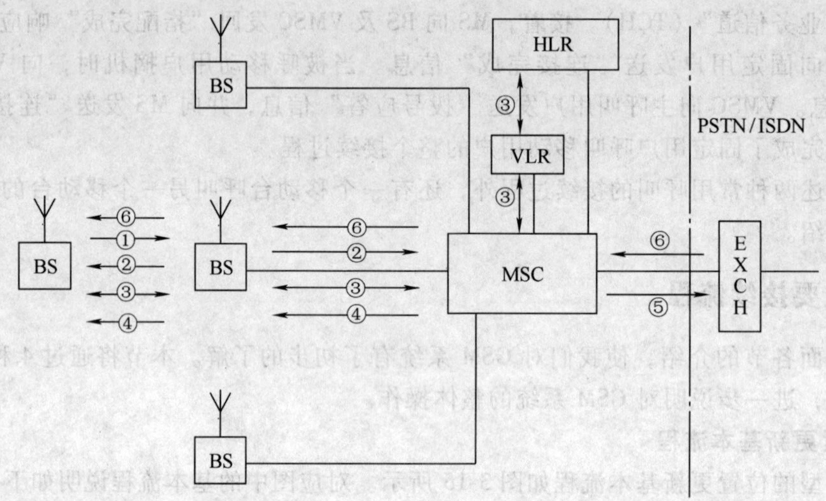

图 3-16 移动用户至固定用户出局呼叫流程

① 在服务小区内，一旦移动用户拨号后，移动台就向基站请求“随机接入信道”。

② 在移动台 MSC 与移动业务交换中心 MSC 之间建立信令连接的建立过程。

③ 对移动台的识别码进行鉴权的过程，如果需要加密，则设置加密模式，进入呼叫建立起始阶段。

④ 分配业务信道。

⑤ 采用 No. 7 信令，用户部分 ISUP/IUP 通过与固定网（ISDN/PSTN）建立至被叫用户的通路，并向被叫用户振铃，向移动台回送呼叫接通证实信号。

⑥ 被叫用户摘机应答，向移动台发送应答（连接）消息，最后进入通话阶段。

3. 固定用户入局呼叫流程

固定用户至移动用户入局呼叫的基本流程如图 3-17 所示。对应图中的基本流程说明如下。

① 通过 No. 7 信令用户部分 ISUP/IUP，入口 MSC（GMSC）接收来自固定网（ISDN/PSTN）的呼叫。

② GMSC 向 VLR 询问有关被叫移动用户正在访问的 MSC 地址（即 MSRN）。

③ HLR 请求被访问 VLR 分配 MSRN，MSRN 是在每次呼叫的基础上由被访的 VLR 分配并通知 HLR 的。

④ GMSC 在 HLR 获得 MSRN 后，就可重新寻找路由建立至被访 MSC 的通路。

⑤⑥ 被访 MSC 从 VLR 获取有关用户数据。

⑦⑧ MSC 通过位置区内的所有基站 BS 向移动台发送寻呼消息。

⑨⑩ 被叫移动用户的移动台发回寻呼响应消息，然后执行与前述出局呼叫流程中的①

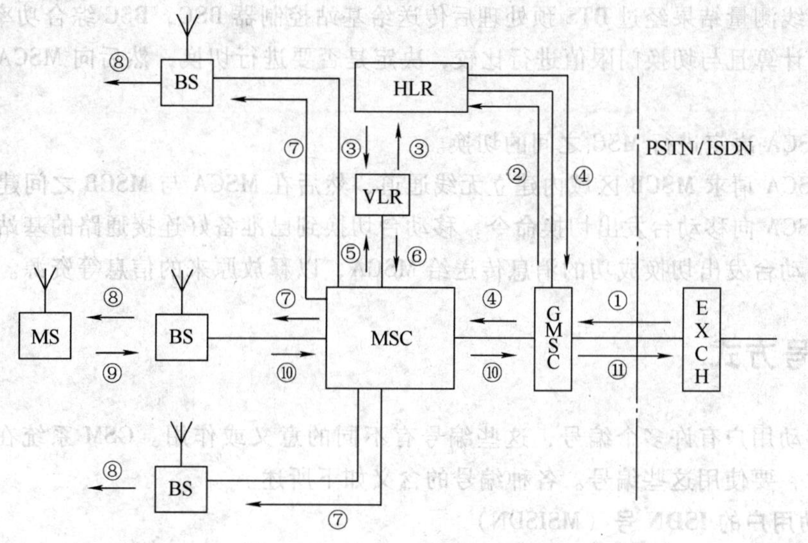

图 3-17　固定用户至移动用户入局呼叫的基本流程

②③④相同的过程，直到移动台振铃，向主叫用户回送呼叫接通证实信号。

⑪　移动用户应答，向固定网发送应答（连接）消息，最后进入通话阶段。

4. 越区切换基本流程

一种典型的 MSC 之间越区切换的基本流程如图 3-18 所示。对应图中流程说明如下。

①　移动台对邻近基站发出的信号进行无线测量，包括测量功率、距离和语音质量，这 3 个指标决定切换的门限。无线测量结果通过信令信道报告给基站系统 BSS 中的基站收发信台 BTS。

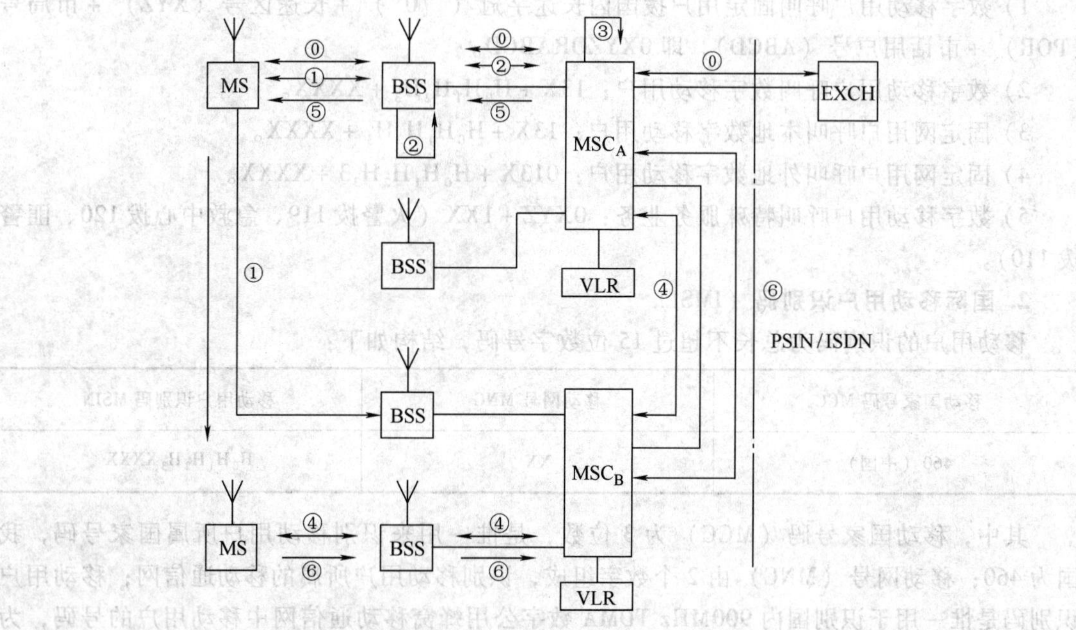

图 3-18　MSC 之间越区切换的基本流程

② 无线测量结果经过 BTS 预处理后传送给基站控制器 BSC，BSC 综合功率、距离和语音质量进行计算且与切换门限值进行比较，决定是否要进行切换，然后向 MSCA 发出切换请求。

③ MSCA 决定进行 MSC 之间的切换。

④ MSCA 请求 MSCB 区域内建立无线通道，然后在 MSCA 与 MSCB 之间建立连接。

⑤ MSCA 向移动台发出切换命令，移动台切换到已准备好连接通路的基站。

⑥ 移动台发出切换成功的消息传送给 MSCA，以释放原来的信息等资源。

3.5 编号方式

一个移动用户有许多个编号，这些编号有不同的意义或作用。GSM 系统在为这个用户提供服务时，要使用这些编号。各种编号的含义如下所述。

1. 移动用户的 ISDN 号（MSISDN）

ISDN 号是指主叫用户为呼叫数字公用陆地蜂窝移动通信网中用户所需拨的号码。号码组成格式如下：

国家码（CC）	国内目的码（NDC）	用户号码（SN）

我国国家号码为 86，国内移动用户 ISDN 号码为一个 11 位数字的等长号码，即移动业务接入号（NDC）+HLR 识别号（$H_0H_1H_2H_3$）+用户号码（SN）。其中，中国移动分配的 NDC 为 135～139，中国联通分配的 DNC 为 130～134；HLR 识别号表示用户归属的 HLR，也用来区别移动业务本地网；SN 为 4 位用户号码。

数字移动用户的拨号程序有如下几种情况。

1）数字移动用户呼叫固定用户拨国内长途字冠（“0”）+长途区号（XYZ）+市局号（POR）+市话用户号（ABCD），即 0XYZORABCD。

2）数字移动用户呼叫数字移动用户：13X+$H_0H_1H_2H_3$+XXXX。

3）固定网用户呼叫本地数字移动用户：13X+$H_0H_1H_2H_3$+XXXX。

4）固定网用户呼叫外地数字移动用户：013X+$H_0H_1H_2H_3$3+XXXX。

5）数字移动用户呼叫特殊服务业务：0XYZ+1XX（火警拨 119、急救中心拨 120、匪警拨 110）。

2. 国际移动用户识别码（IMSI）

移动用户的识别码为总长不超过 15 位数字号码，结构如下：

移动国家号码 MCC	移动网号 MNC	移动用户识别码 MSIN
460（中国）	XX	$H_0H_1H_2H_3$XXXX

其中，移动国家号码（MCC）为 3 位数，是惟一用来识别移动用户所属国家号码，我国为 460；移动网号（MNC）由 2 个数字组成，识别移动用户所属的移动通信网；移动用户识别码是惟一用于识别国内 900MHz TDMA 数字公用蜂窝移动通信网中移动用户的号码，为 $H_0H_1H_2H_3$XXXX。其中的 $H_0H_1H_2H_3$ 同移动用户 ISDN 号码中的 $H_0H_1H_2H_3$。

3. 移动用户漫游号码（MSRN）

当呼叫一个移动用户时，为使网络进行路由选择，VLR 临时分配给漫游移动用户的一个号码，这个号码为 13X（X = 0 ~ 9）后第 1 位为 0 的 MSISDN 号码，即 13X（X = 0 ~ 9）$00M_1M_2M_3ABC$，$M_1M_2M_3$ 为 MSC 号码，M_1、M_2 的分配同 H_1、H_2 的分配。

4. 临时移动用户识别码（TMSI）

为了对国际移动用户识别码（IMSI）保密，VLR 可给来访移动用户分配一个临时且惟一的 TMSI 号码作为寻呼该移动台用。它只在本地使用，为一个 4 字节的 BCD 编码，由各 MSC 自行分配，当移动用户不在该 VLR 区域流动时，此 TMSI 即由此 VLR 收回。

5. 位置区识别码（LAI）

位置区识别码（LAI）由 3 个部分组成，即 MCC + MNC + LAC。具体格式如下：

移动国家号码 MCC	移动网号 MNC	位置识别码 LAC
460	XX	$X_1X_2X_3X_4$

其中 MCC、MNC 与前相同；LAC 为一个 2 字节 BCD 编码，用 $X_1X_2X_3X_4$ 表示（范围为 0000 ~ FFFF）。全部为 0 的编码保留不用。X_1、X_2 统一分配，X_3、X_4 的分配由各省市自行分配。

6. 全球小区识别码（GCI）

全球小区识别码（GCI）是在 LAI 的基础上再加上小区识别码（CI）构成的，其结构为 MCC + MNC + LAC + CI，其中 MCC，MNC 和 LAC 同上，CI 为一个 2 字节 BCD 编码，由各 MSC 自定。

7. 基站识别码（BSIC）

基站识别码用于识别相邻国家的相邻基站，为 6bit 编码，其结构为 NCC（3bit）+ BCC（3bit）。其中，网络色码（NCC）用来识别不同国家（国内识别不同的省）及不同的运营者，为 XY1Y2。

X：运营者（中国移动 X = 1）。

Y_1Y_2：统一规定。

基站色码（BCC）：由运营部门设定。

8. 国际移动台识别码（IMEI）

国际移动台识别码是惟一用于识别一个移动台设备的号码，为一个 15 位的 10 进制数字。其结构成为

TAC（6 位） + FAC（2 位） + SNR（6 位） + SP（1 位）

其中，型号批准码（TAC）由欧洲型号认证中心分配；工厂装配码（FAC）（由厂家编码）表示生产厂家及其装配地；序号码（SNR）由厂家分配；备用（SP）。

9. MSC/VLR 号码

在 NO.7 信令消息中使用的代表 MSC 的号码是用户为全 0 的 MSRN 号码，即 13X（X = 0 ~ 9）00 $M_1M_2M_3000$，M_1、M_2 的分配同 H_1、H_2 的分配。

10. HLR 号码

在 NO.7 信令消息中使用的代表 HLR 的号码，是全部用户为零的 MSISDN 号码，即 13X（X = 0 ~ 9）$H_0H_1H_2H_30000$。

3.6 GPRS 系统

GPRS（General Padio Service）即通用分组无线业务，是 GSM 系统向第三代移动通信演进的第一步。在这一步中，有两点重要意义：一是在 GSM 系统中引入分组交换能力，二是将速率提高到 100kbit/s 以上。GPRS 作为第二代移动通信向第三代过渡的技术是由英国 BT Cellnet 公司早在 1993 年就已经提出，是一种基于 GSM 的移动分组数据业务，面向用户提供移动分组的 IP 或者 X. 25 连接。

移动通信和互联网的发展，使得人们对语音通信以外的数据通信，特别是对无线数据通信提出了越来越高、越来越迫切的需求。于是，全球移动通信领域引发了一场新的技术革命。运营商在发展话音业务的同时，希望通过提供移动计算机和数据通信设备及业务开辟新的业务增长点，增加收入。但现有移动网大多仍为第二代技术，只能满足话音和低、中速数据业务的需求，难以满足中、高速数据业务的要求。以提供移动多媒体业务为特征的第三代移动通信，恰恰能适应这一发展，提供了高达 2Mbit/s 业务。第三代移动通信网明显比第二代技术（无论是 GSM 还是 CDMA）在频谱利用率和业务能力上都有明显的提高，所以运营商会争取尽早提供第三代业务，以取得竞争的优势。第三代移动通信系统将是发展的必然趋势。

GPRS 是通用分组无线业务的简称，它是一种基于分组交换传输数据的高效率方式。GPRS 将深刻地改变终端用户使用移动数据计算的体验。GPRS 最显著的优点就是能够提供比现有 GSM 网 9. 6kbit/s 更高的数据率，可达 170kbit/s。巨大的吞吐量改变了单一的面向文本的无线应用，使得包括图片、语音和视频的多媒体业务成为现实。移动用户再也不必通过拨号到专门的 ISP 来接收 Email 和游览 WEB 网页，GPRS 提供了无缝、直接的互联网连接。GPRS 支持 X. 25 协议和对互联网具有深远影响的 IP 协议。对于 GSM 网现有电路交换数据业务（CSD）和短消息业务（SMS）来说，GPRS 是一种补充而不是替代。GPRS 根据用户需要灵活地动态分配无线资源，从而实现多用户共享，提高频率利用率。同时，记费也将由传统的按时方式改为根据用户数据的传输量记费方式。GPRS 不仅被欧洲的第二代移动通信系统 GSM 支持，而且被北美的 IS-136 支持。它的高数据率能够提供第三代中的部分多媒体业务且在时间进程上提前几年，而且当第三代真正到来时，对于那些没有第三代经营权的运营商来说，GPRS 仍不失为一种竞争业务。因此 GPRS 也被称为是第 2. 5 代移动通信系统。

GPRS 的优点有以下几项。

1）速率高容量大。GPRS 能够提供的传输速率最高可达 170kbit/s。这改变了以往单一的文本数字形式的数据，各种图片、话音和视频在内的多媒体业务也可实现，如可视电话、视频点播等；可以进行各种娱乐休闲，如移动聊天、游戏、交友等，或者多媒体业务。

2）永远在线。例如当用户访问互联网时，手机就在无线信道上发送和接收数据。如果没有数据传送时，手机就进入休眠状态，手机所在的无线信道会让给其他用户使用，但手机与网络之间仍保持着逻辑连接，一旦用户再次访问，手机立即向网络请求无线信道，不像普通拨号上网那样断线后还要重新拨号上网。

3）收费合理。GPRS 手机的计费是根据用户传输的数据量而不是上网时间来计算。因此只要用户不在网络之间传输数据，即使一直“在线”，也无需付费。

3.6.1 GPRS系统设备

将 GSM 网络升级到 GPRS 网络，最主要的改变是在网络内加入 SGSN 以及 GGSN 两个新的网络设备结点。GPRS 网络示意图如图 3-19 所示。GGSN 与 SGSN 如同互联网上的 IP 路由器，具备路由器交换、过滤与传输数据分组等功能，也支持静态路由与动态路由。多个 SGSN 与 GGSN 构成电信网络内的一个 IP 网络，由 GGSN 与外部的互联网相连接。

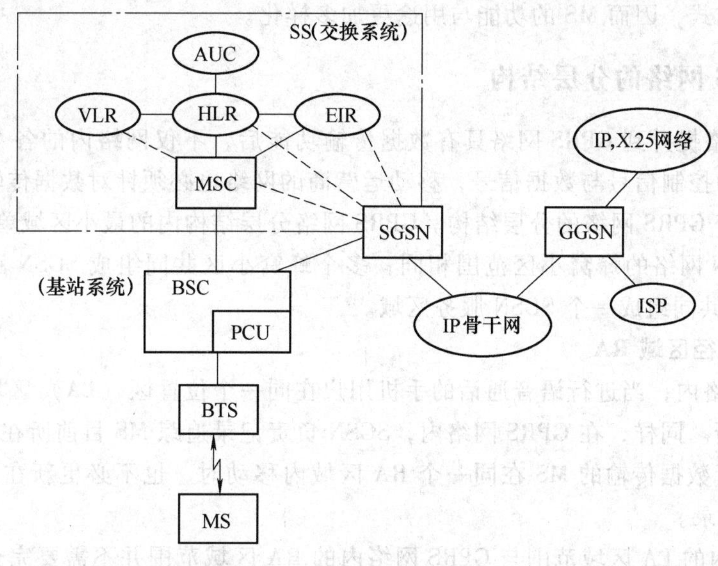

图 3-19 GPRS 网络示意图

1. 业务支持节点（SGSN）

SGSN 主要是负责传输 GPRS 网络内的数据分组，它扮演的角色类似通信网络的路由器，将 BSC 送出的数据分组路由到其他的 SGSN，或是由 GGSN 将分组传递到外部的互联网。除此之外，SGSN 还包括所有与管理数据传输有关的功能。

GPRS 移动通信网络与互联网最大的区别，就是 GPRS 网络增加了手机或终端的移动性管理，同 GSM 网一样，SGSN 还负责与数据传输有关的会话管理、手机上的逻辑频道管理以及统计传输数据量用于收费等功能。

2. 网关支持节点（GGSN）

GGSN 是 GPRS 网络连接外部互联网的一个网关，负责 GPRS 网络与外部互联网的数据交换。在 GPRS 标准的定义内，GGSN 可以与外部网络的路由器、ISP 的服务器或是企业单位的 Intranet 等 IP 网络相连接，也可以与 X. 25 网络相连接，不过全世界大部分的移动运营商都倾向于只将 GPRS 网络与 IP 网络连接。

由外部互联网的观点来看，GGSN 是 GPRS 网络对互联网的一个窗口，所有的手机用户都限制在移动运营商的 GPRS 网络内，因此 GGSN 还负责分配各个手机的 IP 地址，并扮演网络上的防火墙，除了防止互联网上非法的入侵外，基于安全的理由，还能从 GGSN 上设置限制手机连接到某些网站。在 GPRS 网络内，通常将由单一的 SGSN 负责某个区域 GPRS 网络业务，移动运营商的 PLMN 内包括许多的 SGSN，但都只有很少数的 GGSN，SGSN 的数量远多于 GGSN。在手机用户登录上 GPRS 网络后，GGSN 负责分配给每个手机用户一个 IP 地址，管理手机传输数据信息的服务质量和统计传输资料量用于收费等功能。

对于原有 GSM 网的设备（例如 BTS、BSC、MSC/VLR 以及 HLR 等），大部分只要将设备的软件升级，增加数据信号处理与传输的能力即可。只有少许设备需要增加与 SGSN 相连接的硬件接口。因此大致上所有 GSM 网的设备都仍然能继续使用。

过去 GSM 网络内的 MS 几乎都设计成只作为语音通话与发送短消息的手机，将 GSM 网络升级到 GPRS 网络后，GPRS 网络内的 MS 同时具备传输语音的电路交换以及传输数据的分组交换两种方式，因而 MS 的功能与用途更加多样化。

3.6.2 GPRS 网络的分层结构

在 GSM 网络提升到 GPRS 网络具有数据传输功能后，不仅网络内的各个设备必须具有加入处理数据的控制信号与数据信号，移动运营商的网络也必须针对数据传输进行重新的规划，设计出适于 GPRS 网络的分层结构。GPRS 网络分层结构内的最小区域单位为蜂窝小区，区域范围与 GSN 网络的蜂窝小区范围相同，多个蜂窝小区共同组成 SGSN 路径区域，多个 SGSN 路径区域共同组成一个 SGSN 服务区域。

1. SGSN 路径区域 RA

在 GSM 网络内，当进行语音通话的手机用户在同一个位置区（LA）区域移动时，不需要进行位置更新。同样，在 GPRS 网络内，SGSN 负责记录追踪 MS 目前所在的 SGSN 路径区域（RA），进行数据传输的 MS 在同一个 RA 区域内移动时，也不必更新在 SGSN 路径区域内 MS 的位置记录。

GSM 网络内的 LA 区域范围与 GPRS 网络内的 RA 区域范围并不需要完全相同，通常一个 RA 区域范围包含许多 LA 区，这与移动运营商对网络的规划有关。

2. SGSN 服务区域 RA

在 GSM 网络内，多个 LA 区域共同组成一个 MSC/VLR 区域，MSC/VLR 区域内包含一个 MSC。同样，在 GPRS 网络内，多个 SGSN 路径区域 RA 共同组成一个 SGSN 服务区域，SGSN 服务区域包含一个 SGSN。SGSN 服务区域范围并不需要与 MSC/VLR 区域的涵盖范围相同。

蜂窝网络内 MS 的操作模式分为 3 种状态。第 1 种状态是闲置状态，此时的 MS 尚未向 GPRS 网络系统登录，不能使用 GPRS 网络的数据传输业务，SGSN 网络内手机的闲置状态也就是指手机刚开机后尚未以 ISMI 向 GSM 网络登录。第 2 种状态是等待状态，此时的 MS 已经向 GPRS 网络系统登录，网络储存 MS 目前所在的 RA，这种状态的 MS 只能收到部分的数据信息，但尚无法接收与传送点对点的数据信息。第 3 种状态是准备状态，此时的 MS 已经向 GPRS 网络系统登录，网络不仅储存 MS 目前所在的路径区域，而且储存 MS 目前所在的蜂窝小区，这种状态的 MS 能完成接收与传送点对点的数据信息等功能。

GSM 网络内手机的蜂窝小区更新与 GPRS 网络内的 MS 的位置更新方式不同。在 GSM 网络内，手机随时将测量到的信号强度传到网络上，由网络来决定手机何时进行不同的蜂窝小区间的切换。在 GPRS 网络内，MS 将测量所在蜂窝小区内各个频道的信号强度，由 MS 自行决定信号更佳的频道来传送数据信息，当 MS 移动接近蜂窝小区的边缘，导致周围蜂窝小区频道的信号强度高过目前频道的信号强度时，MS 将自动切换到新的频道上传输分组。

处于等待状态下的 MS 当在同一个 RA 内移动时，不必进行任何的位置更新，但是当网络希望传递数据信息到 MS 上时，由于 GPRS 网络不知 MS 的确切位置，因此必须针对 MS 所在的路径区域 RA 发出寻呼信号。处于准备状态下的 MS 在 RA 内移动时，由于网络储存 MS 目前所在蜂窝小区，所以当 MS 移动到路径区域内的任何蜂窝小区时，都需要进行蜂窝小区更新，但也因此多了这项程序，当网络希望传递数据信息到 MS 上时，就不必发出寻呼信号了。

3.6.3 用户鉴权与数据加密

在 GPRS 网络内同样具有鉴权手机用户身份权限以及将数据信息加密的能力，以避免数据信息在空间中传递时为其他人所窃取。GPRS 网络的鉴权程序与 GSM 网络中的验证程序是完全相同的，但是数据信息的加密却稍有不同。网络内 AUC 仍然维持原有的运作，预先计算出 K_C、RAND、SRES 这 3 个和鉴权与加密有关的数值即鉴权三元组，储存在 HLR 内。

1. 鉴权

当 MS 在 GPRS 网络登录进行 SCSN 路由区域 RA 更新时，网络必须对 MS 的身份进行鉴权。鉴权时用到的标识码为国际移动用户识别码 IMSI 及鉴权密钥（K_i）、IMSI 及 K_i 同时储存在 MS 及系统内，GPRS 网络内的 SGSN 替代了 GSM 网络内 VLR 的角色。当 SGSN 需要对 MS 进行鉴权时，会向 HLR 送出 MS 的 IMSI 并提出鉴权的请求，如图 3-20 所示，HLR 命令 AUC 提供验证需要的数据，AUC 接到 HLR 的命令后随机产生随机数变量 RAND，RAND 与 K_i 经 A3 算法计算出签名响应 SRES。RAND、SRES 这些和验证有关的数据，会传回并储存在 HLR 数据库内，HLR 将 RAND 送至 MS 上，MS 也是用 K_i 与 RAND 以同样的 A3 算法计算，若计算出的 SRES 与系统的 SRES 相同，则认为鉴权成功。

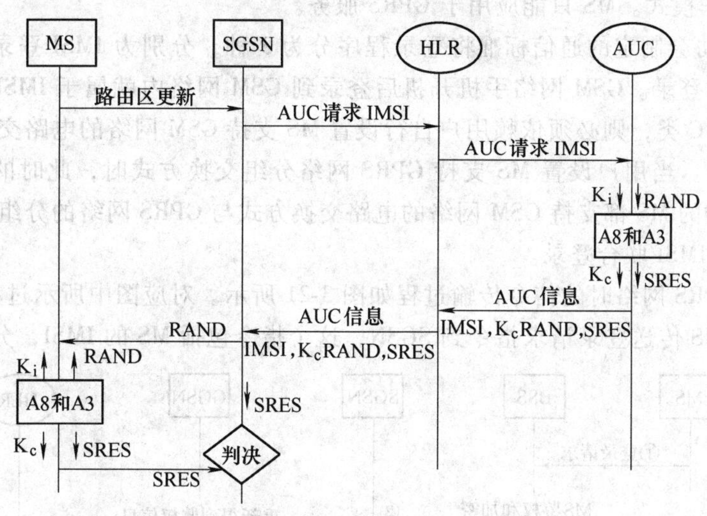

图 3-20　GPRS 网络在鉴权与加密时的信号交换程序

2. 加密

GPRS 网络为了保证数据传输上的安全性，对数据信息进行加密，定义出另一种特殊的加密算法 GEA。GPRS 网络业务支持结点 SGSN 与 MS 都必须同时支持这种算法。在 GSM 网络内，介于 BSC 与手机间的语音信号都经过加密处理，而在 GPRS 网络内，则是介于 SGSN 与 MS 间的数据信息经过加密的处理。

GPRS 网络在鉴权与加密时的信号交换程序如图 3-20 所示。在 MS 与网络上皆用 K_i 与 RAND 以 A8 算法算出 K_C，MS 将 K_C 与逻辑链路帧内的参数相结合，经过 GEA 算法产生一连串的加密位，这样加密位对数据信息进行异或运算后，如同对数据信息进行加密处理，当 SGSN 收到 MS 送出加密过的数据信息后，用加密位与数据信息进行异或运算，将加密过的数据信息译码成原来的数据信息。

3.6.4 GPRS 网络的登录与注销

1. 登录

GPRS 网络内的 MS 一开机后位于闲置状态，为了告之 GPRS 网络有关 MS 的 IMSI 标识码、目前位置等数据，MS 必须向 GPRS 网络进行登录的操作。登录后 MS 从闲置状态转换到准备或是等待状态。经过登录程序后，GPRS 网络建立了有关 MS 的移动性管理 MM，SGSN 得知 MS 目前的位置，能向手机发出寻呼信号或是传送短消息 SMS，但是在登录阶段，除了只能接收短信息业务 SMS 外，尚不能传送与接收分组数据。

GPRS 内的 MS 能以 3 种运行模式中的一种进行操作，其操作模式的选定由 MS 所申请的服务决定，即仅有 GPRS 服务，同时具有 GPRS 和其他 GSM 服务，或依据 MS 的实际性能同时运行 GPRS 和其他 GSM 服务，因而，运行模式可相应地分成以下 3 类。

1）A 类操作模式。MS 申请有 GPRS 和其他 GSM 服务，而且 MS 能同时运行 GPRS 和其他 GSM 服务。

2）B 类操作模式。一个 MS 可同时监测 GPRS 和其他 GSM 业务的控制信道，但同一时刻只能运行一种业务。

3）C 类操作模式。MS 只能应用于 GPRS 服务。

欧洲 ETSI 协会制定的通信标准将登录程序分为 3 种，分别为 IMSI 登录、GPRS 登录和 GPRS/IMSI 联合登录。GSM 网络手机开机后登录到 GSM 网络内就属于 IMSI 登录。GPRS 网络内的 MS 若为 C 类，则必须依赖用户自行设置 MS 支持 GSM 网络的电路交换方式，此时的 MS 为 IMSI 登录。当用户设置 MS 支持 GPRS 网络分组交换方式时，此时的 MS 为 GPRS 登录。A 类与 C 类的 MS 都支持 GSM 网络的电路交换方式与 GPRS 网络的分组交换方式，此时的 MS 为 GPRS/IMSI 联合登录。

MS 登录 GPRS 网络时的信令传输过程如图 3-21 所示。对应图中所示过程说明如下。

① 首先 MS 传送登录请求指令到 SGSN，这个指令包括 MS 的 IMSI，分组 TMSI 标识码

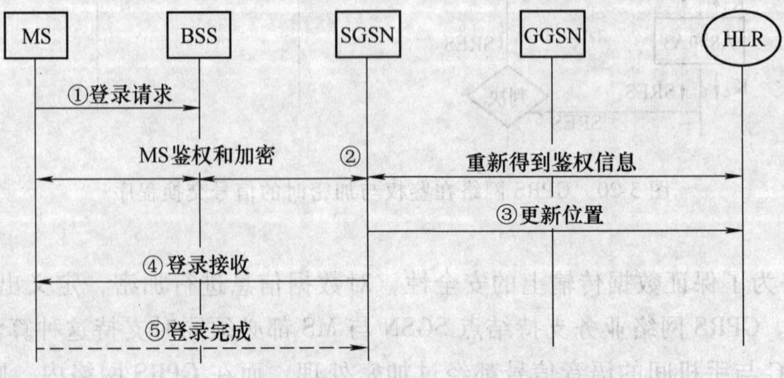

图 3-21 MS 登录 GPRS 网络时的信令传输过程

及何种登录方式等。

② 进行 MS 的鉴权程序，并选择是否进行数据加密。

③ 若 MS 是第一次登录进 GPRS 网络，或是从另一个 SGSN 移动到新的 SGSN，则需要进行位置更新，SGSN 记录 MS 目前的位置，并送出更新位置信号告知 HLR 有关 MS 目前的位置。

④ SGSN 通知 MS 有关 SGSN 已经接收登录的登录接收指令，若在此时 SGSN 分配 MS 一个分组 TMSI 标识码，则在登录接收指令内也将包括该分组 TMSI 标识码。

⑤ MS 收到登录接收指令并接收到新的分组 TMSI 标识码，将送一个登录完成的指令给 SGSN。从这些信号传输过程可以看出，MS 在进行 GPRS 网络登录程序后，并未向网关 GPRS 结点 GGSN 登记，因此 MS 尚无法接收到 GGSN 外部网络的数据分组数据。

2. 注销

相对于 MS 登录到 GPRS 网络，MS 注销 GPRS 网络时也将执行 GPRS 注销的程序。GPRS 网络在某些状况下，允许一些设备发出 GPRS 注销的指令，例如移动运营商的网络管理者若限制某个 MS 连接 GPRS 网络，可由 HLR 命令 SGSN 进行 GPRS 注销的程序，或是 MS 在一定的期间内都一直没有收到 GPRS 网络响应，则 MS 将主动执行 GPRS 注销的程序。还有当 MS 从准备状态转换到闲置状态时，必须执行 GPRS 注销程序。

与 3 种 GPRS 登录程序相对应，GPRS 注销程序也分为 IMSI 注销、GPRS 注销与 GPRS/IMSI 联合注销 3 种方式。当 C 类操作模式的 MS 设置成为语音通话时，代表 MS 进行 IMSI 登录程序，此时若是要将 C 类操作模式的 MS 设置成数据传输，则 MS 必须执行 IMSI 注销程序，才能执行 GPRS 登录程序。

3.6.5 分组数据协议描述图

分组数据协议描述图（PDP Context）基本上可视之为 MS 在 GPRS 网络上的地址，每个 MS 在 GPRS 网络上都维持一个专门的 PDP Context，PDP Context 内的最主要内容包括 IP 地址与服务品质 QoS 参数，GPRS 网络即依据 PDP Context 上的内容将 MS 的数据分组传送到正确的目的地。

1. 开启 PDP Context

在 MS 登录到 GPRS 网络后及在传送数据信息前，必须先建立一传输信道，这一过程称为会话管理。在该过程中，GPRS 网络将经历 MS 的 PDP Context 开启，MS 与 SGSN 协商出一个服务品质（QoS），MS 向 GGSN 登录，MS 从网络上得到一个 IP 地址等过程，经过这些过程后，MS 即可经过 GGSN 传送与接收外部网络的数据信息。PDP 是指分组数据协议。

GPRS 网络为 MS 保留固定的资源，当 MS 短时间没有动作时，在一般正常的情况下，PDP Context 仍然维持开启的状态，MS 希望传送数据时可直接利用 PDP Context 进行传送，这就是为什么称呼 GPRS 网络具备随时连接特性的原因了。分配 MS 的 IP 地址有静态指定 IP 或是动态分配 IP 两种方式，决定于移动运营商的网络规划方式。

2. 服务品质 QoS

GPRS 网络是第一个提供服务品质 QoS 的无线网络。在 GPRS 网络或是互联网上，有许多不同类型的网络用户与各种不同的应用业务，网络的服务品质 QoS 是依据用户的需求与应用业务的种类，对网络资源进行最有效率的分配。例如，需设置每位用户的传输数据速率、传输数据丢失率、最小的延迟时间、各个分组延迟时间的差异等参数，以满足每位用户的需求。

服务品质 QoS 在 GPRS 网络内尤其重要，因为无线频道资源有限，在蜂窝小区内的所有用户所分配到的传输速率变化相当大，有时可能因为蜂窝小区内用户人数的突然增加，而使传输速率急速降低，造成应用上的困难。若能根据不同传输速率与不同类型的手机用户签订不同传输服务的合约，则不仅能为移动运营商带来可观的收入，而且能避免某些用户对 GPRS 网络过度的使用（如下载大量的电子文件）而造成的网络拥塞。

不同的应用业务要求的 QoS 不同。对于一些实时的应用业务，要求维持一致的延迟时间与高速的传输速率，差错控制反而不是那么重要，因为当错误发生后重传分组往往已经超时了。但是有些应用业务（如股票交易等），则必须完全、正确地收到所有的分组。

3. 信号传输过程

MS 开启 PDP Context 时的信号传输过程如图 3-22 所示。

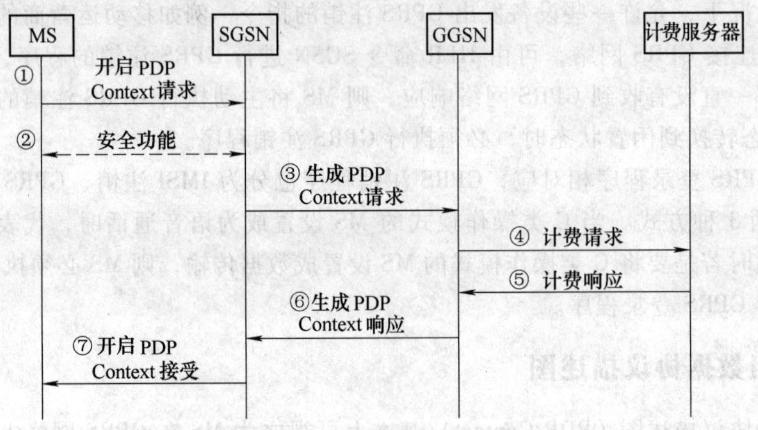

图 3-22　MS 开启 PDP Context 时的信号传输过程

① 首先 MS 传送开启 PDP Context 请求指令到 SGSN，这个指令包括请求 IP 地址的分配及所要求的服务品质 QoS 等。

② 执行 MS 的鉴权程序，并选择是否进行数据加密。

③ SGSN 收到该指令向 GGSN 发出生成 PDP Context 的请求，GGSN 内部的接入控制功能将检验该 MSC 所要求的服务品质 QoS 以及连接互联网的权限。

④ 在这些设置与请求都经过 GGSN 处理后，GGSN 向计费服务器发出计费请求通知，计费服务器位于移动运营商的 Intranet 内，负责动态分配 MS 的 IP 地址与计费功能，在计费服务器完成对 MS 的鉴权后，提供 MS 一个 IP 地址。

⑤ 计费服务器传回计费响应指令给 GGSN，同时告之 GGSN 有关 MS 应该分配的 IP 地址。

⑥ GGSN 传回生成 PDP Context 响应指令给 SGSN，这个指令中包含 MS 分配到的 IP 地址。

⑦ SGSN 发出接受开启 PDP Context 的指令告知 MS 关于 PDP Context 已经开启。这个指令中包含 MS 分配到的 IP 地址。

4. 修改与关闭 PDP Context

GPRS 网络内每个 MS 的 PDP Context 并非随时都维持在开启的状态。由于 PDP Context 记录着 MS 的移动位置，所以 GPRS 网络随着 MS 的移动不断地变更 PDP Context 的记录，为 MS 保留了特定的网络资源。如果 GPRS 网络同时维护所有 MS 的 PDP Context，那么随着申请 GPRS 网络服务的用户不断增加，SGSN 处理运算将是一项沉重的负担。

因此 GPRS 网络允许在某些情况下，能将 MS 的 PDP Context 关闭，等到 MS 需要时再重新开启，以节省网络资源。例如，在 GPRS 网络经过一段时间的寻呼和呼叫后都无法连接上 MS；或是用户将 MS 关机等情况。MS 与 GPRS 网络上的 SGSN、GGSN 都可以主动地发出关闭 PDP Context 的指令。当网络某些状况改变时，PDP Context 的内容也能够加以修改，例如由 SGSN 发出指令改变 PDP Context 内 QoS 的设置。在 GPRS 网络关闭 MS 的 PDP Context 后，将收回分配给 MS 的 IP 地址用于重新分配。

3.6.6 无线通信协议

互联网上的通信协议不适用于无线通信的传输环境，全世界各通信厂商都有开发适合于无线传输通信协议的计划，但是每个厂商都各自独立开发专门的通信协议，没有整合成一个统一的标准。诺基亚、爱立信、摩托罗拉和 Unwired Planet 4 家公司率先在 1997 年成立 WAP 论坛，将各自开发的无线通信协议加以整合后，共同推出统一标准的无线通信协议，随后将这种无线通信协议正式称呼为 WAP（无线通信协议）。WAP 协议针对无线传输的信道带宽窄、易受干扰的特点，加入许多特殊的改良与设计，使得移动电话与基站系统间适合传输数据信息。

1. WAP 通信协议分层结构

WAP 论坛设计的 WAP 通信协议也如同互联网的 TCP/IP 通信协议一样，具有分层协议。WAP 协议的分层结构如图 3-23 所示。WAP 协议由上而下区分的分层为无线应用环境（WAE）、无线会话层（WSP）、无线交易层（WTP）、无线传输安全层（WTLS）、无线传输层（WDP）。

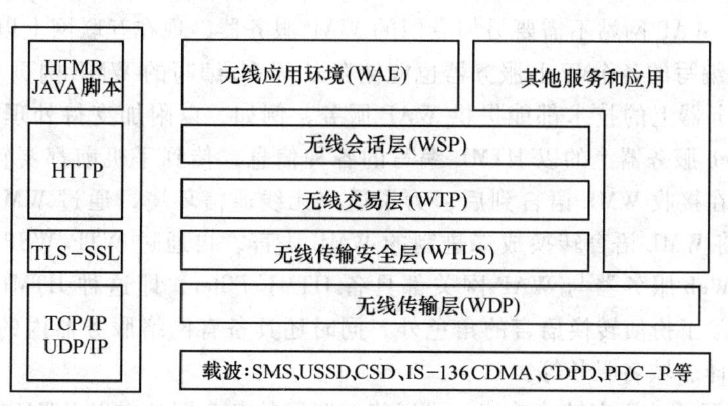

图 3-23　WAP 协议分层结构

WAE 是结合了万维网 WWW 与移动电话技术的应用层协议；WSP 是专门设计在低带宽与高延迟的会话层协议；WTP 是架设在 WDP 之上的交易层通信协议，它支持 TCP 与 UDP 方式的传输方式；WTLS 是由 TLS 协议修改成的 WAP 安全层协议；WDP 是非可靠的传输层通信协议。WAP 的下层以各种不同的通信系统为载体。

2. WAP 协议的底层载体

WAP 协议的运作不限定于某个特定的网络，任何网络都能成为 WAP 协议的传输平台，包括从传统的 GSM、IS-95 等 2G 网络（第二代网络），进一步到 GPRS 等 2.5G 网络，甚至到未来的 WCDMA 网络、CDMA2000 等 3G 网络，都能采用 WAP 协议。

在 WAP 协议的制定初期，为了加速 WAP 业务的发展，最早应用是以 GSM 网络内的短消息业务（SMS）。在 2000 年以前，全世界的 GPRS 网络几乎都尚未架设完成，当 MS 用户使用 WAP 服务时，大部分都是以拨接的方式在手机与 WAP 网关间建立一条专门联机，这种载体的类型为 CSD（电路交换数据），也就是如同电路交换的传输模式。但正是因为 CSD 存在许多的缺点，导致 WAP 协议的应用服务在 GSM 网络内一直无法普及，其中的缺点包括 CSD 缺少立即性，即使在网络环境最佳的情况下，WAP 用户拨接上 WAP 网关至少约 10s 时间，除了建立联机的时间过长外，由于 CSD 是以联机的时间来计算费用，所以还造成使用费用昂贵。因此推广 WAP 应用服务面临的最大障碍，就是 CSD 这种拨接方式不适合作为 WAP 协议的载体。

传输 WAP 协议理想载体应该拥有传输密集性、突发性的数据信息等特性。GPRS 网络内的数据传输类型为分组方式，正是拥有上述的各种特性，使 GPRS 网络成为 WAP 协议的最佳传输载体，因此 GPRS 网络的普及将是 WAP 协议应用服务发展的一大推动力。

3. WAP 协议的网络结构

WAP 协议在无线网络上的运作方式与互联网基本相同，采用客户机/服务器的数据连接方式，最重要的改变是在网络内安装一部 WAP 网关，WAP 网关一边连接互联网或公司企业内部网络，另一边连接移动运营商的 PLMN 无线网络，无线终端设备通过 WAP 网关存取位于互联网的资源。所有支持 WAP 协议的无线终端设备内都有一个浏览器，浏览器具备 WML 与 WML 脚本编译器，WAP 协议的设计使浏览器的操作只占用无线设备少量的 ROM、RAM、CPU 等资源。

在无线网络内，WAP 网关负责将各个 WAP 网站的无线标记语言（WML）以 WAP 协议传递到手机上，WAP 网站不需要另加专门的 WAP 服务器，现在互联网上以超文本标识语言（HTML 语言）编写的各个 Web 服务器也能储存以 WML 编写的 WML 网页和 WAP 网站。因此原有 Web 服务器上的技术都能提供 WAP 服务，例如，以附加支持处理机 ASP 动态产生 WML 网页。Web 服务器上的以 HTML 编写的各种信息，传到手机前都要转换成 WML 的语言。WAP 网关在接收 WML 语言到后，为了适应无线通信环境，通过 WML 编码器和 WML 脚本编译器，将 WML 语言转换成二进制的 WML 语言，再通过 WTP/WSP 通信协议传递到手机上。有些 Web 服务器与 WAP 网关都具备 HTML Filter，即这种 HTML 转换 WML 的功能。WAP 网关除了扮演转换语言的角色外，同时还具备有网络服务器内的许多功能，例如网址 URL 的翻译、域名服务等。

经过 WAP 网关的语言转换功能，可以将互联网的各个网站内以 HTML 编写的网页内容，转换成以 WML 语言编写的内容，再传输到手机上。Web 服务器除了存放已有的 HTML 格式的内容之外，同时还存放了 WML、WML 脚本编写的内容。图 3-24 表示了手机从 Web 服务器下载 WML 网页的信号传递过程，其步骤如下。

① 用户从手机上输入 WAP 网站的 URL 地址。

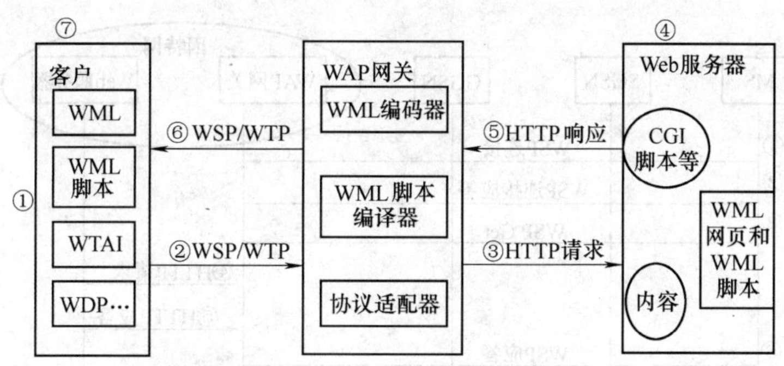

图 3-24　手机从 Web 服务器下载 WML 网页的信号传递过程

② 当用户按下手机的发射键时，手机以 WAP 协议内的 WIP/WSP 将 WAP 网站的 URL 地址传送到 WAP 网关。

③ WAP 网关在收到来自手机的信号后，将 URL 地址转换成目的地 Web 服务器的 IP 地址，WAP 网关再以 HTTP 协议向 Web 服务器发出一个连接的请求。

④ 在 Web 服务器接收到连接的请求后，将标识 URL 地址指向一个静态的文件，或者公共网关接口，或者其他的脚本应用。若 URL 地址指的是一个静态文件，则 Web 服务器将寻找出该文件，并在该文件前面附加 HTTP 协议的标头传回给 WAP 网关；若是脚本应用，则 Web 服务器直接执行该应用程序。

⑤ Web 服务器将 WML 的网页或是其他的 CGI 输出结果以 HTTP 协议传回给 WAP 网关。

⑥ WAP 网关在收到 HTTP 协议后，将解读出 HTTP 协议内的 WML 内容，并编写成为二进制的 WML 内容，传递到手机上。

⑦ 手机在收到二进制的 WML 内容后，将显示出 WML 的网页或是其他的 CGI 输出结果。

4. 将 MS 连接上 WAP 网站

在 MS 登录到 GPRS 网络并开启 PDP Context 后，代表 MS 完成了 GPRS 网络在底层通信协议必要的程序，此时 MS 必须选择 WAP 协议或是 WAP 网站的网页内容。一般的 MS 具有 WAP 浏览器，当用户操作 WAP 浏览器时，MS 将自动选择 WAP 协议，简单的手机通常只有 WAP 浏览器。同样的道理，若是 MS 具备 Web 浏览器，则当用户操作 WAP 浏览器时，MS 将自动选择 TCP/IP 协议，若 MS 为功能较强的 PDA，则 PDA 内的 Explorer 浏览器采用的就是 TCP/IP。

在 GPRS 网络内以 WAP 协议传输 WML 网页时，第一步是 MS 登录到 GPRS 网络并开启 PDA Context，随后 MS 建立一个 WAP 会话联机。WAP 会话联机的建立过程如图 3-25 所示，其步骤如下。

① 首先，MS 传送 WSP 连接指令到 WAP 网关，WAP 网关依据这个指令上的内容建立会话，并由指令内的参数进行验证的工作。

② 返回 WSP 连接指令告知 MS 已经建立一个会话。

③ MS 向 WAP 网关发出 WSP Get，希望连接上某个 WML 网页。

④ 经过 WAP 网关的 DNS 功能得知储存该 WML 网页的 Web 服务器在互联网上的 IP 地址，WAP 网关以 HTTP 协议向该 Web 服务器发出连接请求。

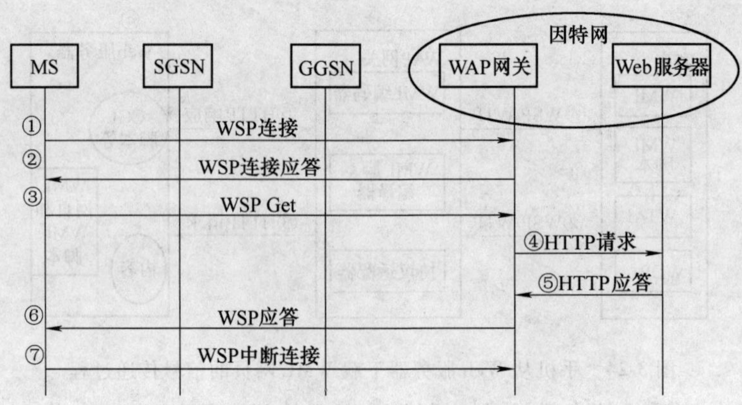

图 3-25　WAP 会话联机的建立过程

⑤　Web 服务器以 HTTP 协议将 WML 网页的内容返回给 WAP 网关。

⑥　WAP 网关以 WSP 应答指令将 WML、WML 脚本的内容返回给 MS，至此，MS 就接收 WAP 网站内 WML 网页的内容。

⑦　当 MS 希望中断会话时，则向 WAP 网关发出 WSP 中断连接指令。

3.7　数字移动通信中的语音处理技术

在数字移动通信系统中，必须对语音信号进行数字化处理，使语音能够有效高质的在信道中进行传输。图 3-26 给出了在整个移动通信系统中的信号流程。

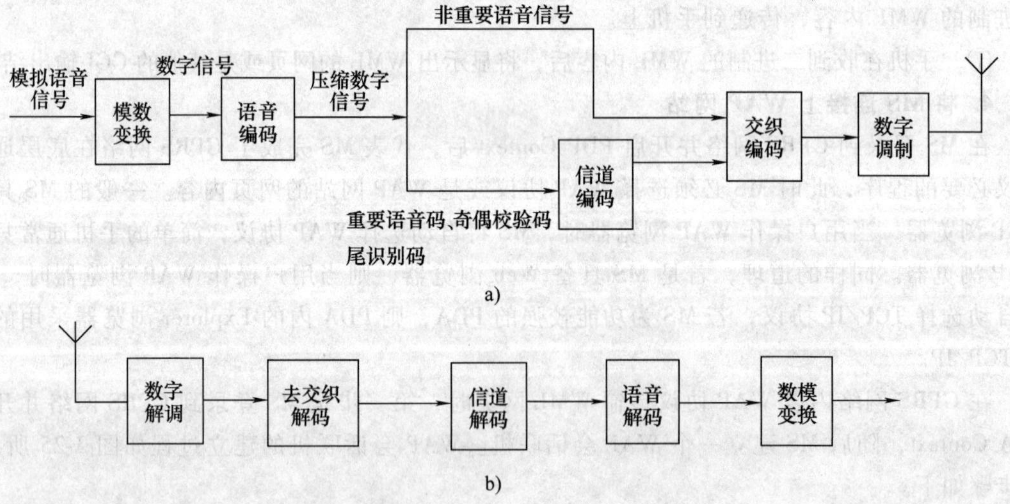

图 3-26　在整个数字移动通信系统中的信号流程
a）语音信号发送（移动台侧）　b）语音信号接收（移动网络侧）

3.7.1　语音信号的模-数转换

在数字移动通信系统中，信息的传输都是以数字信号的形式进行的，因此对语音信号的传送，首先要将其数字化，再以数字信号的形式传输。

数字移动通信系统采用的模/数变化方式一般是脉冲编码调制技术，简称 PCM 技术。该技术的工作过程可以划分为如下过程。

1）抽样。即将语音分成以 20ms（一帧）为一个单位的语音块，再将每个语音块用 8kHz 抽样，可以得到 160 个抽样值$\left(20\text{ms} \div \left(\frac{1}{8\text{kHz}}\right)\right)$。

2）量化。每个抽样值经过 A 律 13 折线进行量化。

3）编码。经量化后的抽样值用 8 位二进制代码来表示。

这样，语音的数据传输速率为 64kbit/s。

3.7.2 语音编码

经过模-数转换后获得的信号由于受到 GSM 系统带宽限制，在无线通信信道中无法传输 64kbit/s 的数据，所以，要在能维持一定语音质量的前提下，压缩语音数据量，减小所需的带宽，提高信息传输的效率，这项技术称为语音编码。语音编码有波形编码和声源编码两种类型。

1）波形编码以不失真地恢复原始的输入语音波形为目的。它能保持较高的通话质量，硬件上容易实现，但数据的信息量大，而且传输时会产生时延。

2）声源编码是基于人类语音的发声机理，找出决定语音的特征参数，对特征参数进行编码的一种方法。决定语音的特征参数是基音、强度、共振峰频率以及浊音/清音判别。发端只需要把这些特征参数传送到接收端，不需要传送整个语音信号波形。接收端根据这些表征语音的特征参数便可以合成语音信号。传送这些特征参数所需要的数码率大大低于传送波形抽样值所需的数据率，其编码所需比特率可大大降低。这种编码方式只是传送主要的语音信号特征参数，在收端是“合成的”语音。因此只能保证语音的可懂度，有时很难分辨是谁在讲话。

在数字移动系统中采用了规则激励线形预测（RPE-LTP）语音编码器。RPE-LTP 语音编码是根据人的发声模型的特征参数来编码，每 20ms 的语音信号被压缩成 260bit 数码，传输速率为 260bit/20ms = 13kbit/s。系统将特征参数传送到接收端，接收端按参数来还原语音。

3.7.3 信道编码

从移动通信的特点可知，数字信号在传输过程中，很容易受到干扰和噪声的影响。这样在接收端收到的信号容易产生错码，即“0”变成“1”，或“1”变成“0”。为了提高传输的可靠性，在数字移动通信中采用信道编码技术来降低传输误码率。

信道编码是在信息发送前，在信息码中添加校验码，以供接收端检测后纠正受噪声干扰造成的错码。这种检测码的生成称为信道编码，也称为纠错编码。信道编码用于改善传输质量，克服各种干扰因素对信号产生的不良影响，但它是以增加抗干扰比特、降低信息量为代价的。

语音编码器一般有两类输出。

第 1 类输出是对语音质量有显著影响的数据，有 182bit，必须通过信道编码，以提高抗干扰能力。信道编码主要是使用分组码，在每组信息码后附加若干个校验码，信道编码格式如图 3-27 所示。

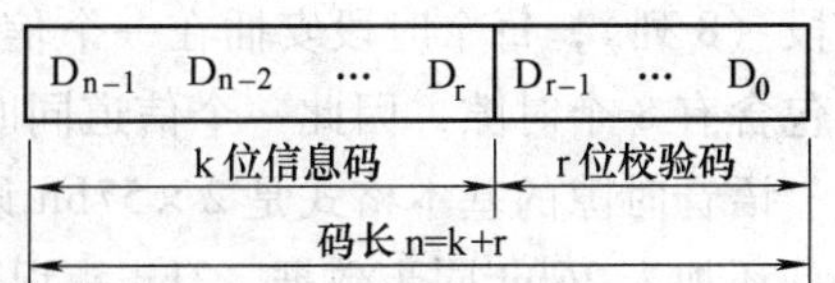

图 3-27 信道编码格式

在分组码中，校验码仅校验本码组的信息位。

校验码位数越多，检验纠错能力就越强。GSM 信道编码器的信息码与校验码位数相同，即每个信息码都有一个校验码，182bit 输入信息码，再加上 3bit 奇偶校验码和 4bit 尾识别码，经编码后的数据增加为 2×（182+3+4）bit=378bit。

第 2 类输出是对语音质量无重要影响的数据，有 78bit，不经过信道编码。这样，在每一帧中（20ms），语音信号经过信道编码后的总位数是 378+78=456bit。经信道编码后，每帧语音数据传输速率为 456bit/20ms=22.8kbit/s。

常见的信道编码主要有奇偶校验码、重复码和循环码等。

1. 奇偶校验码

偶校验码就是在信息码之后附加 1 位校验码，使信息码和校验码中“1”的总个数为偶数；奇校验码则要求“1”的总个数为奇数，通过检验“1”的个数是否为偶数或奇数来判断信息码的正确性。例如：信息码为 1000001，如果为偶校验，则校验码应为 0。在传输中可以采用偶数编码方式，也可以采用奇数编码方式。这种校验码只能检测出传输中任意奇数个错误，不能检测出偶数个错误。

2. 重复码

重复码是一种简单有效的纠错方法，它将信息码重复传送几次，只要正确传送的次数多于传错的次数，就可以用取多数的原则来排除差错。

3. 循环码

一组数据里的每个数码每次向左或向右循环一个位置，就可得到另一个数码。这样接收到的一组数码如果不符合这个规律，就可认为是错码，并可通过电路的逻辑运算求出错码的位置加以纠正。

3.7.4 交织编码

在移动电话数据信号的传送过程中，出现错误有两种情况：一种是由噪声随机引起的单个错码，称为随机错码；另一种为突发性错码，这多是由于传输中的衰减或阴影等引起的连续数个数据发生错码。信道编码对于纠正随机性出现的个别错码是十分有效的，但对于突发性错码或成串连续差错则显得无能为力。因此，数字移动系统采用交织技术，其目的是将成串的错码转换为随机性差错，这样就可用信道编码加以纠正。

所谓“交织”技术就是发送端将信息码排列顺序打乱，重新排列组合，使不同帧的信息码相互穿插交织后再发送到信道中去。在信道中即使产生成串突发性差错，由于相邻的数码已化整为零分散在不同的信息帧中，因此只引起随机差错。在接收端只要将数据去交织，在恢复原来的数据序列后，就可按随机错码的方法加以解决。

语音数据交织编码的过程如图 3-28 所示。20ms 为一帧的声音信号经过信道编码输出为 456bit，交织编码器将两帧声音信号（40ms）的 912bit 数据按每行 8bit 写入，写完共 114 行。读出时按列进行，每列有 114bit 语音数据。这样，40ms 的语音信号被交织分散成 8 个时段（8 列），每个时段安插在一个信道帧中对应的一个时隙上，分时传送。而每个信道帧又包含有 8 个时隙，因此一个信道同时可供 8 台移动电话进行通话。

语音时隙的基本格式是 2×57bit 语音数码，另外有 2×1bit 用来识别来自其他传输的语音，还加入 26bit 同步数据、3bit 头识别码和 3bit 尾识别码、30.5μs（8.25bit）的保护时间。因此，每时隙数据为 156.25bit。

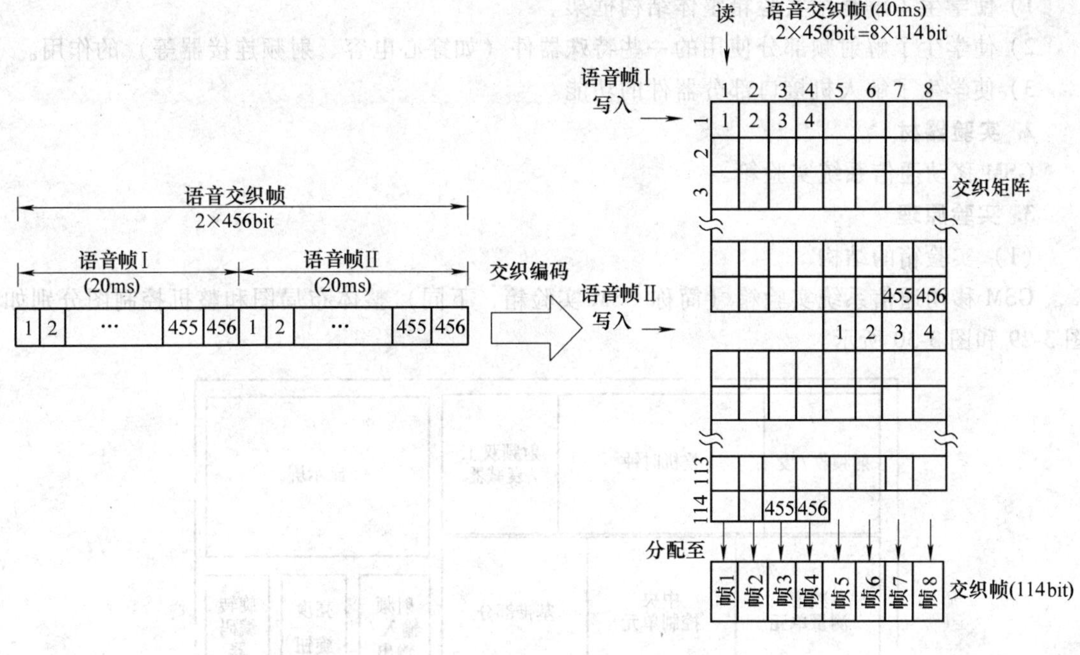

图 3-28 语音数据交织编码过程

语音信号在交织编码器中经过重排和交织，并在 22. 8kbit/s 的信息上加上同步、信令等信息，成为 33. 8kbit/s 的编码信息流。这些信息流在基站时分多址复用器中共有 8 路，复合成一路速率为 270. 833kbit/s 的群语音信息流，送入数字调制器中。

3.7.5 数字调制

数字蜂窝移动系统采用的是线性调制和恒定包络调制。

1. 线性调制

线性调制主要采用 PSK 调制技术，如正交移相键控 QPSK 调制、π/4QPSK 调制等，它具有较高的频谱利用率。若要在从基带频率变换到射频频率、然后放大到发射电平的过程中，信号变化始终保持高度的线性，则会使移动台的成本增加。

2. 恒定包络调制

恒定包络调制采用 FSK 调制技术，如最小移频键控 MSK 调制、高斯滤波最小移频键控 GMSK 调制等。该调制方式避开了线性要求，使用了非线性功率放大器，可以降低移动台的生产成本，但恒定包络调制的频谱利用率较低。

目前，GSM 系统采用了高斯滤波最小移频键控 GMSK 调制，而北美和日本的蜂窝移动通信系统采用了 π/4QPSK 系统。

3.8 实验

3.8.1 GSM 移动通信实验箱的基本操作

1. 实验目的

1）使学生了解整个实验箱整体结构框架。

2）使学生了解射频部分使用的一些特殊器件（如穿心电容、射频连接器等）的作用。

3）使学生了解人机接口部分器件的功能。

2. 实验器材

GSM 移动通信系统实验箱。

3. 实验原理

（1）实验箱的结构

GSM 移动通信系统实验箱（简称 GSM 实验箱，下同）整体布局图和整机控制图分别如图 3-29 和图 3-30 所示。

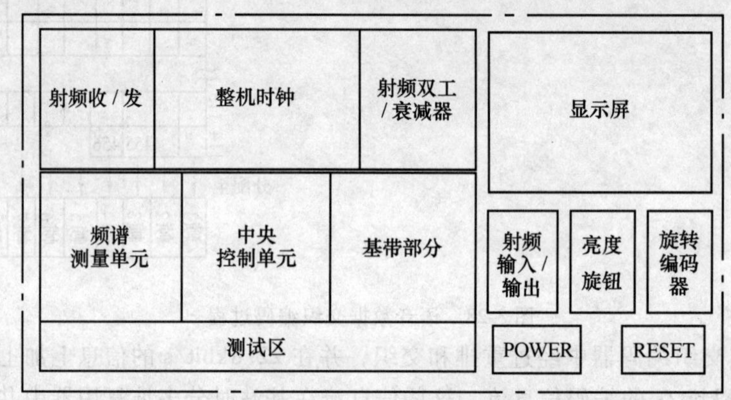

图 3-29　实验箱整机布局图

各部分完成的功能如下。

1）射频部分。包括接收部分和发射部分。接收部分的作用是将接收的高频信号下变频到 1MHz 的中频，并解调出模拟 I、Q 信号；发射部分的作用是将基带 I、Q 信号调制到高频载波上去。

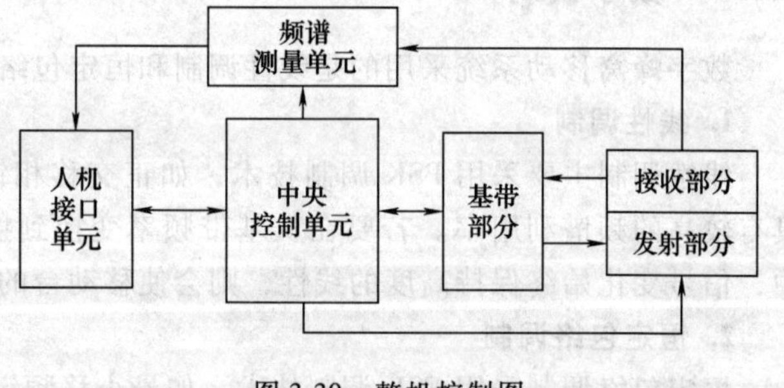

图 3-30　整机控制图

2）频谱测量部分。其作用是分析接收信号的频谱，确定接收信号的质量。

3）中央控制单元。中央控制单元的作用是控制整机的工作进程。

4）基带部分。其作用是进行信道编解码、GMSK 调制与解调以及形成 TDMA 帧。

5）整机时钟。整机时钟主要是给中央控制单元提供时钟，给射频部分提供参考频率。

6）射频衰减器部分。为发射部分和接收部分共用，最大衰减量为 60dBm。

7）人机接口单元。主要作用是便于整机操作和观察实验现象。

8）测试区。在测试区中设置很多测试钩，便于测试各实验中所需观察的信号。

（2）射频板结构

射频部分的接收和发射各为一个 PCB（印制电路板），分别装在两个屏蔽盒中，屏蔽盒与盒盖接触处开有凹槽，槽内装有屏蔽网线，以便屏蔽盒和盖子之间进行可靠接触，从而达到良好的屏蔽效果。中央控制单元的控制信号经盒壁上的穿心电容接入，穿心电容能将控制信号在传输途中感应的高频信号滤除掉。射频信号的输入和输出是通过射频连接头和射频电缆进行的。

穿心电容的外壳为金属封装，它能可靠地与屏蔽盒接触，不至于使屏蔽盒因为信号的接入而使屏蔽效果下降。

射频连接头中心为信号接点，四周被金属包围，起屏蔽作用，并与其内部绝缘材料共同形成一 50Ω 同轴线。在射频电缆中间有一屏蔽网线层，对信号起屏蔽作用。

（3）人机接口部分

GSM 实验箱人机接口部分的操作面板示意图如图 3-31 所示。

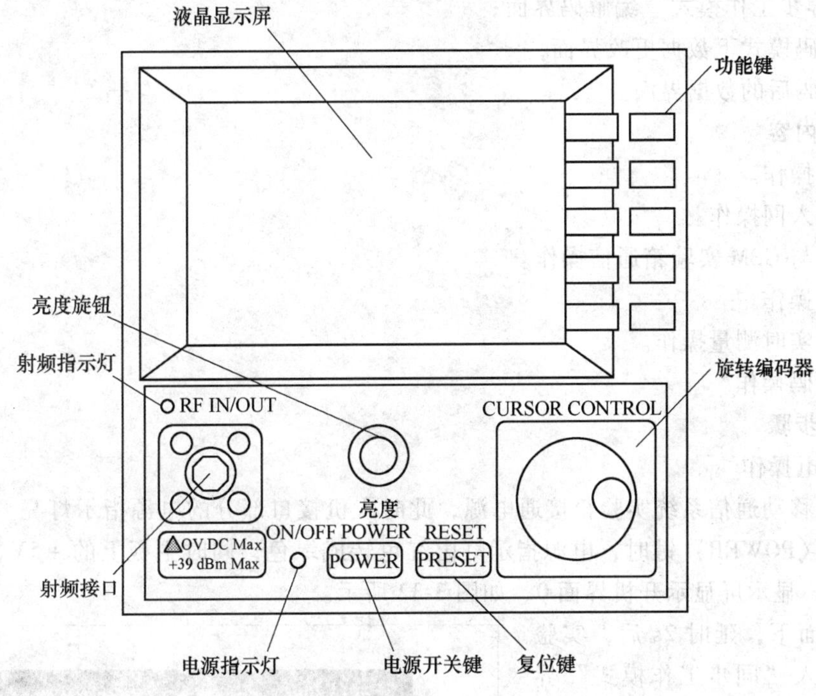

图 3-31　人机接口部分的操作面板示意图

1）液晶显示屏。用于显示测试条件、测试结果和曲线、工作状态和功能键标签。

2）液晶显示屏右侧的 5 个无印字功能键。在不同的显示界面中有不同的功能定义。它们在不同时刻的功能与各显示界面中右侧的功能键标签一致。

3）射频接口（RF IN/OUT）。是实验箱和手机的射频连接通道。

4）射频指示灯。用来指示有足够强的手机射频信号从射频接口输入实验箱。

5）亮度旋钮。用来调节液晶显示屏的亮度，以便清晰显示字幕。

6）旋转编码器。主要有 3 项功能，即移动光标、修改栏目内容以及移动标记。

7）电源开关键。用于开关本机电源。

8）电源指示灯。当按电源开关键开机时，该指示灯发绿色光。在按电源开关键关机后，该指示灯发红色光。

9）复位键（PRESET）。用来将测试仪复位，并显示初始屏幕界面。

10）液晶显示屏（LCD）共有 11 个工作界面，依次用 0 ~ 11 表示，其中：

0 为开机界面；

1 为“同步工作模式”界面；

2 为“基站主叫”界面；

3 为“通话”界面；

4 为“手机主叫”界面；

5 为“实时频谱监测”连续工作界面；

6 为“实时频谱监测”设置界面 1；

7 为“实时频谱监测”设置界面 2；

8 为“实时频谱监测”设置界面 3；

9 为“异步工作模式”编解码界面；

10 为编码模式下数据更改界面；

11 为解码后的数据界面。

4. 实验内容

1）加电操作。

2）手机入网操作。

3）手机与 GSM 实验箱通信操作。

4）挂机操作。

5）频谱实时测量操作。

6）编解码操作。

5. 实验步骤

（1）加电操作

将 GSM 移动通信系统实验箱接通电源，此时人机接口部分的电源指示灯亮（呈红色）。当按下开关〈POWER〉键时，电源指示灯由红色转成绿色，同时主板上的 +5V，±12V 电源指示灯亮，显示屏显示开机界面 0，如图 3-32 所示。

在该界面下，延时 2s 后，实验箱将自动进入“同步工作模式”界面 1，如图 3-33 所示。

图 3-32　界面 0

（2）手机入网操作

第 1 步，将 GSM 实验箱随机配备的 SIM 卡放入手机中，将天线与人机接口部分的射频输入/输出（RF IN/OUT）相连，同时将手机靠近天线（或用天线耦合器代替天线，并将手机插入天线耦合器中）。

第 2 步，打开 GSM 实验箱电源，实验箱进入“同步工作模式”（如界面 1 所示），预热 10min，然后用旋转编码器对显示屏中处于反白状态的项目进行选择和设置。

在界面 1 上可以用旋转编码器进行选择、设置的项目如下。

无线标准：在无线标准中可选择项为 GSM900、E-GSM 和 DCS1800。

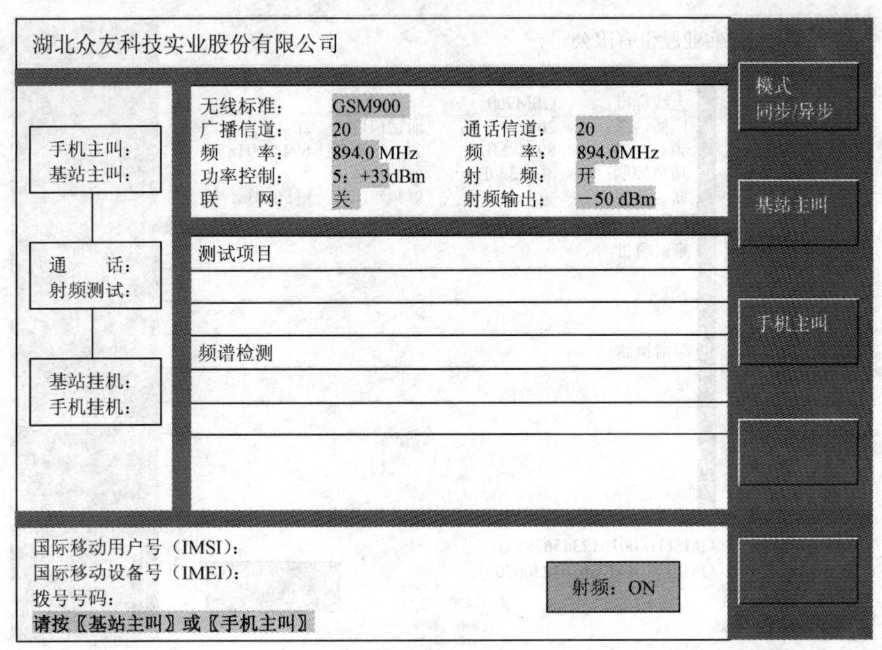

图 3-33 界面 1

广播信道号（BCCH）：广播信道号对于标准为 GSM900 时，可选项为（1～124）；对于标准为 E-GSM 时可选项为 975～1023、0～124；对于标准为 DCS1800 时为 512～885。

频率：频率根据所选信道号自动生成，生成公式如下。

GSM900 标准：$f(n) = (890 + 0.2n)\mathrm{MHz}\ (1 \leqslant n \leqslant 124)$。

E-GSM 标准：$f(n) = (890 + 0.2n)\mathrm{MHz}(0 \leqslant n \leqslant 124)$。

$$f(n) = [890 + 0.2(n - 1024)]\mathrm{MHz}\ (975 \leqslant n \leqslant 1023)。$$

DCS1800 标准：$f(n) = [1710.2 + 0.2(n - 512)]\mathrm{MHz}(512 \leqslant n \leqslant 885)$。

通话信道（即业务信道）号：在 GSM 实验箱中，通话信道与广播信道设置为同一个频率，所以在对广播信道设置时自动生成通话信道号，相应的频率也自动生成。

功率控制：功率控制是对手机发射功率进行控制，其选择范围为 5：+33dBm～19：+5dBm（GSM900/E-GSM）或 0：+30dBm～14：+2dBm（DCS1800）。

射频开关选择：有开（ON）和关（OFF）两种状态，应将射频选择为开（ON）。

联网：有开和关两种状态，仅在双机联网实验时，将联网打开。

射频输出：射频输出是指 GSM 实验箱发射的功率。可选范围为 −110～−50dBm。

第 3 步：在设置好 GSM 实验箱各参数后，将手机开机，等待入网。入网成功后在手机的显示屏会显示 GSM 网络号，网络号为“001-01”；GSM 实验箱的 LCD 显示手机的国际移动用户号（IMSI）（即 SIM 卡的编号）和手机的国际移动设备号（IMEI）（即手机的机身号）。

（3）手机与实验箱通信操作

1）基站主叫。

第 1 步，等待手机入网成功。

第 2 步，在界面 1 中，按〈基站主叫〉键，工作界面将切换到界面 2，如图 3-34 所示。在界面 2 上，“基站主叫”字样闪烁。

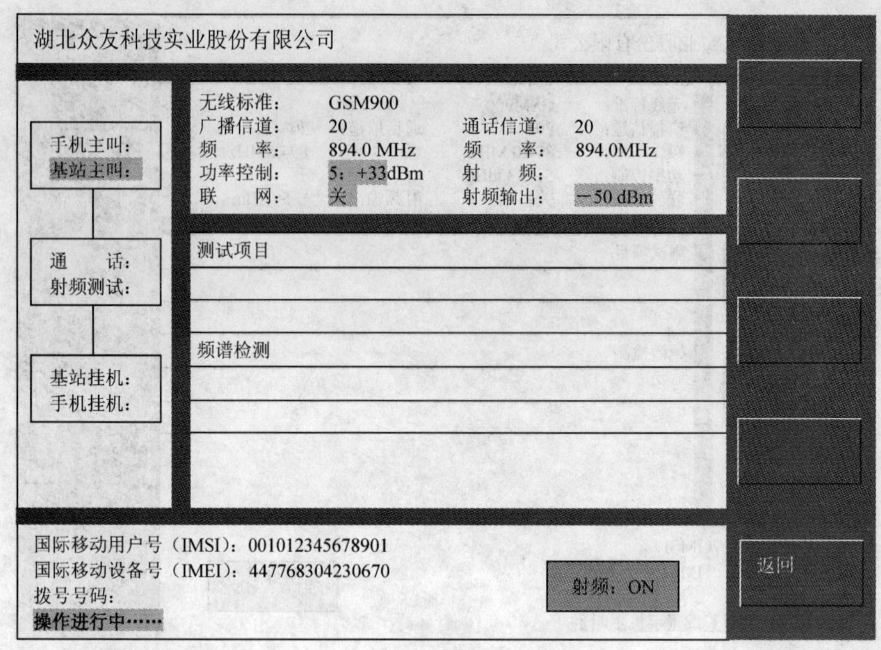

图 3-34　界面 2

第 3 步，在手机与 GSM 实验箱之间接续成功后，会听见手机振铃声，此时按下手机接听电话确认键，界面会切换到界面 3，如图 3-35 所示。在界面 3 上，“通话/射频测试”字样闪烁。这时对手机讲话可以听见延时后的回声。

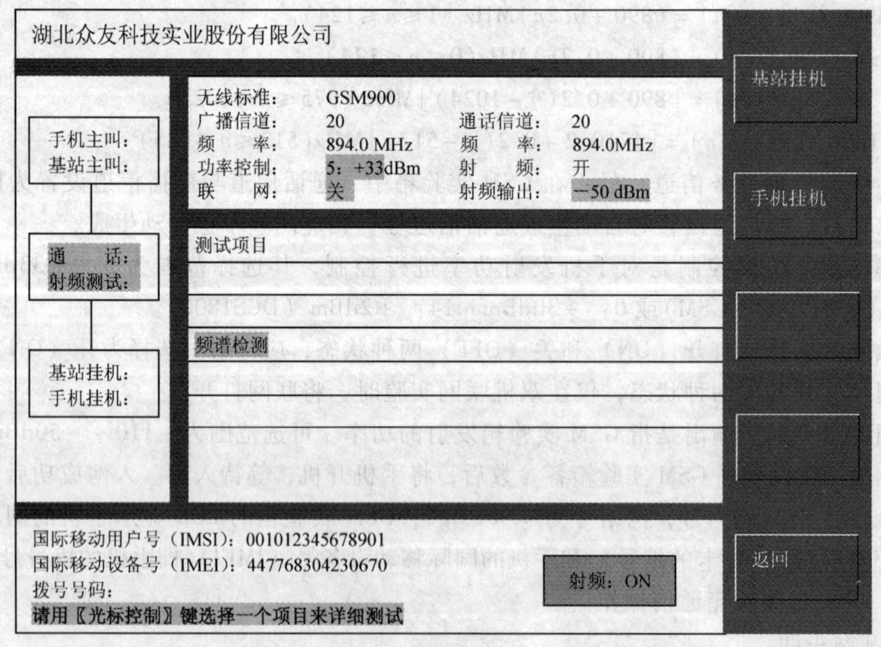

图 3-35　界面 3

2）手机主叫。

第 1 步，等待手机入网成功。

第 2 步，在界面 1 中，按〈手机主叫〉键，工作界面将切换到界面 4，如图 3-36 所示。在界面 4 上，“手机主叫”字样闪烁，并且等待手机拨号。

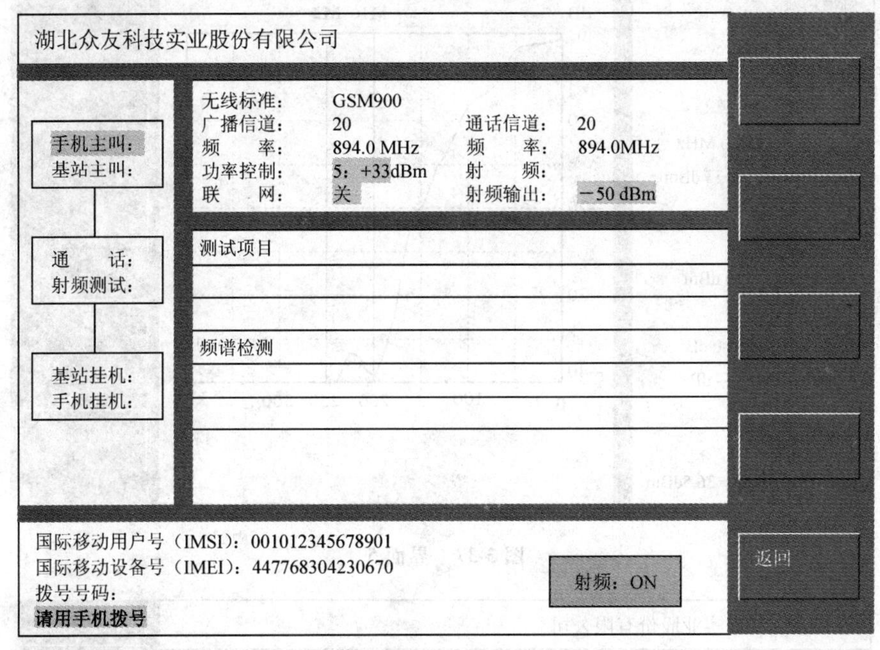

图 3-36　界面 4

第 3 步，用手机拨号。在手机与实验箱接续成功的瞬间，会从手机上听到一声鸣叫，同时工作界面切换到界面 3 上。在界面 3 上，显示手机拨号号码。这时用手机讲话可以听见延时后的回声。

（4）挂机操作

当手机与 GSM 实验箱之间通话完毕需要挂机时，在界面 3 上，当按〈基站挂机〉键时，则实验箱回到主界面（同步模式），同时手机挂机；当按〈手机挂机〉键时，需要手机按〈挂机〉键，才能使 GSM 实验箱回到主界面。

（5）频谱实时测量操作

第 1 步，等待手机入网成功。

第 2 步，进行〈基站主叫〉操作或〈手机主叫〉操作，实现手机与实验箱之间的通信。

第 3 步，在通话状态（如界面 3 所示）下，用旋转编码器选中“频谱监测”项目并按下旋转编码器确认，则进入频谱测量模式（如图 3-37 界面 5 所示），在此界面上显示 GSM 实验箱接收信号的频谱（手机发射频谱）。

如果想对“触发”模式进行设置，则按〈返回〉键，进入界面 6，如图 3-38 所示。

在界面 6 上，可以对“触发”模式进行设置，设置完后按〈开始〉键，开始测量。如果设置为单步，则每按一次〈开始〉键测量一次，并保持测量结果。如果设置为“连续”，则一直测量，并刷新测量结果。按〈返回〉键回到界面 3。

如果想对“旋钮”，“标记”和“RBW”进行设置，就按〈更多设置（1/2）〉键，进入频谱设置界面 2，如图 3-39 界面 7 所示。

1）“旋钮”设置为“光标”时，可对处于反白的项目（如“信道”，“频率”，“功率控

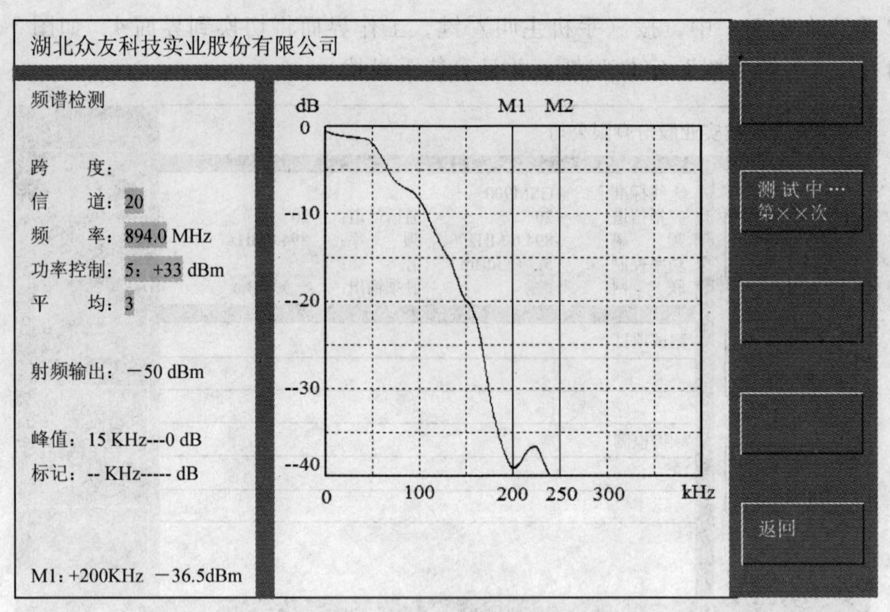

图 3-37　界面 5

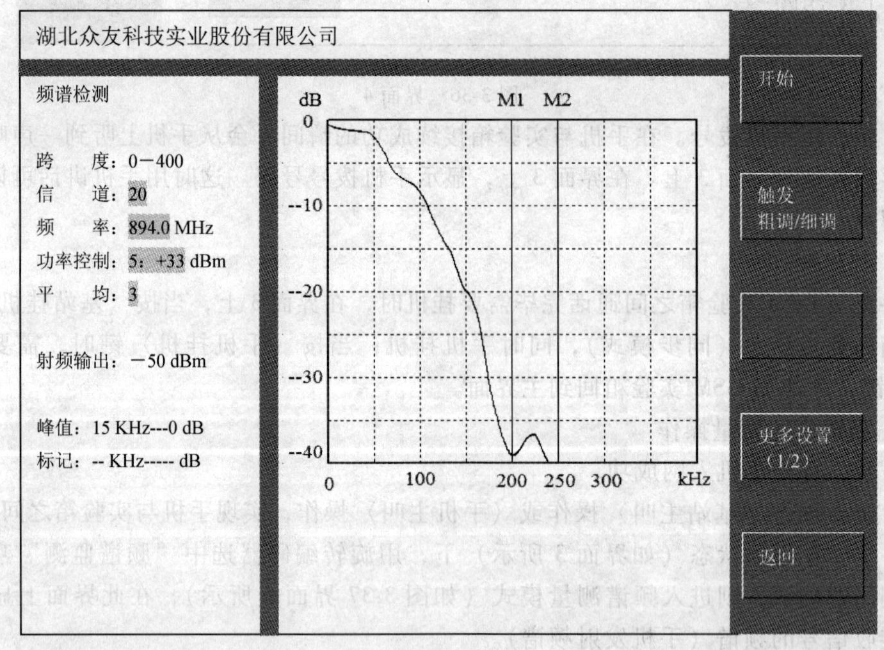

图 3-38　界面 6

制”和“平均”）进行设置；设置为“标记”时，可在所测的频谱曲线上滑动光标，左边的“标记”显示光标所对应的幅值。

2）“标记”设置为“粗调”时，光标步进 6kHz；设置为“细调”时，光标步进 1kHz。

3）若“RBW”设置为“30kHz”，则测得的频谱很光滑，如界面 5 ~ 7 所示；若将“RBW”设置为“10kHz”，则测得的频谱上有噪声，如图 3-40 界面 8 所示。

（6）编解码操作

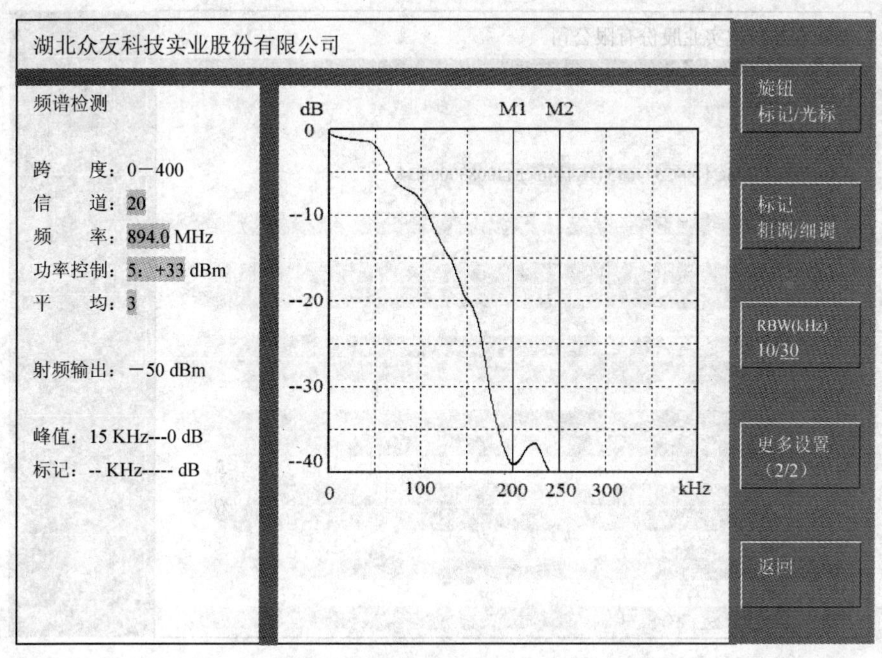

图 3-39　界面 7

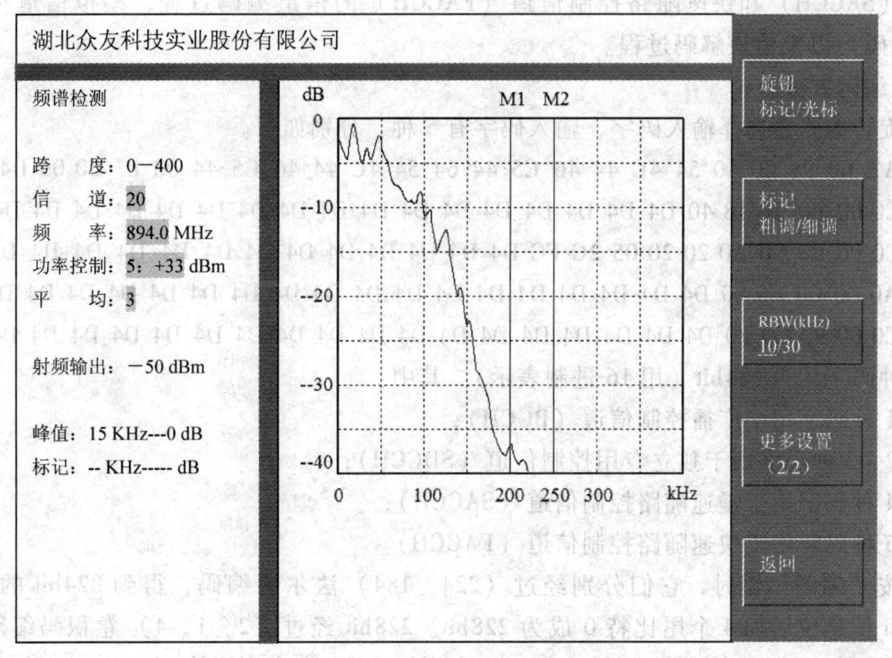

图 3-40　界面 8

在界面 1 中，按〈模式〉键切换到异步工作模式下，会进入编解码状态，如图 3-41 界面 9 所示。

在此界面下可以进行编解码实验，此时，只有中央控制单元和人机接口单元在工作。在编解码模式下可以模拟广播控制信道（BCCH）、独立专用控制信道（SDCCH）、慢速随路控

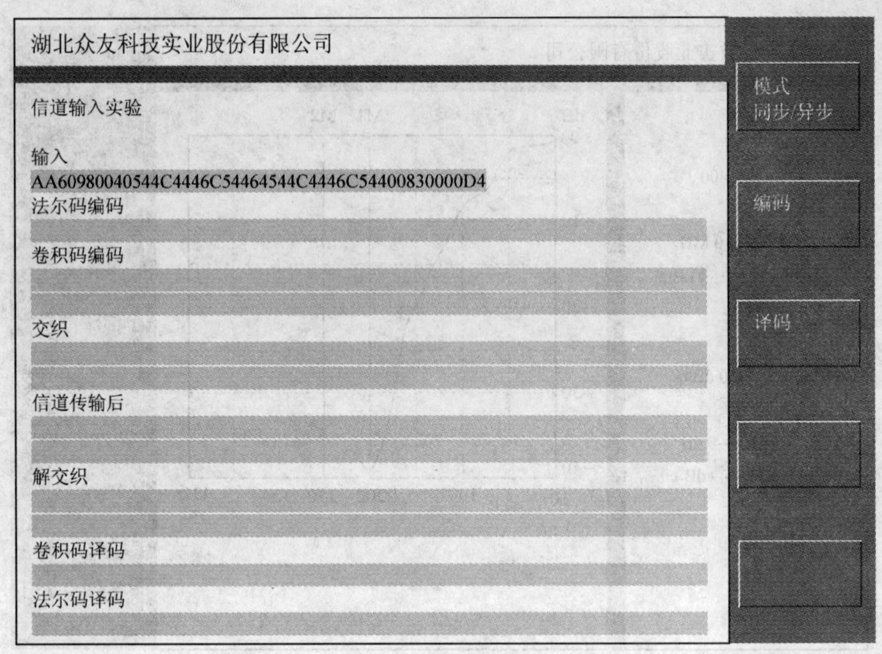

图 3-41 界面 9

制信道（SACCH）和快速随路控制信道（FACCH）的信道编码过程，模拟信道传输过程（设置误码）以及信道解码过程。

1）编码方法。

用旋转编码器选择输入码字，输入码字有 5 种，分别如下。

A. AA 60 98 00 40 54 4C 44 46 C5 44 64 54 4C 44 46 C5 44 00 83 00 00 D4

B. C0 00 B0 A0 18 40 D4 D4 D4 D4 D4 D4 D4 D4 D4 D4 D4 D4 D4 D4 D4 D4 D4

C. C0 00 B8 C0 A0 20 20 05 2C FC D4 D4 D4 D4 D4 D4 D4 D4 D4 D4 D4 D4 D4

D. A0 00 C0 C0 80 D4 D4 D4 D4 D4 D4 D4 D4 D4 D4 D4 D4 D4 D4 D4 D4 D4 D4

E. C0 00 90 C0 F0 D4 D4 D4 D4 D4 D4 D4 D4 D4 D4 D4 D4 D4 D4 D4 D4 D4 D4

每种码字均为 184bit（用 16 进制表示）。其中：

第 1 种码字用于广播控制信道（BCCH）；

第 2、3 种码字用于独立专用控制信道（SDCCH）；

第 4 种码字用于慢速随路控制信道（SACCH）；

第 5 种码字用于快速随路控制信道（FACCH）。

当按“编码”键时，它们分别经过（224，184）法尔码编码，得到 224bit 的信息位，在 224bit 信息位后加 4 个尾比特 0 成为 228bit。228bit 经过（2，1，4）卷积码编码后形成 456bit 的码块。456bit 码块经正交 4 度交织后形成 4 个突发序列子块。

2）信道传输。

当编码完成时，信道传输后的码字即为交织后的码字。用旋转编码器选中信道传输后的码字，则界面切换到数据更改界面 10，如图 3-42 所示。

在界面 10 上，用旋转编码器选择想修改的数据，按下旋转编码器，被选择的数据位闪烁；转动旋转编码器进行修改（在本实验箱中能将数据更改为“0”到“F”间任一值）；

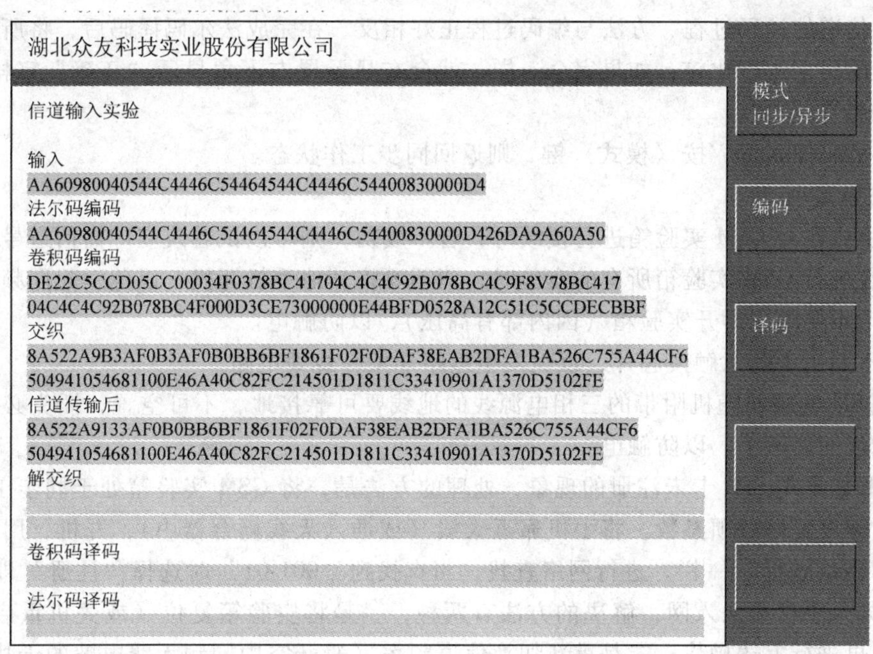

图 3-42　界面 10

在修改好数据后，按旋转编码器进行确认；还可继续进行其他数据的修改。按〈返回〉键，工作界面返回到界面 9，此时可以进行信道译码工作。

3）译码。

在更改好传输后的码字后，按下〈译码〉键，进行译码，如图 3-43 界面 11 所示。

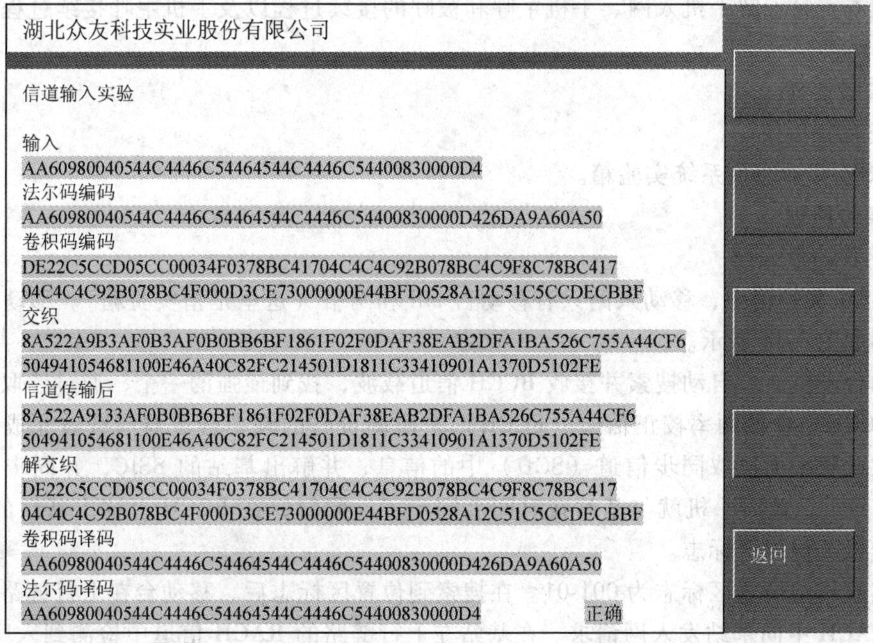

图 3-43　界面 11

进行信道的译码过程、方法与编码过程正好相反。在完成法尔码译码后，将所得到的码字与输入的码字进行比较，如果完全一样，就会在显示屏右下角显示“正确”字样；否则，显示“出错”字样。

在编解码模式下，按〈模式〉键，则返回同步工作状态。

6. 注意事项

1）手机在与 GSM 实验箱进行接续时，若不成功，则可以试着改变广播信道号。

2）在进行 GSM 实验箱所有的实验时，请不要将其他手机开机，以免引起同频干扰。

3）请不要随意拆开实验箱（因内部有高压），以防触电。

4）不要用手随意触摸芯片，以免发生短路现象，烧毁电路。

5）GSM 实验箱随机附带的三相电源线的地线要可靠接地，不可空置，插头必须插在装有保护接地的插座上，以防触电。

6）假如出现 SIM 卡未注册的现象，处理的方法是，将 GSM 实验箱处于同步工作状态，按上述步骤设置好各项参数。将手机靠近天线（或插入天线耦合器中），开机，用手机菜单键选择“网络选择”一栏，进行网络查找，当查找到“001-01”时选择“注册”即可。

7）如果手机无法入网，解决的方法有两种，一是将实验箱复位（或关机重启）、手机关机后，再进行上述操作；二是重新切换信道频率（避开空中同频无线电波的干扰），再进行手机入网操作。

8）当 GSM 实验箱每次刚开始起动时，必须预热 10min。

3.8.2 移动信号的接续

1. 实验目的

通过本实验了解手机入网、手机主呼和被呼的接续过程以及手机主呼接续过程中的信令交互。

2. 实验器材

- 逻辑分析仪。
- GSM 移动通信系统实验箱。

3. 实验原理

（1）移动台入网

在 GSM 实验箱中，移动入网只有移动台 MS 和网络（这里是指实验箱）。移动台入网过程示意图如图 3-44 所示。

移动台开机后，自动搜索并接收 BCCH 信道载波，找到最强的一个，通过读取广播控制信道（BCCH）中的频率校正信道（FCCH）来协调自己的频率合成器与载波完成同步。移动台再在此频率上读取同步信道（SCH）中的信息，并解出基站的 BSIC，并同步到超高帧 TDMA 帧号上，此时手机就与基站在时间上同步了。同时，在 BCCH 上读出基站的识别码、网络代号以及位置区标志。

本实验箱的位置区标志为 001-01。在搜索到位置区标志后，移动台在上行链路的随机接入信道 RACH 中向基站发入网请求。在基站在上行链路的 RACH 信道中检测到入网请求后，在下行链路的 AGCH 信道上向移动台发允许入网请求，即“入网请求确认”信息，并分配给手机一个独立控制信道（SDCCH）。移动台在下行链路的 AGCH 信道上收到入网请求确认信号后，在上行的 SDCCH 上发“SABM”信息，此信息中包含移动台的国际移动用户识别码（IMSI）。基站收到“SABM”后发一个确认信息“UA”，移动台收到“UA”后返回一个“UI”进行确认。基站收到“UI”后向移动台发“更新接受”信息，基站允许移动台入网。移动台入网成功后返回一个确认信息“RR”，基站收到确认信息“RR”后，确定移动台已入网，同时向移动台发“识别请求”信令，要求移动台发送国际移动设备识别码（IMEI）。移动台收到“识别请求”后向基站发送 IMEI 码，基站在收到 IMEI 码后在下行的 SDCCH 上发一个“信道释放”信令，移动台收到“信道释放”信令后，响应此命令，向基站发“断连”信息。基站收到“断连”信息后向移动台发一个确认信令“UA”，释放 SDCCH 信道，至此移动台入网接续过程全部完成。移动台和基站在慢速随路控制信道（SACCH）上交互控制功率大小和时间提前量的信令，至此，移动台才做好应答呼叫或发起呼叫的准备。当移动台处于空闲等候状态时，监听广播信道（BCCH）和公共控制信道（CCCH）。若移动台因故未收到确认信息，则此次申请失败。可以重复发送 3 次申请，每次间隔至少是 10s。

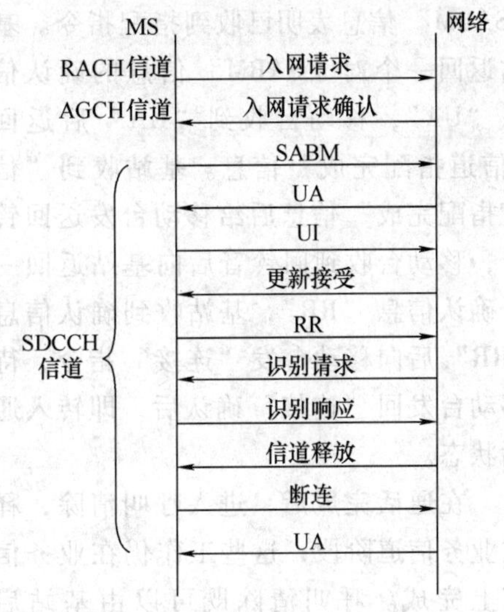

图 3-44　移动台入网过程示意图

移动台入网成功时在移动台的 LCD 界面上显示 GSM 实验箱的网号“001-01”。实验箱的 LCD 界面上显示移动台的 IMEI 和 IMSI 码。

（2）移动台主呼

移动台主呼的正常接续过程如图 3-45 所示。

当移动台（MS）在随机接入信道（RACH）上，向基站（BS）发出“信道请求”信息时，若基站能成功地检测到此信息，则给这个移动台分配一个“专用控制信道（SDCCH）”，即在“准许接入信道（AGCH）”上，向移动台发“立即分配”指令。移动台在发起呼叫的同时，设置一定时器，在规定的时间内重复呼叫 3 次。如果按预定的次数重复呼叫，收不到基站的应答，则放弃这次呼叫。移动台在收到“立即分配”指令后，利用分配的独立专用控制信道（SDCCH）与基站建立起信令链路。移动台在 SDCCH 上发“SABM”命令，“SABM”命令内包含业务请求信令和移动台的 IMSI 码。基站收到 SABM 请求后，向移动台发一个确认信息“UA”，确认收到“业务请求”信息。移动台收到“UA”后返回一个确认信息“UI”。基站收到“UI”后向移动台发“识别请求”信令，要求移动台发送国际移动设备识别码（IMEI）。移动台收到“识别请求”后向基站发送 IMEI 码。基站收到 IMEI 码后，向移动台发“业务请求接受”信令。移动台收到“业务接受”信令后发“建立呼叫请求”信息，“建立呼叫请求”中包含所呼叫的号码。基站收到“建立呼叫请求”向移动台发“呼叫进程”指令。移动台收到“呼叫进程”指令后返回一个确认信号“RR”。基站收到确认信号“RR”后向移动台发“信道指配”指令，在“信道指配”指令中包含给移动台分配一个 TCH 信道。至此移动台从控制信道转到分配的业务信道上。在 GSM 实验箱中，分配的业务信道为第四时隙。当移动台得到业务信道时，在业务信道的 FACCH 信道上向基站发

“SABM”信息表明已收到指配指令。基站返回一个对“SABM”信息的确认信息“UA”，移动台收到“UA”后返回“信道指配完成”信息。基站收到“信道指配完成”信息后给移动台发送回铃音，移动台收到回铃音后向基站返回一个确认信息“RR”，基站收到确认信息“RR”后向移动台发“连接”指令，待移动台发回“连接”确认后，即转入通话状态。

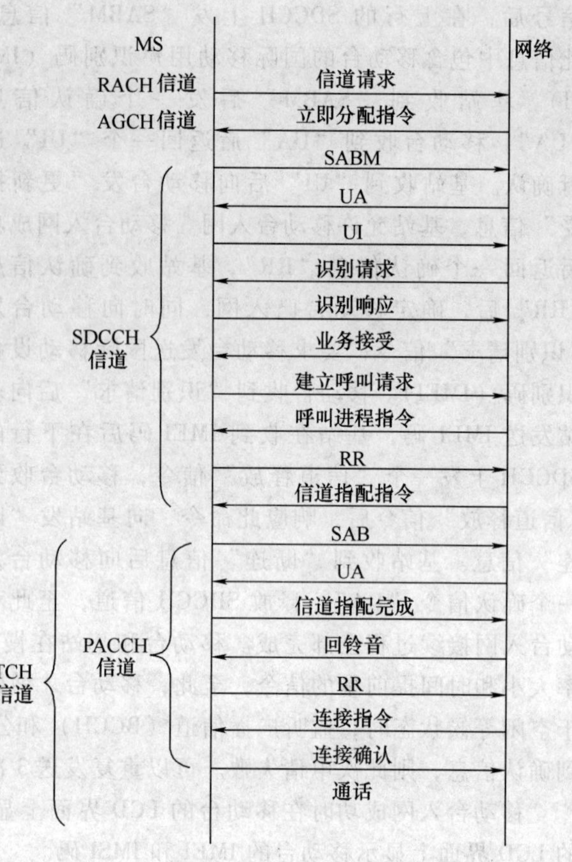

图 3-45　移动台主呼的正常接续过程

在通话完成后，进入呼叫清除，释放业务信道阶段，这些工作仍在业务信道上完成。呼叫清除既可以由基站启动，又可以由移动台启动。呼叫清除过程如图 3-46 所示。

由基站启动呼叫清除时，由基站发“断连”信令给移动台。移动台收到断连信令后返回一个“释放”信息。基站收到移动台的“释放”信息后向移动台发“释放完成”信息，同时发“信道释放”信令。移动台收到“信道释放”信令后向基站发“断连”信息，表示准备释放业务信道。基站收到“断连”信息后向移动台发确认信息“UA”，同时释放业务信道，转至控制信道。移动台收到确认信息“UA”后释放业务信道转入控制信道。

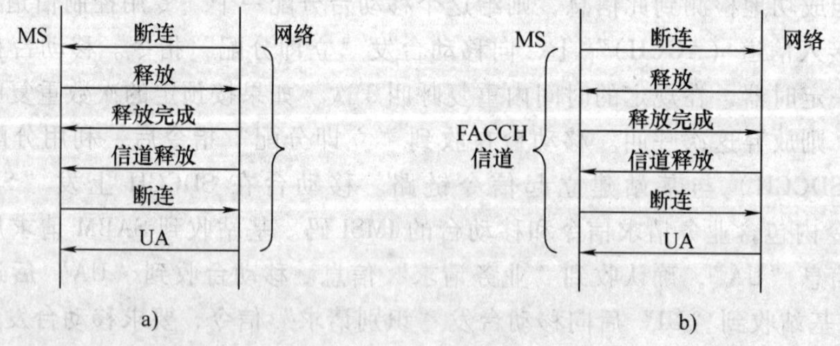

图 3-46　呼叫清除过程

由移动台启动呼叫清除过程与基站启动呼叫清除过程类似。

(3) 移动台被呼

移动台被呼的正常接续过程如图 3-47 所示。

移动台被呼接续过程也即基站主呼接续过程。当基站主叫时，基站根据移动台入网时保存的移动台的 IMSI 码在下行的寻呼信道（PCH）上发送“寻呼请求”信令。移动台在收到

“寻呼请求”信令后，在上行的随机接入信道（RACH）上发“信道请求”信息。基站在收到“信道请求”信息后，向移动台发送“立即指配”指令，“立即指配”指令中包含有分配的SDCCH信道。移动台在分配的SDCCH信道上向基站发“寻呼响应”（SABM）信息，SABM中包含有移动台的IMSI码。基站收到“SABM”信息后向移动台发确认信息“UA”，移动台收到“UA”后返回一个确认信息“UI”。基站收到“UI”后向移动台发“识别请求”信令，要求移动台发IMEI码。移动台收到“识别请求”信令后向基站发“识别响应”信息。基站收到IMEI码后向移动台发“呼叫建立”信令，移动台收到“呼叫建立”信令后返回一个“呼叫证实”信息。基站收到“呼叫证实”信息后向移动台发“信道指配”指令，“信道指配”指令中包含分配的业务信道号（TCH），在GSM实验箱中为第四时隙。移动台收到分配的业务信道后，在业务信道的FACCH上向基站发确认信息“SABM”。基站收到“SABM”后向移动台返回一个确认信息“UA”。移动台收到“UA”信息后基站发“信道指配完成”信息，同时向基站发“回铃音”。基站收到“回铃音”后向移动台发一个确认信息“RR”。移动台收到确认信息“RR”后向基站发“连接”信息，基站收到“连接”信息后向移动台发“连接证实”信令。至此信令交互过程完成，进入通话阶段。

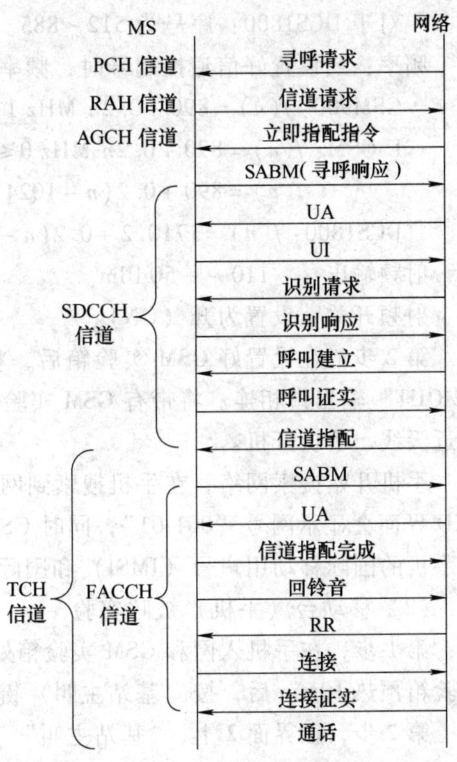

图 3-47　移动台被呼的正常接续过程

在通话完成后，进行呼叫清除过程。此过程与移动台主呼一样。信道释放后，移动台和基站均由业务信道转入控制信道。

4. 实验内容

1）移动台入网。

2）移动台主呼。

3）移动台被呼。

4）双机联网全双工语音通话。

5. 实验步骤

（1）移动台入网实验

第1步，将GSM实验箱设为同步工作模式，用旋转编码器移动光标分别对以下各项进行设置。

无线标准：设置为GSM900或E-GSM或DCS1800。

广播信道BCCH（业务信道TCH）

对于GSM900：序号为1～124。

对于E-GSM：序号为0～124或975～1023。

对于 DCS1800：序号为 512 ~ 885。

频率：当设置好信道控制号时，频率会根据以下公式自动设置完成，即

GSM900：$f(n) = 890 + 0.2n$ MHz $1 \leqslant n \leqslant 124$

E-GSM：$f(n) = 890 + 0.2n$ MHz $0 \leqslant n \leqslant 124$

$f(n) = 890 + 0.2(n - 1024)$ MHz $975 \leqslant n \leqslant 1023$

DCS1800：$f(n) = 1710.2 + 0.2(n - 512)$ MHz $512 \leqslant n \leqslant 885$

射频输出：-110 ~ -50dBm。

射频开关：设置为开（ON）。

第 2 步，在设置好 GSM 实验箱后，将带有 N 型连接头的天线与人机接口部分的“RF IN/OUT”输出口相连。将带有 GSM 实验位置区标志（001-01）的测试卡放入手机，将手机靠近天线，手机开机。

手机开始搜索网络，在手机搜索到网络“001-01”后，手机申请入网，入网成功后手机 LCD 界面会显示网号“001-01”，同时 GSM 实验箱的信号灯闪烁，表示手机入网成功，并且将手机的国际移动用户号（IMSI）和国际移动设备号（IMEI）显示在屏幕上。

（2）移动台（手机）被呼实验

第 1 步，在手机入网和 GSM 实验箱处于同步工作状态的情况下（如界面 1 所示），等待实验箱预热 10min 后，按〈基站主叫〉键，进入界面 2。

第 2 步，在界面 2 上，“基站主叫”字样闪烁。

第 3 步，当手机接叫电话时，GSM 实验箱进入界面 3。

第 4 步，在界面 3 上，“通话　射频测试”字样闪烁，表明处于通话状态，手机与 GSM 实验箱之间可以通话。测试项目中的“频谱监测”反白，表明可以进行手机的频谱测试工作。

第 5 步，在界面 3 上，当要结束通话时，可以按〈基站挂机〉或〈手机挂机〉键操作。如果按〈基站挂机〉键，则返回界面 1；如果按〈手机挂机〉键，则只有手机真正按了〈挂机〉键后才返回界面 1。

（3）移动台（手机）主呼实验

第 1 步，在手机入网和 GSM 实验箱处于同步工作状态的情况下（如界面 1 所示），等待实验箱预热 10min 后，按〈手机主叫〉键，进入界面 4。

第 2 步，在界面 4 上，“手机主叫”闪烁，同时显示“请用手机拨号”，如果按〈返回〉键返回界面 1。

第 3 步，用手机拨号，并按〈发送〉键。如果 GSM 实验箱与手机连接成功，则进入界面 3。

第 4 步，在界面 3 上，显示手机所拨的号码。同时“通话　射频测试”字样闪烁，表明处于通话状态，手机可以与 GSM 实验箱通话。测试项目中的“射频监测”处于反白状态，表明可以进行手机频谱测试。

第 5 步，当要挂机时，在界面 3 上按〈基站挂机〉键，则返回界面 1；如果按〈手机挂机〉键，则只有手机真正按了〈挂机〉键才返回界面 1。当按〈返回〉键时，直接返回到界面 1。

以上过程可以通过观察 GSM 实验箱和手机之间交换的数据来进一步理解。观察的仪器

为逻辑分析仪。观察的方法是，首先将逻辑分析仪设置为状态触发方式；触发端为 BS，上升沿触发。在 D0 ~ D7 这 8 个测试点同时观察并行输出数据；每次触发输出一个 8bit 数据。参看手机主叫图 3-33，各过程的数据如下。

1）RACH：1 字节，111××××× ；高三位“1”表示手机主叫（上行）。

2）AGCH：23 字节（以 16 进制表示）（下行）。

2D，06，3F，00，20，A0，××（A0，××：与信道有关），××，××，××，00，00，2B...2B

3）SABM：23 字节（以 16 进制表示）（上行）。

01，3F（2F），41，05（85），24（64），71，03，33，19，81，08，09，××，××，××，××，××，××，××，2B，2B，2B，2B

4）UA：23 字节（以 16 进制表示）（下行）。

01，73（71），41，05（85），24（64），71，03，33，19，81，08，09，××，××，××××，××，××，××，2B，2B，2B，2B

5）UI：23 字节（以 16 进制表示）（上行）。

01，03，01，2B...2B

6）识别请求：23 字节（以 16 进制表示）（下行）。

03，××，0D，05（85），18（58），02，2B...2B

7）识别响应：23 字节（以 16 进制表示）（上行）。

01，××，2D，05（85），19（59），08，××，××，××，××，××，××，××，××，2B...2B

8）业务接受：23 字节（以 16 进制表示）（下行）。

03，××，09，05（85），21（61），2B...2B

9）建立呼叫请求：23 字节（以 16 进制表示）（上行）。

01，××，35，03，05，04，04，40，02，01，80，5E，03，81，21，F3，2B...2B

10）呼叫进程：23 字节（以 16 进制表示）（下行）。

03，××，09，83（03），02（42），2B...2B

11）RR：23 字节（以 16 进制表示）（上行）。

01（03），××，01，2B...2B

12）呼叫指配：23 字节（以 16 进制表示）（下行）。

03，××，21，06（86），2E（6E），0C，A0，××（A0，××：与信道有关），05，63，01，2B...2B

13）SABM：23 字节（以 16 进制表示）（上行）。

01，2F（3F），01，2B...2B

14）UA：23 字节（以 16 进制表示）（下行）。

01，73，01，2B...2B

15）指配完成：23 字节（以 16 进制表示）（上行）。

01，××，0D，06（86），29（69），××，2B...2B

16）回铃音：23 字节（以 16 进制表示）（下行）。

03，××，09，83（03），01，2B...2B

17）RR：23 字节（以 16 进制表示）（上行）。

01（03），××，01，2B...2B

18）连接：23 字节（以 16 进制表示）（下行）。

03，××，09，83（03），07（47），2B...2B

19）连接确认：23 字节（以 16 进制表示）（上行）。

01，××，09，03（83），0F（4F），2B...2B

其中 3）、4）中的××表示手机的 IMSI 码；6）~19）中的第 22 字节中的“××”表示帧号；7）中的 17—10 为手机的 IMEI 码；15）中的 18 字节为不确定；9）中第 15、14 字节为手机所呼叫的号码。

（4）双机联网实验

第 1 步，两台 GSM 实验箱，距离相隔 2m 以上。用实验箱所配的 9 针串口电缆线将两台实验箱连接起来（连接口在实验箱电路板的中部）。

第 2 步，实验箱射频输出口连接天线耦合器，打开两台实验箱电源，预热 10min，按复位键复位。

第 3 步，分别设置两台实验箱为不同的信道（频率），信道相差 10 以上。将“联网”设为开。

第 4 步，两部手机关机，天线分别插入两个天线耦合器中，打开手机电源入网。

第 5 步，在观察到两部手机均已正确入网后，任意使用其中一部进行主呼，呼叫号码可以随便设 1~10 位数字，待另一部手机被呼响时接听，应可以看到两部手机均处于通话状态，此时即可进行全双工通话。

6. 注意事项

1）在手机开机入网前，必须使实验箱预热 10min。

2）当出现不能正确入网或呼叫没呼通的情况，可将手机关机后重试或重新呼叫。

3）由于本实验系统所用各信道频率与移动公司和联通公司使用的频率相同，因此不可避免会出现干扰现象，当出现 3 次以上重试均不能正确入网或呼通时，或者通话时出现较强干扰语音不清时，应按实验箱复位键，然后重新设定一个信道再试，直至找到一个无干扰信道为止。

3.9 小结

GSM 移动通信系统由 3 个子系统组成，即交换子系统（SSS）、基站系统（BSS）及操作维护子系统（OMS）。

在 GSM 系统内各主要功能单元之间、GSM 与其他通信网之间都有大量的接口，GSM 系统已对这些接口及其协议作了详细的规定，从而为不同制造商的产品综合到一个 GSM 网络中创造了条件。Um 接口是 GSM 系统诸多接口中最重要的一个，在 Um 接口上定义了一系列逻辑信道，根据信道特征不同将信道分为业务信道（TCH）、控制信道。

GSM 系统的控制与管理包括位置登记与更新、鉴权与保密、呼叫接续和越区切换等。所谓位置登记是移动通信网为了跟踪移动台的位置变化，而对其位置信息进行登记、删除和更新的过程。鉴权是为了确认移动台的合法性，加密是为了防止第三者窃听。所谓越区切换是指在通话期间，当移动台从一个小区进入另一个小区时，网络能进行实时控制，把移动台从原来小区所用的信道切换到新小区的某一个信道上，并保证通话不间断。

GSM 系统的编号主要包括：移动用户的 ISDN 号（MSISDN）、国际移动用户识别码（IMSI）、移动用户漫游号码（MSRN）、临时移动用户识别码（TMSI）、位置识别（LAI）、全球小区识别（GCI）、基站识别码（BSIC）、国际移动台识别码（IMEI）、MSC/VLR 号码、HLR 号、码切换号码（HON）。

GSM 系统的主要接续流程包括：位置更新基本流程、移动用户至固定用户出局呼叫流程、固定用户至移动用户入局呼叫的基本流程、越区切换基本流程。

GPRS 是通用分组无线业务的简称，它是一种基于分组交换传输数据的高效率方式，是 GSM 系统向第三带代移动通信演进的第一步。将 GSM 网络升级到 GPRS 网络，最主要的改变是在网络内加入 SGSN 以及 GGSN 两个新的网络设备结点。

GPRS 网络分层结构内的最小区域单位为蜂窝小区，区域范围与 GSM 网络的蜂窝小区范围相同，多个蜂窝小区共同组成 SGSN 路径区域，多个 SGSN 路径区域共同组成一个 SGSN 服务区域。

蜂窝网络内 MS 的操作模式分为 3 种状态，即闲置状态、等待状态、准备状态。GPRS 网络内同样具有鉴权手机用户身份权限以及将数据信息加密的能力，以避免数据信息在空间中传递时为其他人所窃取。GPRS 网络内的 MS 一开机后位于闲置状态，为了告之 GPRS 网络有关 MS 的 IMSI 标识码、目前位置等数据，MS 必须向 GPRS 网络进行登录的操作。欧洲 ETSI 协会制定的通信标准将登录程序分为 3 种。分别为 IMSI 登录、GPRS 登录和 GPRS/IMSI 联合登录。在 MS 登录到 GPRS 网络后及传述数据信息前，必须先建立一传输信道，在该过程中，GPRS 网络将经历 MS 的 PDP Context 开启。与 3 种 GPRS 登录程序相对应，GPRS 注销程序也分为 IMSI 注销、GPRS 注销与 GPRS/IMSI 联合注销 3 种方式。

在数字移动通信系统中，必须对语音信号进行数字化处理，使语音能够有效高质的在信道中进行传输。语音信号的处理过程有数-模转换、语音编码、信道编码、交织编码、数字调制等。

3.10 习题

1. GSM 系统主要由哪几个子系统组成？主要完成哪些功能？
2. GSM 蜂窝系统为什么要采用移动台辅助越区切换？
3. GSM 系统公共控制信道有哪几种类型？
4. GSM 系统专用控制信道有哪几种类型？
5. 什么叫位置登记？位置信息存储在哪里？
6. 简述 GSM 系统鉴权与加密的过程。
7. 简述移动用户向固定用户发起呼叫的接续过程。
8. 简述固定用户向移动用户发起呼叫的接续过程。
9. 什么叫越区切换？越区切换主要有几种情况？
10. IMSI 由哪 3 部分代码组成？
11. 试说明 MSISDN、MSRN、IMSI、TMSI 的不同含义及各自的作用。

12. 叙述位置更新基本流程。

13. 叙述 MSC 之间切换的基本流程。

14. 试画出 GPRS 网络结构图，并解释各模块的功能。

15. SGSN 和 GGSN 网络设备的功能是什么？

16. 在 GPRS 中，网络是如何完成对 MS 鉴权的？

17. 试画出 WAP 协议的分层结构图。

18. 在数字移动通信中，为什么要采用交织编码？

第 4 章　CDMA 移动通信系统

第二代移动通信系统产生于20世纪80年代末期，使用数字调制技术，网络采用数字信令，除提供语音业务外，还含有少量短消息（数据）服务。前面介绍的 GSM 系统就属于第二代移动通信系统，它采用的是时分多址（TDMA）方式。在第二代移动通信系统中，还有一种系统采用的是码分多址（CDMA）方式，简称 CDMA 系统。

1995 年香港和记电讯公司开通全球第一个 CDMA 数字移动通信网络，在经过两年的商用化之后，CDMA 技术在全球范围得到普遍的发展。目前全球 6 大洲的 39 个国家和地区采用并开通的 CDMA 蜂窝网络已达 100 多个，且用户增长的速度很快。

4.1　CDMA 系统概述

CDMA 是一种以扩频技术为基础的调制和多址接入技术，因其保密性能好、抗干扰能力强而广泛应用于军事通信领域，并且早在 19 世纪 40 年代就有过商用的尝试。经过了几十年的努力，克服了一个又一个的关键技术问题，1995 年由美国 Qualcomm 公司开发的 CDMA 蜂窝体制被采纳为北美数字蜂窝标准，定名为 IS-95。从此，CDMA 蜂窝移动通信系统正式走上商业通信市场。

4.1.1　CDMA 系统的基本原理

在 CDMA 系统中，不同用户传输的信息是靠各自不同的编码序列来区分的。CDMA 的示意图如图 4-1 所示，可以看出信号在时间域和频率域是重叠的，用户信号是靠各自不同的编码序列 m_i 来区分的。

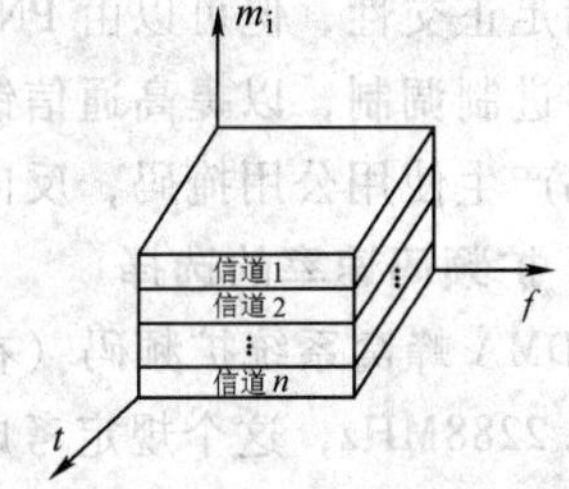

图 4-1　CDMA 的示意图

如上所述，CDMA 是一种以扩频通信为基础的调制和多址连接技术。扩频通信技术在发信端用一高速伪随机码（PN 码）与数字信号相乘，由于伪随机码的速率比数字信号的速率大得多，因而扩展了信息的传输带宽。在收信端，用相同的伪随机码与接收信号相乘，进行相关运算，将扩频信号解扩。扩频通信具有隐蔽性强、保密性高、抗干扰等优点。

CDMA 扩频通信系统的原理示意图如图 4-2 所示。在扩频通信中用的伪随机码常常采用 m 序列，这是因为它具有容易产生和自相关特性优良的优点。其归一化自相关函数只有 1 和 $-1/K$ 两个值，K 是 m 序列长度，所以，只有在收发端伪随机码相位相同时才能恢复发送信号。码分多址技术就是利用了这一点，可以采用不同相位的相同 m 序列作为多址通信的地址码。由于 m 序列的自相关特性与长度有关，因此，作为地址码，其长度应尽可能长，以供更多用户使用，同时可以获得更高的处理增益和保密性，但是又不能太长，否则不仅使电路复杂，而且不利于快速捕获与跟踪。

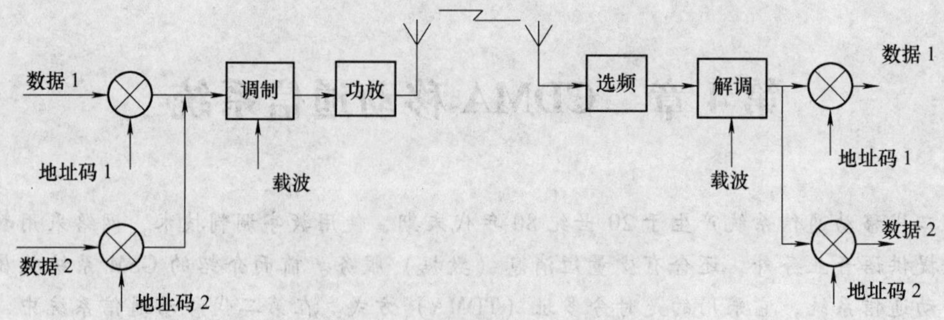

图 4-2　CDMA 扩频通信系统的原理示意图

1. 地址码的选择

在 CDMA 蜂窝系统中，综合采用了 3 种码。一种是长度为 2^{15} 的 PN 短码，它通过在长度为 $2^{15}-1$ 的 m 序列 14 个连"0"输出后再加入一个"0"获得。它用于区分不同的基站信号，不与基站保持同步，但使用的 PN 码序列相位偏移不同。规定每个基站的 PN 码相位偏移只能是 64 的整数倍，因而有 512 个值可被不同基站使用。使用相同序列不同相位作为地址码，便于搜索、同步。

另一种码是长度为 $2^{42}-1$ 的 PN 长码，在前向信道它用于信号的保密，在反向信道它用于区分不同的移动台。这样长的码有利于信号的保密，同时基站知道特定移动台的长码及其相位，因而不需要对它进行搜索、捕获。

第三种码是 Walsh 序列。CDMA 蜂窝系统将前向物理信道划分为多个逻辑信道，即一个导频信道、一个同步信道（必要时可改作业务信道，因为移动台在获得同步后不需再监听同步信道）、7 个寻呼信道（必要时可改作业务信道）和 55 个前向业务信道（最多 63 个），划分的方法是采用 Walsh 序列对信号进行调制。由于 Walsh 序列的正交性，所以不同信道的信号是正交的，同时区分了不同移动台用户。相邻基站可以使用相同的 Walsh 序列，虽然可能不满足正交性，但可以由 PN 短码提供区分。在反向链路，Walsh 序列用于对信号进行正交码多进制调制，以提高通信链路的质量。反向信道由 PN 长码来区分，不同用户的接入信道长码产生使用公用掩码，反向业务信道的长码掩码与移动台有关。

2. 扩频码速率的选择

CDMA 蜂窝系统扩频码（在前向链路是 Walsh 序列，在反向链路是 PN 长码）的速率规定为 1.2288MHz，这个规定考虑了频谱资源的限制、系统容量、多径分离的需要和基带数据速率等多个因素。

在美国，FCC 规定划分给蜂窝通信的频谱带宽为单向 25MHz，并分配给两家公司，每家分得单向频谱带宽总计为 12.5MHz，其中最窄的一段带宽为 1.5MHz。为获得最大适应性，信号带宽应小于 1.5MHz。选择 1.2288MHz 的码速率，滤波后可获得 1.25MHz 的带宽，在 12.5MHz 宽频带内可以划分出 10 条信道。

决定 CDMA 数字蜂窝系统容量的主要因素是，系统的处理增益、信号比特能量与噪声功率谱密度比、话音占空比、频率重用效率、每小区的扇区数目。为了取得高的系统处理增益，从而获得高的系统容量，扩频码速率应尽可能高。通常陆地移动通信环境的多径延迟为 1~100μs，为了充分发挥扩频码分多址技术，实现多径分离的作用，要求扩频码序列的持续时间应小于 1μs，也就是扩频码速率应大于 1MHz。选择 1.2288MHz 的另一个原因是，这个速率可以被基带数据速率为9.6kbit/s整除，且除数为2的幂指数（$128=2^7$）。

4.1.2 CDMA系统的主要优点

CDMA系统采用码分多址技术及扩频通信的原理，使得在系统中可以使用多种先进的信号处理技术，为系统带来了许多优点。

1. 大容量

根据上述理论计算以及现场试验表明，CDMA系统的信道容量是模拟系统的10~20倍，是TDMA系统的4倍。CDMA系统的高容量很大一部分因素是由于它的频率复用系数远远超过其他制式的蜂窝系统，另外一个主要因素是它使用了话音激活和扇区化等技术。

2. 软容量

在FDMA、TDMA系统中，在小区服务的用户数达到最大信道数后，已满载的系统绝对无法再增添一个用户。此时若有新的呼叫，则该用户只能听到忙音。而在CDMA系统中，用户数目和服务质量之间可以相互折中，灵活确定。例如，系统经营者可以在话务量高峰期将误帧率稍微提高，从而增加可用信道数。同时，当相邻小区的负荷较轻时，本小区受到的干扰减少，容量就可适当增加。

体现软容量的另一种形式是小区呼吸功能。所谓"小区呼吸功能"是指各个小区的覆盖大小是动态的，当相邻两个小区负荷一轻一重时，负荷重的小区通过减小导频发射功率，使本小区的边缘用户由于导频强度不够，切换到相邻小区，使负荷分担，即相当于增加了容量。这项功能对切换也特别有用，可避免因信道紧缺而导致呼叫中断。在模拟系统和数字TDMA系统中，如果一条信道不可用，呼叫就必须重新被分配到另一条信道，或者在切换时中断。但是在CDMA系统中，在一个呼叫结束前，可以接纳另一个呼叫。

3. 软切换

软切换是指当移动台需要切换时，先与新的基站连通，再与原基站切断联系，而不是先切断与原基站的联系再与新的基站连通。软切换只能在同一频率的信道间进行，因此，模拟系统、TDMA系统不具备这种功能。软切换可以有效地提高切换的可靠性，大大减少切换造成的掉话（据统计，模拟系统、TDMA系统无线信道上的掉话情况90%发生在切换中）。同时，软切换可以提供分集，从而保证通信的质量。但是软切换也相应带来了一些缺点，如导致硬件设备的增加，降低了前向容量等。

4. 高质量和低功率

在CDMA系统中，采用了有效的功率控制和强纠错能力的信道编码以及多种形式的分集技术，从而使基站和移动台以非常节约的功率发射信号，延长了手机电池的使用时间，同时获得了优良的话音质量。

5. 话音激活

在典型的全双工双向通话中，每次通话的占空比小于35%。在FDMA和TDMA系统里，由于通话停等时重新分配信道存在一定时延，所以难以利用话音激活因素。CDMA系统使用了可变速率声码器，在不讲话时降低传输速率，减轻了对其他用户的干扰，这就是CDMA系统的话音激活技术。

6. 保密性好

CDMA系统的信号扰码方式提供了高度的保密性，使这种数字蜂窝系统在防止串话、盗用等方面具有其他系统不可比拟的优点。CDMA 的数字话音信道还可直接引入数据加密标准或其他标准的加密技术。

4.2 CDMA 系统构成

相对其他多址方式的蜂窝系统而言，CDMA 具有系统容量大、抗干扰能力强、抗多径衰落能力强、频带利用率高、发射功率低、保密性能好等优越性，这些优越性使得 CDMA 数字蜂窝系统成为 TDMA 数字蜂窝系统的强有力的竞争对手，近年来在移动通信系统中越来越得到重视。

4.2.1 网络结构

CDMA 系统网络结构与一般数字蜂窝移动通信系统的网络结构基本相同，差别主要在于无线信道的构成、相关的无线接口和无线设备、特殊的控制功能等。CDMA 系统网络结构示意图如图 4-3 所示。

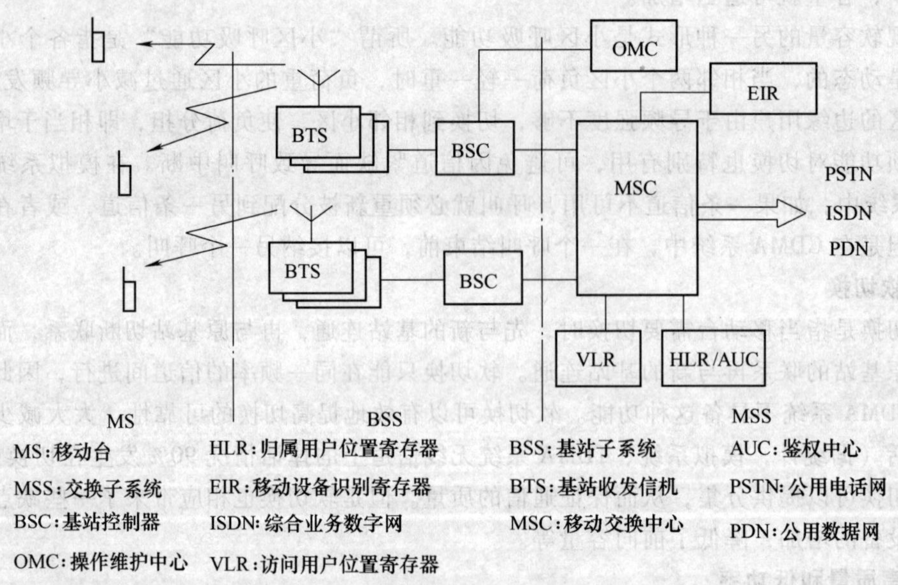

图 4-3　CDMA 系统网络结构示意图

由图 4-3 可见，CDMA 系统由 3 大部分组成，即基站子系统（含 BTS 和 BSC）、交换子系统（含 MSC、EIR、VLR、HLR、AUC）、移动台子系统（含手持机和车载台）。

1. 移动台

移动台（MS）是 CDMA 移动通信系统用户所使用的一种物理装置。它由射频（RF）子系统、中频（IF）子系统及基带（DB）子系统组成，提供用户通往网络系统的无线通道。MS 有两种类型，一种类型是移动装配的 MS；另一种类型是便携式 MS。话音通信只需要移动终端功能。其他服务需要额外的功能，例如终端设备、终端适配器及组合装置。针对识别功能，MS 装有移动装置单元（MEI）及移动用户单元（MSI）。

2. 基站

基站（BS）是用于提供其区域用户无线通道的一种物理装置。BS 包括 3 部分，即用于发射、接收无线信号的 BTS；用于 BS 控制的 BSC 及用于 BS、OAM 的 BSM。

BTS 是用户在其无线区域内通信所需的实际装置。对于无线发射、接收，低噪声放大器、功率放大器、信号合成器/分配器以及变频器都被装在无线频率单元上。无线信号处理，调制解调、CDMA 频道编码/解码以及 GPS 接收器都在 CDMA 数字单元内，呼叫过程和 OAM 功能在 BTS 控制处理器中执行。

BSC 管理 BS 资源并控制 BS 区域用户，所有来自 MS 的通信邮件在 BSC 中处理，切换的邮件选择以及话音邮件在编码激励线性预测与 PCM 间的转换都在代码转换机及波段开关组（TSB）上执行，TSB 用 E1 线路与 MSC 相连。BSC 呼叫过程和 BSC 资源管理在呼叫控制处理器中实现。CDMA 互联网络系统交换 BSC 内部邮件，同时提供通往 BTS 的路径。时钟脉冲发生器、分配器向 TSB 提供源于 GPS 的时钟信号。

BSM 为基站设备提供 OAM 功能，针对 BS 操作程序负载及 BS 维护的故障接收都在 BSM 处理器内执行。对于 BS 操作的人机界面，也包括在 BSM 处理器内，当 BS 装置发现任何错误或故障时，ALM 产生警告信号。

3. 移动交换中心

移动交换中心（MSC）是通信所需的物理装置。有其区域内的用户，为了初始化 MS 与目的地的连接，MSC 呼叫过程、基于时间交换的 PCM 及 MSC 资源管理都在这里实现，归属管理及与 PSTN 或 ISDN 的互联网络也是通过这里完成。MSC 归属管理由 VLR 执行，为实现归属管理和识别移动台 MSC 与 HLR/AC 互通。

4. 归属寄存器/识别中心

简称 HLR/AC，存储和管理用户信息，包括用户位置和服务文件。识别数据也存在这里，这是一个寄存用户数据的数据库。HLR/AC 利用公共信道 No. 7 信令直接与 MSC 互通。

5. 操作维护与管理中心

简称 OMC，是用于蜂窝网络日常管理以及为网络工程和规划提供数据库的集中化设备。通常，OMC 同时管理 MSC 和 BSS，但也可配置为只负责管理由许多 BSS 构成的无线子系统，这种配置的 OMC 称作无线操作及维护中心（OMC-R）。同样 OMC 如用于管理 MSC 时，就称之为 OMC-S。

4.2.2　接口标准

在上述 3 大部分中，存在着几个重要接口。

1. Um 接口

Um 接口也叫空中接口，完成基站与移动台之间的信号互通。此接口遵守 IS-95A 标准，考虑中国实际情况，可以不考虑兼容 AMPS 系统的部分，同时参考 J-STD-008、TSB74 标准。

2. A 接口

A 接口是基站子系统与交换子系统的接口，主要传递移动台管理、基站管理、移动性管理、接续管理等功能，此接口标准各公司不统一，考虑各种因素，我们可以采用以摩托罗拉的接口标准 A + 为基础形成的 IS-634 标准。

3. Abis 接口

Abis 接口是基站子系统中基站控制器与基站收发信机之间的接口，支持对 BTS 无线设备的控制。Abis 接口之间的物理层采用直接互联的方法，由于此接口无统一标准，所以需要参考有关设备的接口制定自己的标准。

4. 交换子系统内部功能实体之间的接口

此类接口将连接 MSC、VLR、HLR、EIR、AUC，以及 PSTN、ISDN 等，接口标准将主要参照 IS-4iC。

1）MSC 和 PSTN 之间为 Ai 接口。

2）MSC 和 ISDN 之间为 Di 接口。

3）MSC 和 VLR 之间为 B 接口。

4）MSC 和 HIR 之间为 C 接口。

5）HLR 和 VLR 之间为 D 接口。

6）MSC 和 MSC 之间为 E 接口。

7）VLR 和 VLR 之间为 G 接口。

8）HLR 和 AUC 之间为 H 接口。

4.2.3 主要性能指标

1）工作频率：IS-95 上行链路的频率为 824 ~ 849MHz，下行链路的频率为 869 ~ 894MHz，一对下行链路频率和上行链路频率的频率间隔为 45MHz，带宽 1.25MHz。

2）码片速率：1.2288Mc/s。

3）比特率：速率集 1 为 9.6kbit/s，速率集 2 为 14.4kbit/s，IS-95B 为 115.2kbit/s。

4）帧长度：20ms。

5）语音编码器：QCELP 8kbit/s，EVRC 8kbit/s，ACELP 13kbit/s。

6）功率控制：上行链路采用开环 + 快速闭环，下行链路采用慢速闭环。

7）扩展码：Walsh + 长 m 序列。

4.3 CDMA 系统的无线信道

4.3.1 无线信道

无线信道用来传输无线信号，包括基站发往移动台的前向无线信道（也叫前向链路）和移动台发往基站的反向无线信道（也叫反向链路）。

在 CDMA 系统中，各种信道都是由不同的地址码序列来区分的。因为任何一个通信网络除去要传输信息外，还必须传输有关的控制信息。对于大容量系统，一般采用集中控制方式，以便加快建立链路的过程。为此，CDMA 蜂窝系统在基站至移动台的传输方向上（前向链路），设置了导频信道、同步信道、寻呼信道和正向业务信道；在移动台至基站的传输方向上（反向链路），设置了接入信道和反向业务信道。移动通信系统的组成的示意图如图4-4所示。

在 CDMA 系统中，前向链路最多可以有 64 条同时传输的信道，其结构示意图如图 4-5

所示。从中可以看出，除了传输业务信息的业务信道之外，还有传输控制信息的控制信道。其中，导频信道是基站连续发送的导频信号，为移动台提供解调用的相干载波，并作为移动台越区切换的测量信号；同步信道是基站连续发送的同步信号，为移动台提供同步信息；寻呼信道最多可以有 7 个，其功能是向小区内的移动台发送呼入信号、信道分配和其他信令，在需要时寻呼信道也可以用作业务信道；业务信道有 55 个，其功能主要是传送业务信息。共有 4 种传输速率，即 9.6kbit/s、4.8kbit/s、2.4kbit/s 和 1.2kbit/s。

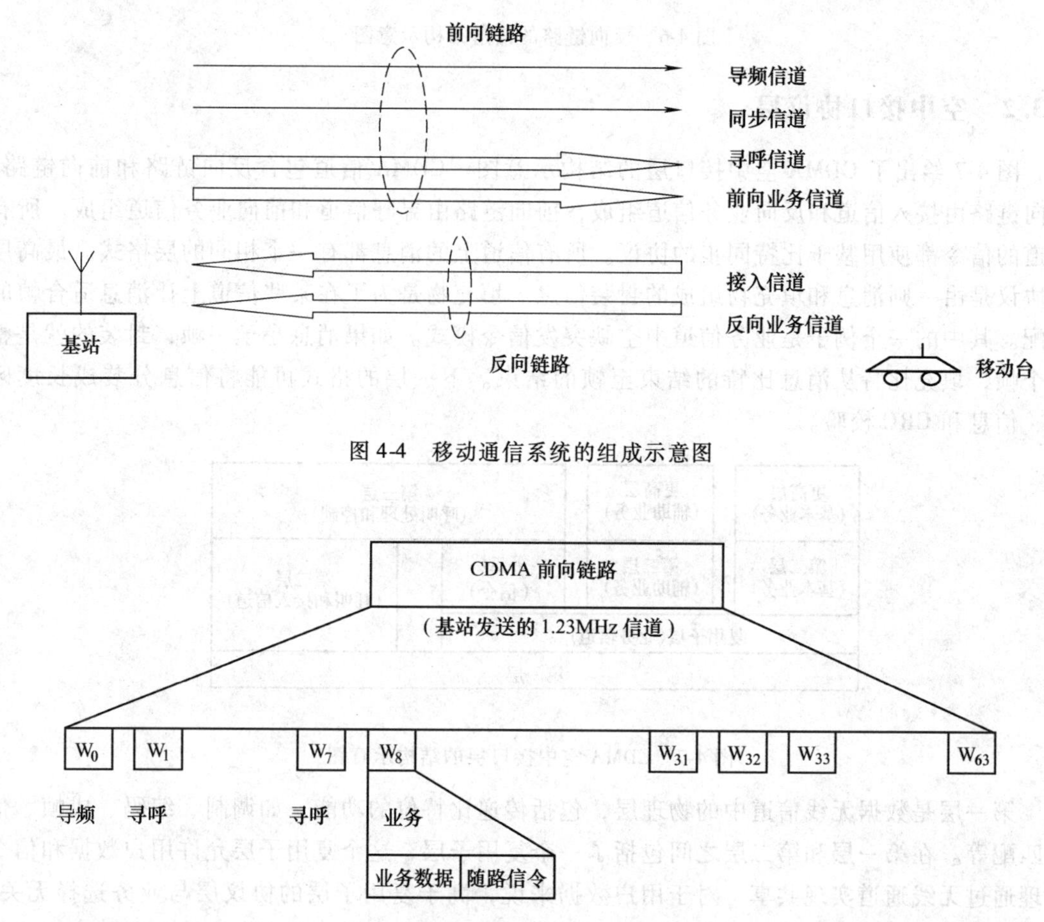

图 4-4　移动通信系统的组成示意图

图 4-5　前向链路的信道结构示意图

反向链路信道有两种，即接入信道和业务信道，其结构示意图如图 4-6 所示。接入信道与前向链路的寻呼信道相对应，其作用是在移动台接续开始阶段提供通路，即在移动台没有占用业务信道之前，提供由移动台至基站的传输道路，供移动台发起呼叫或对基站的寻呼进行响应，以及向基站发送登记注册的信息等。接入信道使用一种随机接入协议，允许多个用户以竞争的方式占用。在一个反向链路中，接入信道数 n 最多可达 32 个。在极端情况下，业务信道数 m 最多可达 64 个，每个业务信道用不同的用户长码序列加以识别，每个接入信道也采用不同的接入信道长码序列加以区别。反向链路上无导频信道，这样，基站接收反向传输信号时，只能用非相干解调。

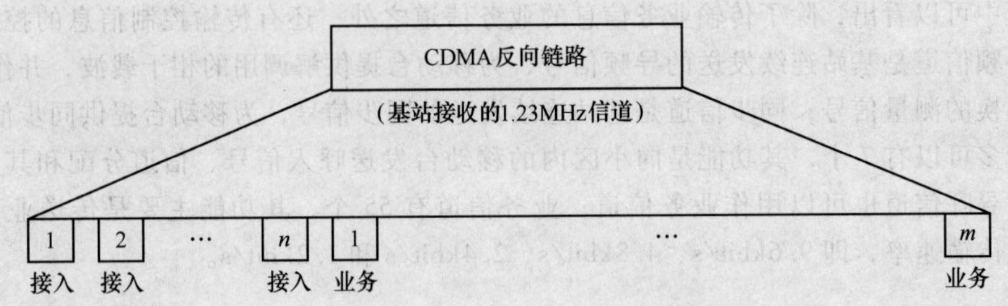

图 4-6 反向链路的信道结构示意图

4.3.2 空中接口协议层

图 4-7 给出了 CDMA 空中接口层的结构示意图。CDMA 信道包含反向链路和前向链路。反向链路由接入信道和反向业务信道组成，前向链路由寻呼信道和前向业务信道组成。所有信道的信令都使用基于比特同步的协议。所有信道上的消息都有一个相同的层格式。最高层的协议是由一则消息和填充物组成的封装信息。填充物是为了在某些信道上让消息适合帧的装配。其中的一个例子是业务信道中空缺突发信令模式。如果消息小于一帧，封装的就是整一个帧，填充比特从消息比特的结束至帧的结束。下一层的格式可能将信息分装成长度区域、信息和 CRC 校验。

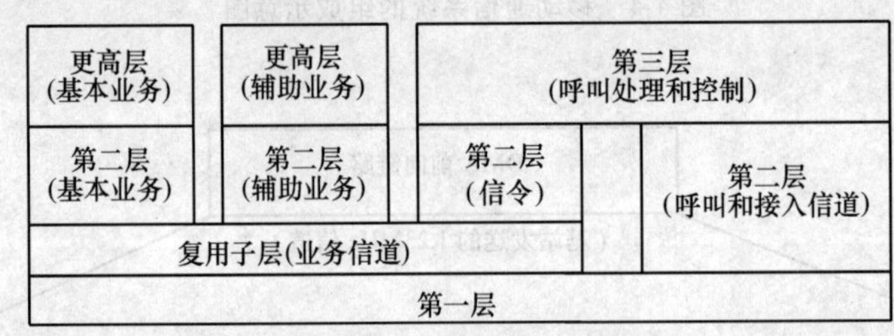

图 4-7 CDMA 空中接口层的结构示意图

第一层是数据无线信道中的物理层，包括传递比特位的功能，如调制、编码、成帧、信道匹配等。在第一层和第二层之间包括了一个复用子层，这个复用子层允许用户数据和信令处理通过无线通道实现共享。对于用户数据来说，高于复用子层的协议层与业务选择无关。在典型情况下，它有更高两层，即第二层、第三层的协议内容，信令协议第二层是和可靠的信令发送相联系的协议。处于基站和移动台之间的第三层消息如消息重传和双重检测。信号第三层的协议包括了呼叫流程，无线信道控制和移动台控制（包括呼叫的建立、切换，功率的控制，移动台的注销）。

在移动台中，所有这些层次都安装在一块物理硬件中。在网络这一侧，这些层次就可能分散在不同位置的硬件上了。在连接层发送确认信息，响应信息是在控制处理层发送的。为了避免更多的信令，链路确认和控制处理信令可以合并成单个信令，这可以由移动台来完成，这样对于控制过程的时延来说可以是很小。在网络侧，MSC 对于控制过程的响应产生反应。

系统之间的信令业务如自动漫游、呼叫传递、切换等都由 IS-41. C 提供支持。通过使用 IS-41. C 使不同的 IS-95 系统可以互相连接在一起。

4.4 CDMA 系统的功能结构

CDMA 移动通信系统（CMS）的服务由基本服务和 OAM 服务组成。基本服务又分为初级服务和辅助服务。初级服务包含话音、数据和短信息服务等。辅助服务（包括前向呼叫、会议呼叫和识别主叫用户）是附加服务，并向用户提供选项。OAM 服务分为操作、维护和管理服务，以确保向用户提供高质量的服务。CMS 功能结构基于 CDMA 移动功能。CDMA 功能结构示意图如图 4-8 所示。它有 3 组详尽的描述。顶层是服务管理，中间层是服务控制，底层是服务资源。顶层涉及管理功能需求，以确保系统容量和可靠性；另两层涉及功能需求，以提供 CMS 基本服务。高层从低层功能及同等功能接收支持，例如，顶层中的计算由中间层的服务控制功能、呼叫控制和鉴权来支持。

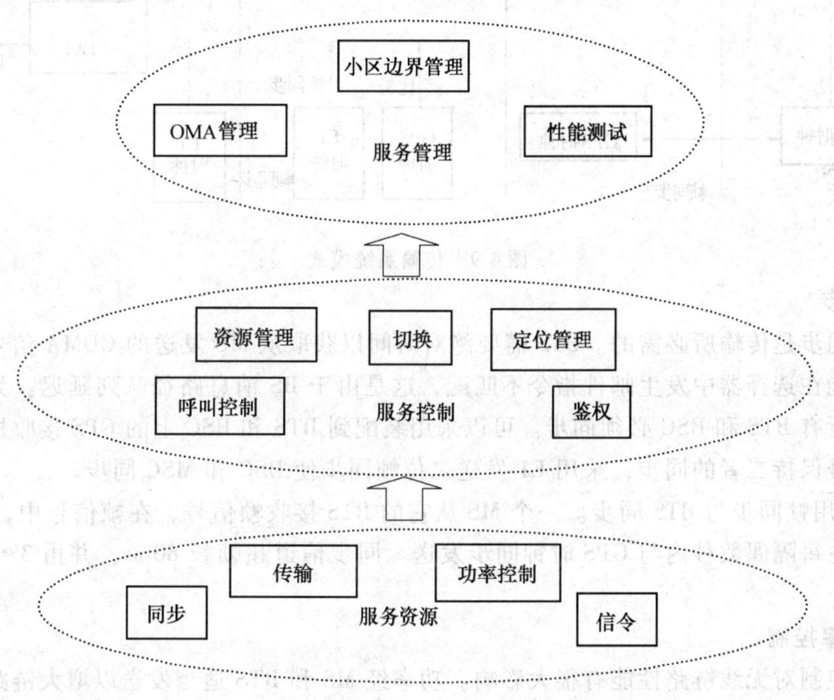

图 4-8 CDMA 功能结构示意图

4.4.1 服务资源功能

1. 传输

传输是服务资源组最重要的功能。传输系统模式如图 4-9 所示。无线传输是系统性能的关键。CDMA 是干扰受限系统，为使无线链路干扰最小，已采用数据率 1 ~ 8kbit/s 不同长度的消息传输。每 20ms 移动站发送一次消息，这些消息使用弱脉冲或消隐脉冲方法与信令信号相结合。在 BS 中快速消息链路用于传输，在 BTS 和 BSC 之间，没有引起超传输延迟，可提高 BS 的完整性，同时保证 BS 主干网效率最大。BS 消息被 HDLC 格式化并传送至目的地。在软切换中，两个或 3 个 BTS 向一个选择器有序地传送消息。一个选择器在接收同样信息的消息中选择最佳的消息。关于话音服务，将无线链路的不同长度消息在声码器中转换成

PCM，并传送至移动交换机（MSC）。MSC 经 DSBTN 消除话音中回波，并将话音传送至移动台（MS）。关于数据服务，从 MS 传送的消息在 BSC 中转换成 64kbit/s 格式的数据，并经 MSC 转换交互工作功能（IWF）。在 IWF 中，关于公共交换电话网（PSTN）存取，数据转换成音频带宽数据并经调制解调器送至 PSTN。关于 ISDN 或邮件交换公用数据网（PSPDN）存取，数据以 64kbit/s 的 ISDN 型格式送入 ISDN 或 PSPDN。

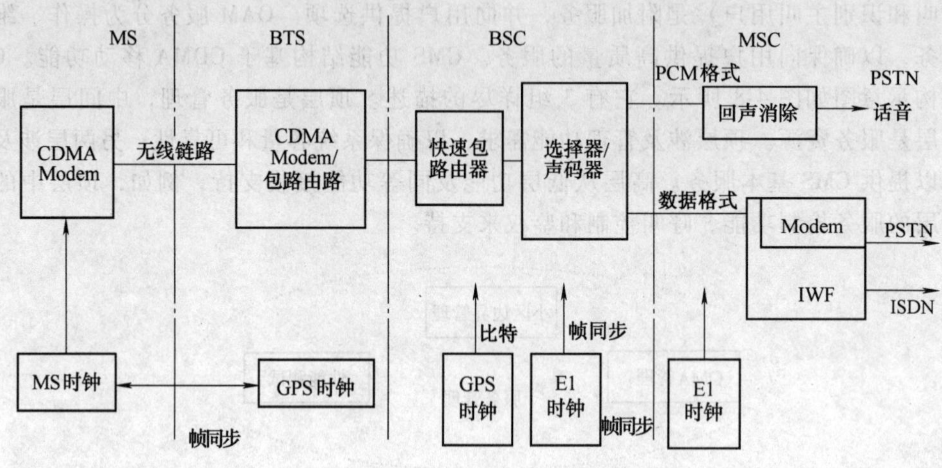

图 4-9　传输系统模式

2. 同步

时间同步是传输所必需的。BTS 需要绝对时间以获取从 MS 发送的 CDMA 信号。在软切换中，可能在选择器中发生邮件指令不匹配，这是由于 BS 消息路径队列延迟。为防止这种不匹配，所有 BTS 和 BSC 必须同步。可以采用装配到 BTS 和 BSC 上的 GPS 接收机产生的分配时钟信号保持二者的同步，采用 E1 发送二位帧同步使 BSC 和 MSC 同步。

MS 利用帧同步与 BTS 同步。一个 MS 从它的 BTS 接收帧信号，在帧信号中，25 个同步信道超帧在每隔偶数秒内与 GPS 时钟同步发送。同步信道超帧长 80ms，并由 3 个同步信道帧组成。

3. 功率控制

功率控制对无线链路性能有很大影响。功率经 MS 和 BTS 适当发送以增大链路容量，发送功率必须尽可能低并足以维持所需的帧误码率（FER）。图 4-10 所示为功率控制框图。

MS 发送功率由两个转换链路控制机构调整，即开环功率控制和闭环功率控制。闭环功率控制由内环功率控制和外环功率控制组成。在开环功率控制中，接收信号长度增加，发送功率降低，反之亦然。这样发送功率长度总长和接收信号强度保持常量。BTS 期望从所有的 MS 来的信号强度保持相等。只有在前向/后向链路中传送损耗相同时，开环功率控制才有效。然而，前向和反向链路间路径失衡就不能保证在 BS 均衡地接收信号强度。内环功率控制补偿功率水准的偏差。通过 BTS 命令每 1.25ms 执行一次。如果从 MS 接收的功率级比在 BTS 预设的 E_b/N_o 小，BTS 就向 MS 发出降低发送功率的信号。BTS 的预定值由外环功率控制调整。根据 Vilerbi 译码器邮件的帧质量，由 BSC 选择器每 20ms 执行一次。当在选择器中实际帧误码率低于要求的 FER 门限、表明系统连续地运行好于所要求的时候，选择器控制相关 BTS 以降低设定值。前向链路功率控制由 BSC 直接控制。BTS 发送功率通过检测 MS 要

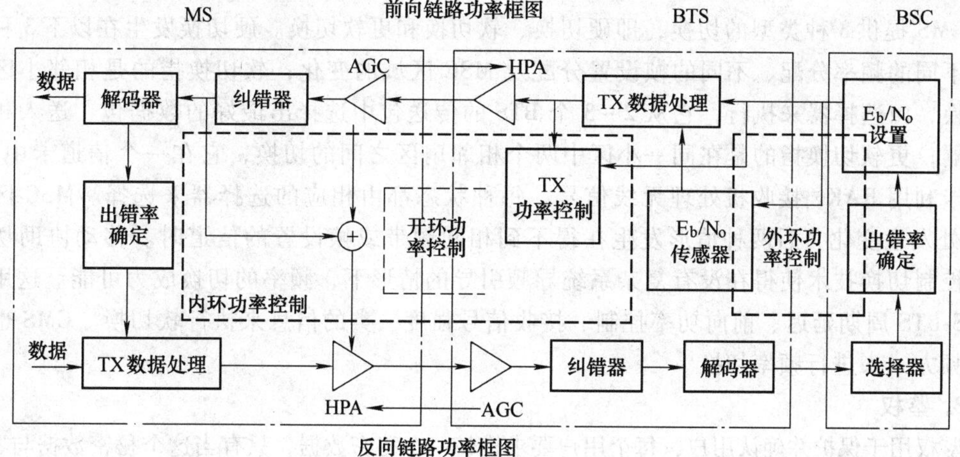

图 4-10 功率控制框图

求的 FER 来调整。BSC 选择器从相关的 MS 接收 FER 信息。MS 周期地或当 FER 超出门限级时发送信息。如果 FER 太高，选择器就从相关的 BTS 增加向相关 MS 发送功率。

4.4.2 服务控制功能

1. 呼叫控制

这里要介绍主服务呼叫控制图。主服务是指话音、数据和短信息服务。

话音服务是主服务中最重要的。呼叫过程分为移动台主叫时的请求过程和基站的选呼过程，即移动始方呼叫和移动末端呼叫。MS 首先向它的蜂窝 BTS 发送呼叫初始信息开始发端呼叫。如果 BTS 对呼叫具有有效的信道，BTS 就发送起始 MS 的 Walsh 编码及与有效信道一致的帧位移。然后，BTS 请求它的 BSC 连接，BSC 在请求时分配一个选择器，一旦选择器确定了初始 MS，BSC 请求 MSC 呼叫连接。MSC 请求初始 MS 的识别状态，根据从 AUC 接收的确认，MSC 接受呼叫，并将 MS 连接到目的地。

在末端呼叫，末端 MS 的路径信息由 HLR 发送。MSC 清除终端 MS 归属域，请求一致的 BSC 广播呼叫。BSC 依次发送相应的 BTS 的广播呼叫请求，然后 BTS 呼叫 MS。在终点 MS 收到应答的广播呼叫请求后，BTS 分配一个 Walsh 编码并为 MS 分配帧位移。BSC 接收 BTS 广播呼叫应答，并为呼叫分配一个选择器。在确认与 MS 连接后，BSC 向它的 MSC 发送传播应答，MSC 完成有效连接。

数据服务分为两个步骤，第一步与 MSC 移动终端连接，连接进程与话音通信的呼叫控制进程相同；第二步建立数据通信协议。数据通信包括 G3 电传服务和异步数据服务，如文件传输。MSC 可通过调制解调器与 PSTN 通信或采用数据传输协议直接与 PSPDN 和 ISDN 通信，与 MSC 相连的内部联合功能执行同样的连接。数据服务需要终端设备和模拟调制器，驻存在模拟调制器中的应用接口部分（AIP）与 IWF 的调制源建立连接。

CMS 提供两种 SMS 电话服务，即蜂窝传播呼叫电话服务（CPT）和蜂窝信息电话服务（CMT）。CPT 最大传输 63 个字符，CMT 最大传输 255 个字符，包括控制信息。利用控制信道以及话务信道的信令信息传送短信息，只利用话务信道传送话音和数据。

2. 切换

CMS 提供 3 种类型的切换，即硬切换、软切换和更软切换。硬切换发生在以下 3 种状态时：不同的频率分配、不同的帧设置分配及 MSC 区域的变化；软切换指的是相邻小区之间的切换，由选择器来执行，它从 2 ~ 3 个 BTS 的传送包中选择出最好的数据包，送入相应的译码器；更软切换指的是在同一小区中两个相邻扇区之间的切换，它在一个信道卡中实现，信道卡利用 RAKE 接收机处理无线信号。每种状态都由相应的选择器来选择。MSC 区域在 MSC 处发生变化，后两种情形发生在得不到相同频带或帧设置的信道时。移动协助切换和网络控制切换技术使得在没有复杂系统导频引导的情形下，频率的切换成为可能。这用到了如 MS-BTS 周期延迟、前向功率控制、接收信号强度一类的信息来执行软切换。CMS 也可利用导频方式来进行频率切换。

3. 鉴权

鉴权用于保护并确认用户，每个用户要求携带一个秘密数据，只有当这个秘密数据与鉴权中心(AUC)存储的数据相匹配时，才会提供服务。秘密数据可以在登记或重新请求尝试时更换。这个秘密数据由一个随机数、一个鉴权信息及一个呼叫历史记录组成。数据由鉴权中心在鉴权时进行检查。随机数用来防止鉴权算法的泄露，它由基站管理器产生，同时被 BTS 和 AUC 利用。

4. 定位管理

CMS 要询问并获得用户位置的信息，定位的登记基于时间、地点、距离、开/关机、指令、参数改变及业务信道登记。业务信道登记发生在切换之后，它由 VLR 和 HLR 存储并管理。当 VLR 把它局限于相应 MSC 区域内的用户时，HLR 包含有服务区域内的所有用户。当用户由一个 MSC 区域到另一个区域时，VLR 接受自 HLR 的通知而进行改变。

5. 资源管理

CMS 无线链路资源要进行管理来优化链路容量和服务质量。CMS 通过优先等级保存一些信道用于软切换。优先等级的目标是使保存的信道得到有效的利用。当一个 MS 通过目的小区的弱导频请求切换时，它被分派一个无优先级的信道。然而，当一个 MS 通过目的小区的强导频请求切换时，它就被分派一个有优先级的信道。保存的信道也会在紧急情况下分派给 MS。切换信道的管理使得频率切换很少发生。频率切换在不能进行软切换时才发生。

4.4.3 服务管理功能

1. OAM 管理

OAM 管理有 4 种功能，即程序下载、结构管理、故障管理和说明。BS 程序和结构信息由 BSM 转移到 BS 控制块。系统故障、错误由故障管理检测、分离并恢复。当检测到系统故障或功能错误时，告警器会立即产生一个告警信号。告警信号使 CMS 操作器能发现故障发生的地点和时间，说明信息在 HLR 中存储并管理。

这些 OAM 功能使用运行在操作系统（OS）之下的数据基础和库函数。数据基础包含着资源、移动性、操作状态等信息。呼叫处理信息也包含在数据基础中，库函数提供 OS 支持语言的系统程序。在 BS 上的 OAM 信息被采集并由 BSM 管理。这些信息也被操作维护中心采集并管理，以便响应网络 OAM。

2. 小区边界管理

小区边界管理用于优化系统性能和 BS 总容量。它包括呼吸、扩张、收缩及业务负载消减，下面进行详细描述。

1）呼吸：在正常操作期间，平衡前向链路切换边界和反向链路切换边界，使链路容量最大化。

2）扩张：在小区最初激活时，表明 BS 发送功率的逐渐增长。突然激活导致前向链路背景总能量的突然增长。这就导致前向链路质量的下降，并引起相邻小区的呼叫丢失。扩张允许其他小区的 BTS 调整它们的发送功率，以保持链路质量在可以接受的水平。

3）收缩：这是扩张的反过程，即在小区被抵制时逐渐减少有效辐射功率（EPR）。

4）业务负载消减：即在相邻小区中通过调整小区半径来平衡用户业务负载。负荷多的 BTS 缩减覆盖区域，负荷低的相邻 BTS 提高覆盖区域。

3. 性能测试

性能测试对于正确的 CMS 操作是非常必要的。CMS 测试链路的性能参数，CDMA 系统分析工具 CSAT 收集并分析执行数据。在 CSAT 中共有两种类型的特性参数，即性能分析参数和业务分析参数。业务分析参数包括每单位间隔电话呼叫尝试和批准的次数、每个呼叫的话音活力、每单位间隔的切换次数及切换参数。性能分析参数包括前向和反向链路的 FER、触发错误率、BTS 和 MS 的接收 E_b/N_o，每个操作中的指峰数及每个指峰中的信号能量。它也提取功率控制特性参数、功率控制门限值和前向业务信道的传输增益。

4.5 CDMA 系统的关键技术

扩频技术是 CDMA 系统的基础。要真正成为一种商业应用的通信系统，还有很多技术问题需要解决。下面就介绍 CDMA 系统所包含的主要技术。

4.5.1 可变速率声码器

声码器是对模拟语音信号进行数字化编译码的部件，其目的是在保证语音传输质量的同时使数据传输速率尽可能低。在移动通信中，一般采用线性预测编码（LPC）方式，其原理图如图 4-11 所示。

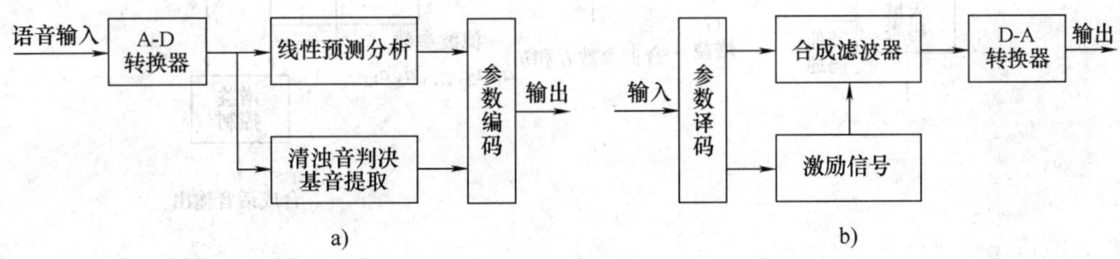

图 4-11 线性预测编译码原理图

a）编码原理 b）译码原理

线性预测编码原理是，首先通过 A-D 转换器将模拟语音信号变成数字语音信号，经过线性预测分析从语音信号中求出一组预测器系数，一般为 12 组预测滤波器系数，使得一帧语音波形均方预测误差最小。另外，再经过基音检测、清浊音判决提取语音信号中的基音周期 Tp、清浊音判决信息 U/V 和代表语音强度的增益控制参数 G。连同 12 组预测滤波器系数，共 15 个参数包含了语音信号中的主要信息。通过对每帧语音信号的分析，得到这 15 个参数，经过量化编码后发送出去。在线性预测编码中，线性预测分析是关键。在接收端，通过参数译码得到一帧语音信号的特征参数，包括基音周期 Tp、清浊音判决信息 U/V、增益控制参数 G 和预测滤波器系数。将这一组参数作用于语音合成滤波器，再经过 D-A 转换器就得到合成的语音信号。

语音合成滤波器通常采用全极点网络或格型网络 IIR 滤波器实现。

在 IS-95 中有 3 种语音编码方式，它们是 8kbit/s 的 QCELP、8kbit/s 的 EV RC 和 13kbit/s 的 ACELP。QCELP 是码激励线性预测的可变速率混合编码方式，其特点如下。

1）属于线性预测编码。

2）使用码表矢量量化差值信号代替简单线性预测中产生的浊音准周期脉冲的位置和幅度。

3）采用话音激活检测（VAD）技术，在话音间隙期，根据不同信噪比情况，分别选择 9.6kbit/s、4.8kbit/s、2.4kbit/s 和 1.2kbit/s 4 个档次的传输速率，从而使平均传输速率比最高传输速率下降两倍以上。

4）参量编码的主要参量每帧不断更新。

QCELP 的编码原理是，首先对输入的语音信号按 8kHz 进行抽样，将抽样数据按 20 ms 长度分帧，每帧包含 160 个样点。经过线性预测分析得到 12 个预测滤波器参数 a1，a2，...，a12，音调参数 L，b 和码表参数 T，生成 3 个参数子帧。这 3 个参数不断更新，并按一定帧结构发送出去。

QCELP 的语音合成模型如图 4-12 所示。首先，根据不同的传输速率选择不同的矢量，若速率是最高速率的 1/8，则选择一个伪随机矢量；若是其他速率，则通过索引从码表中生成相应的矢量。生成的矢量加上增益后激励音调合成滤波器和线性预测编码滤波器，最后经过自适应滤波和增益控制输出合成语音信号。

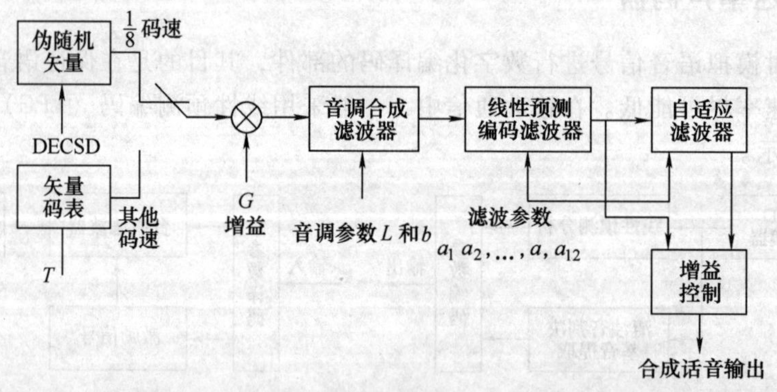

图 4-12 QCELP 的语音合成模型

在线性预测编码中，语音编码的速率越高，语音信号的质量就越好，但速率越高，CDMA 系统的容量就越小。为了增加系统容量，语音编码采用的是 4 速率码激励线性预测编码。在数据速率集 1，8kbit/s 编码速率的语音编码器对应的信道速率为 1.2kbit/s、2.4kbit/s、4.8kbit/s 和 9.6kbit/s。在数据速率集 2，13kbit/s 编码速率的语音编码器对应的信道速率为 14.4kbit/s。

4.5.2 功率控制

在移动通信中存在“远近效应”问题。所谓“远近效应”是指，若移动台以相同的功率发射信号，则远离基站的移动台信号到达基站时的强度要比离基站近的移动台信号弱很多，从而被强信号所淹没。

在下行链路，当移动台处于相邻小区的交界处时，接收到所属基站的有用信号电平很低，同时还会受到相邻小区基站的干扰，产生所谓的“角效应”。另外，由于移动信道的多径衰落，所以接收机所收到的信号也会产生严重的衰落。为了减小用户间的干扰、提高系统容量，在 CDMA 系统中必须采用功率控制技术，以及时调整发射功率，维持接收信号电平在所需水平。

功率控制的准则通常有功率平衡准则、信干比平衡准则和混合型准则等。功率平衡是指在接收端收到的有用信号功率相等。对于下行链路，是使各移动台接收到的基站信号功率相等；对于上行链路，是使各移动台发射信号到达基站的信号功率相等。

信干比平衡是指接收机收到的信号干扰比相等。对于下行链路，是使各移动台接收到的基站信号干扰比相等；对于上行链路，是使基站接收到的各移动台信号干扰比相等。在 IS-95中是采用信干比平衡准则与误帧率平衡准则相结合的混合型准则，即采用信干比平衡准则，目标函数由误帧率决定。

功率控制的方法有开环功率控制和闭环功率控制。在 IS-95 中，下行链路功率控制不是重点，因此采用相对较简单的慢速率闭环功率控制。上行链路是功率控制的重点，因此采用的控制方法较复杂。上行链路功率控制由粗控、精控和外环控制 3 部分组成。由移动台完成的开环功率控制实现粗控；由移动台和基站共同完成闭环功率控制实现精确控制；采用外环控制确定闭环精确功率控制的实现控制阈值门限。

1. 下行链路功率控制

下行链路功率控制采用慢速率闭环功率控制方式，当移动台处于小区边界或阴影区时，下行链路接收条件较差，移动台的误帧率较高。在这种情况下，移动台可以请求基站增大给它的发射功率。基站将各移动台的误帧率与一个给定的阈值进行比较，决定是增加还是减小各下行链路的发射功率。功率控制调节步长一般为 0.5dB，调节范围为 ±4 ~ ±6dB。

2. 上行链路功率控制

移动台根据其接收的总功率，对自己发射功率作出粗略估计，完成开环功率控制。调节步长为 0.5dB，调节范围为 -32 ~ +32dB 移动台根据前向业务信道中功率控制比特来决定增加或减小发射功率。控制比特为“0”，表示增加功率；控制比特为“1”，表示减小功率。闭环功率控制范围为 -24 ~ +24dB。

图 4-13 所示是前向功率控制比特传输示意图。图 4-14 所示给出了 Qualcomm 公司功率控制方案原理图。

4.5.3 Rake 接收

在移动通信系统中，存在着严重地多径传播现象，造成接收信号质量下降。采用分集接收技术可以有效地改善信道传输条件，提高接收信号质量。其中，Rake 接收属于一种隐分

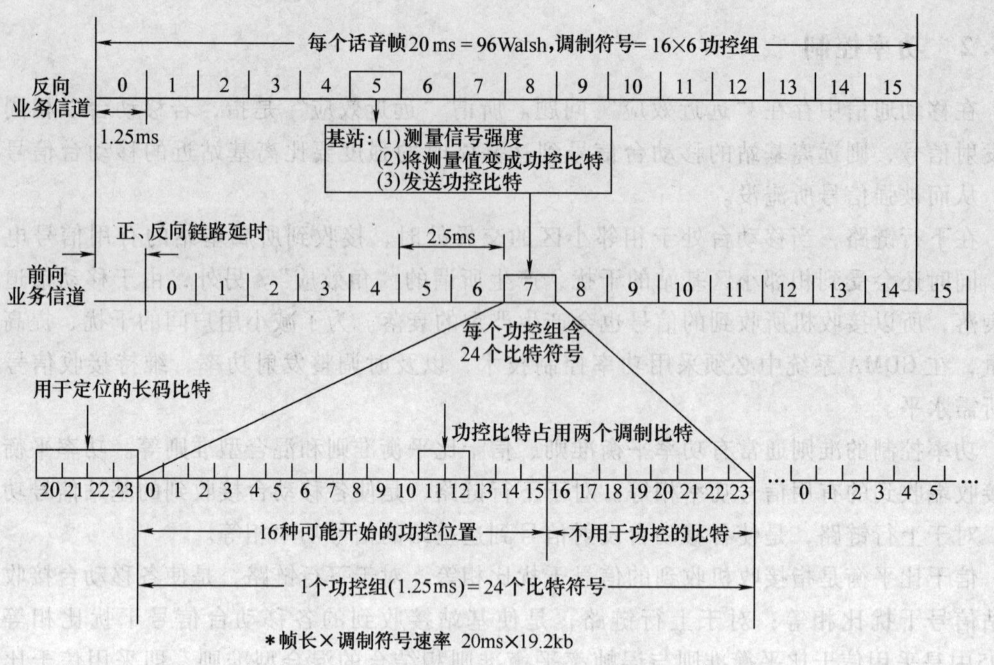

图 4-13 前向功率控制比特传输示意图

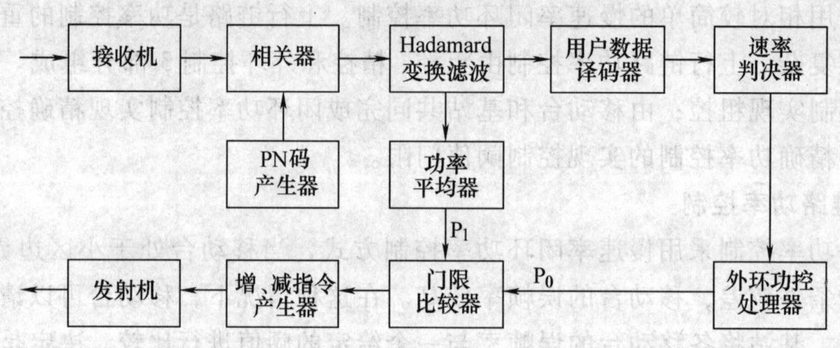

图 4-14 Qulcomm 公司功率控制方案原理图

集接收技术，它能有效利用多径信号能量提高有用信号的质量。在 CDMA 系统中是采用直接序列扩频方式。该信号适合于多径信道传输，当多径时延超过一个码片时，采用多径分离技术就可以分别对它们进行解调。图 4-15 所示是 Rake 接收机的原理图。图中 Rake 接收机包含多个相关器，每个相关器接收一个多路信号。在相关器去扩展后，采用某种准则对多路信号进行合并。因为接收的多路信号是相互独立的，所以进行分集可以提高接收信号的质量。

IS-95 中基站 Rake 接收结构示意图如图 4-16 所示。CDMA 系统中每个蜂窝小区分为 3 个扇区，每个扇区有一个发射天线和两个接收天线，所以每个小区有 6 个接收天线，定义为 α_1，α_2，β_1，β_2，γ_1，γ_2。图 4-16 中的搜索器用来在 6 个接收信号中搜索出其中 4 个较强的信号进行解调。IS-95 基站共有 4 个数据解调器，分别对搜索出的 4 个较强信号进行解调，并将解调结果输出到路径合并器进行合并，从而实现分集接收。

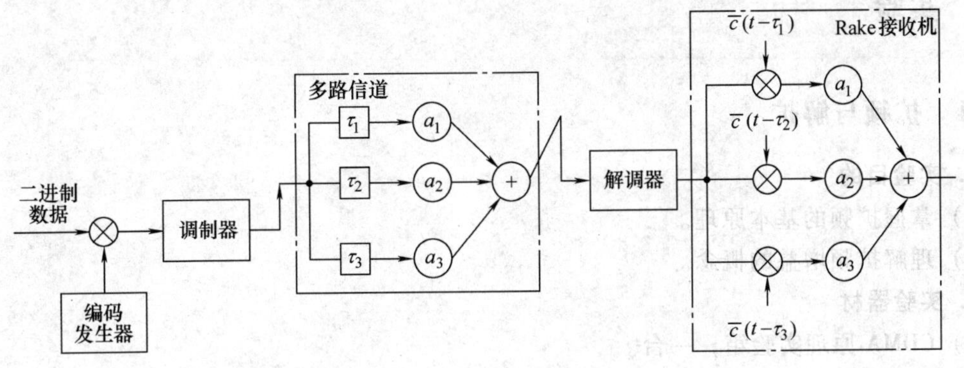

图 4-15　Rake 接收机的原理图

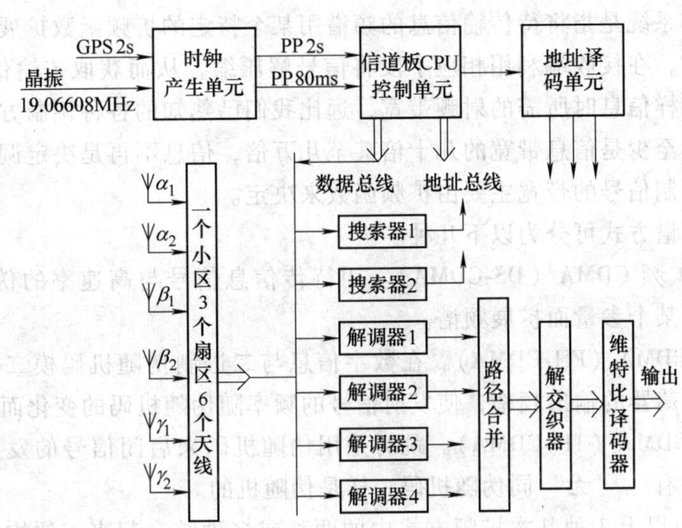

图 4-16　IS-95 中基站 Rake 接收结构示意图

4.5.4　软切换

当移动台离开原所属小区进入新小区时就要进行小区切换。切换过程可以分为 3 个阶段，即测量阶段、决策阶段和执行阶段。

在测量阶段，下行链路由移动台对接收信号质量、所属小区和相邻小区信号强度等进行测量；上行链路信号质量由基站测量，测量结果传送给相邻网络、基站控制器和移动台。在决策阶段，将测量结果与规定的阈值门限进行比较，决定是否进行切换。在执行阶段，移动台由原所属小区切换到新小区或进行频率间切换。

软切换是 CDMA 系统独有的切换功能，可有效地提高切换的可靠性，而且当移动台处于小区的边缘时，软切换能提供前向业务信道和反向业务信道的分集，从而保证通信的质量。

4.6 实验

4.6.1 扩频与解扩

1. 实验目的

1）掌握扩频的基本原理。

2）理解扩频增益的概念。

2. 实验器材

1）CDMA 原理实验箱，一台。

2）20M 双踪示波器，一台。

3）频谱分析仪或带 FFT 功能的数字示波器（选用），一台。

3. 实验原理

扩展频谱通信系统是指将待传输信息的频谱用某个特定的扩频函数扩展成为宽频带信号后送入信道中传输，在接收端利用相应手段将信号解压缩，从而获取传输信息的通信系统。也就是说在传输同样信息时所需的射频带宽，远比我们已熟知的各种调制方式要求的带宽要宽得多。扩频带宽至少是信息带宽的几十倍甚至几万倍，信息不再是决定调制信号带宽的一个重要因素，其调制信号的带宽主要由扩频函数来决定。

常用的扩展频谱方式可分为以下几种。

1）直接序列扩频 CDMA（DS-CDMA）。用待传信息信号与高速率的伪随机码相乘后，去控制射频信号的某个参量而扩展频谱。

2）跳频扩频 CDMA（FH-CDMA）。在数字信息与二进制伪随机码模二相加后，去离散地控制射频载波振荡器的输出频率，使发射信号的频率随伪随机码的变化而跳变。

3）跳时扩频 CDMA（TH-CDMA）。跳时是用伪随机码来启闭信号的发射时刻和持续时间。发射信号的“有”、“无”同伪随机码一样是伪随机的。

4）混合式。由以上 3 种基本扩频方式中的两种或多种结合起来，便构成了一些混合扩频体制，如 FH/DS，DS/TH，FH/TH 等。

在本实验中，我们采用的是直接序列扩频。图 4-17 和 4-18 所示分别是扩频前、后 PSK 信号的频谱。

通过对比可以发现，PSK 信号的频谱大大展宽了。

图 4-19 所示为直接序列扩频示意图。

直接序列扩频通信的过程是将待传送的信息码元与伪随机码相乘，在频域上将二者的频谱卷积，将信号的频谱展宽，展宽后的频谱呈窄带高斯特性，经载波调制之后发送出去。在接收端，一般首先恢复同步的伪随机码，将伪随机码与调制信号相乘，这样就得到经过信息码元调制的载波信号，再进行载波同步，解调后得到信息码元。

我们采用“扩频增益” G_P 的概念来描述扩频系统抗干扰能力的优劣，其定义为解扩接收机输出信噪比与其输入信噪比的比值，即

$$G_P=\frac{\text{输出信噪比}}{\text{输入信噪比}}$$

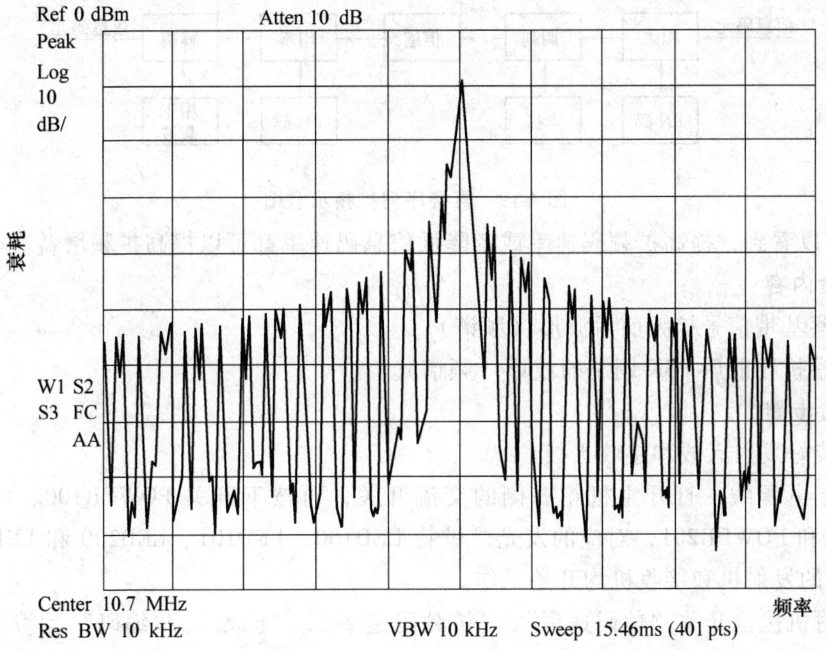

图 4-17　扩频前 PSK 信号的频谱

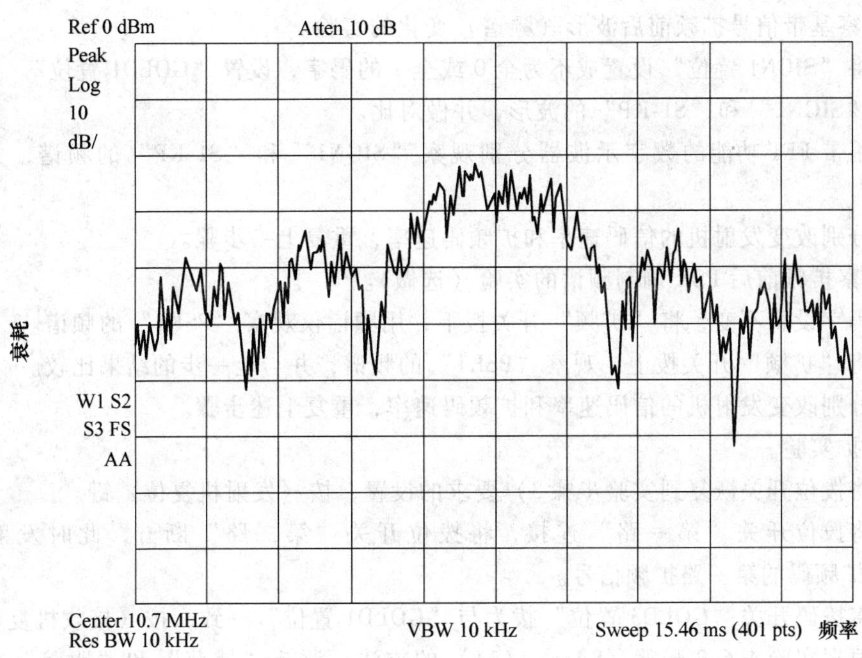

图 4-18　扩频前 PSK 信号的频谱

它表示经扩频接收处理之后，使信号增强的同时抑制输入到接收机的干扰信号能力的大小，此值越大，表明抗干扰能力越强。在直接序列扩频通信系统中，扩频增益 G_P 为

$$G_P = 10\lg\left(\frac{\text{扩频码速率}}{\text{信息码速率}}\right)$$

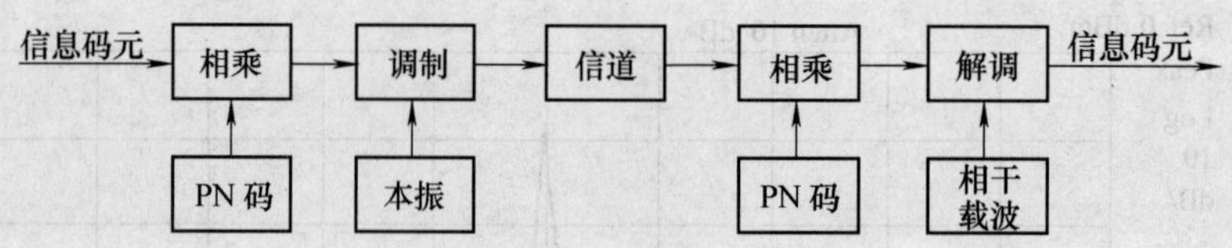

图 4-19　直接序列扩频示意图

从上式中可以看到，提高扩频码速率或者降低信息码速率都可以提高扩频增益。

4. 实验内容

1）观察基带信号扩频前后波形（频谱）。

2）观察扩频前后 PSK 调制的波形（频谱）。

5. 实验步骤

1）安装好发射天线和接收天线。

2）插上电源线，打开主机箱右侧的交流开关，再按下开关 POWER100、POWER101、POWER200 和 POWER201，对应的发光二极管 LED100、LED101、LED200 和 LED201 发光，CDMA 系统的发射机和接收机均开始工作。

3）发射机拨位开关“信码速率”、“扩频码速率”、“扩频”、“编码”均拨下，接收机拨位开关“信码速率”、“扩频码速率”、“跟踪”、“解码”均拨下。此时系统的信码速率为 1kbit/s，扩频码速率为 100kbit/s。

4）观察基带信号扩频前后波形（频谱）变化的实验。

① 将“SIGN1 置位”设置成不为全 0 或全 1 的码字，设置“GOLD1 置位”。用示波器分别观察“SIGN1”和“S1-KP”的波形，并做对比。

② 用带 FFT 功能的数字示波器分别观察“SIGN1”和“S1-KP”的频谱，并做对比（选做）。

③ 分别改变发射机的信码速率和扩频码速率，重复上一步骤。

5）观察扩频前后 PSK 调制频谱的实验（选做）。

① 码字设置不变，将“扩频”开关拨下，用频谱仪观察“PSK1”的频谱。

② 将“扩频”开关拨上，观察“PSK1”的频谱，并与上一步的结果比较。

③ 分别改变发射机的信码速率和扩频码速率，重复上述步骤。

6）解扩实验。

① 将拨位开关恢复到实验步骤 3）要求的设置，按〈发射机复位〉键。

② 将拨位开关“第一路”连接，将拨位开关“第二路”断开，此时发射机输出 GOLD1 为扩频码的第一路扩频信号。

③ 将拨码开关“GOLD3 置位”拨为与“GOLD1 置位”一致，按〈接收机复位〉键。

④ 根据实验 4.6.2 步骤（8）~（11）的方法，调节“捕获”和“跟踪”旋钮，使接收机与发射机 GOLD 码完全一致，此时“TX2”处输出即为解扩后的 PSK 信号。

⑤ 用双踪示波器分别观察“SIGN1”和“TX2”处的波形。

⑥ 用频谱仪观察“TX2”处的频谱，并与实验步骤 5）中的结果比较（选做）。

6. 实验思考题

1）当“SIGN1 设置”拨码开关全部设为全 1 或全 0 时，比较“S1-KP”与“GOLD1”

信号波形，并分析出现这种现象的原因。

2）目前商用的 CDMA 系统是采用的哪种扩频方式？查找相关资料，并画出该系统的组成框图。

3）在实验步骤5）的①中分别改变发射机的信码速率和扩频码速率，"PSK1" 处扩频前后的频谱分别发生了什么样的变化？说明了什么问题？

7. 实验报告要求

1）分析直接扩频电路的工作原理，并用框图表示其实现的方法。

2）根据实验测试记录，画出各测量点的频谱图和波形图，并根据实验步骤中的要求做对比，分析频谱的变化情况。

3）对实验思考题加以分析，并按照要求做出答案。

4.6.2 CDMA 移动通信系统

1. 实验目的

1）掌握 CDMA 的基本原理。

2）了解 DS-CDMA（直扩码分多址）移动通信系统的原理及组成。

2. 实验器材

1）CDMA 原理实验箱，一台。

2）20M 双踪示波器，一台。

3）频谱分析仪（选配），一台。

3. 实验原理

图 4-20 所示为 DS-CDMA 移动通信系统原理框图。系统中采用包含 N 个码序列的正交码组 C_1，C_2，...，C_N 作为地址码，分别与信码 d_1，d_2，...，d_N 相乘或模 2 加实现扩频调制。信码速率 f_b（单位为 bit/s，比特/秒）、周期 $T_b=1/f_b$；地址码速率 f_p（单位为 c/s，子码/秒或码片/秒）、周期 $T_p=1/f_p$，地址码序列每周期包含 p 个子码元，序列周期 $T=p\cdot T_p$。通常设置为

$$f_p=Kpf_b$$

即

$$T_b=KpT_p=KT$$

式中，K 为正整数。上式表明，地址码速率 f_p 是信息速率 f_b 的 K_p 整数倍，1 个信码周期 T_b 对应 K 个地址码序列周期 T。信息码与地址码相乘后占据的频谱宽度扩展了 K_p 倍。由 N 个正交地址码在一对双工载频上构成 N 个逻辑信道，可供 N 对用户同时通信。图中画出发端的 N 个用户及收端第 1 个用户。

DS-CDMA 系统的载波调制方式可采用调频或调相，以调相方式应用最广。发端的 DS-CDMA 射频信号，可通过先扩频调制再载波调制或先载波调制再扩频调制得到，二者是等效的。与此对应，收端也有两种等效的解调方案。本实验系统采用的方案是，发射机先扩频调制再载波调制，接收机先解扩再解调。

发端 N 个用户发射在空中的信号在时域和频域上完全混叠在一起，收端每一个用户都可收到。收端用户 1 从发端 N 个用户发射在空中，在时域及频域完全混叠的 DS-CDMA 信号中，接收到发端用户 1 的信码。

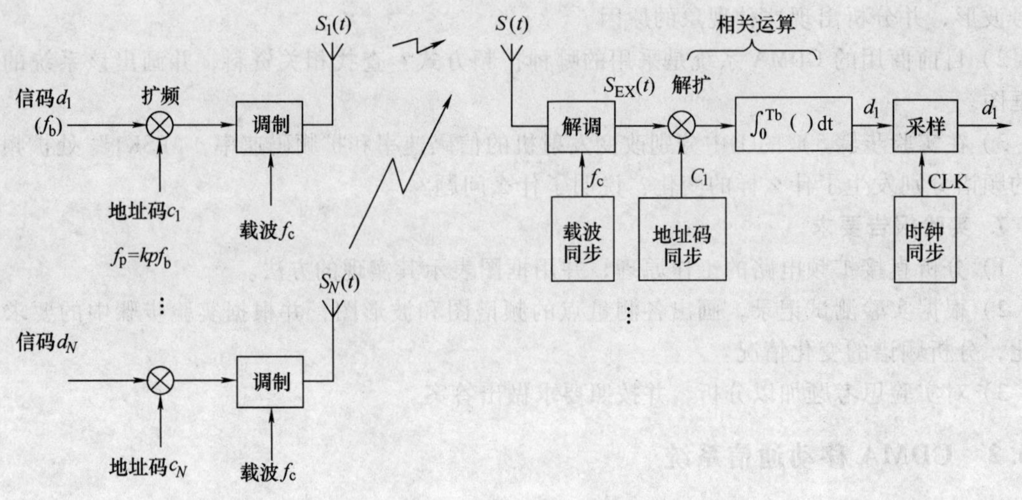

图 4-20　DS-CDMA 移动通信系统原理框图

CDMA 系统发射机实现框图如图 4-21 所示。

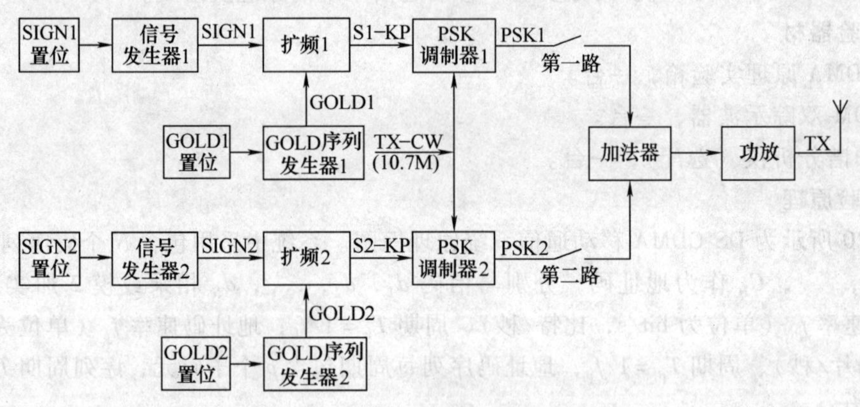

图 4-21　CDMA 系统发射机实现框图

两路信息码均在发射机的 CPLD 中产生，周期为 8，分别由两个 8 位拨码开关“SIGN1 置位”和“SIGN2 置位”进行置位。信码速率可变，由拨位开关“信码速率”控制，拨码开关拨上时码速率为 2kbit/s，拨下时为 1kbit/s。两路扩频码为在 CPLD 中产生的 127 位 Gold 序列，分别受两个 8 位开关“GOLD1 置位”和“GOLD2 置位”控制，可以任意改变。扩频码速率可变，由拨位开关“扩频码速率”控制，拨码开关拨上时码速率为 200kbit/s，拨下时为 100kbit/s。

两路信息码分别与 GOLD1 和 GOLD2 进行扩频后，再进行 PSK 调制。当拨位开关“第一路”、“第二路”均连接时，发射机输出点 TX 输出的信号为两路信号的叠加。

CDMA 系统接收机实现框图如图 4-22 所示。

接收端的扩频码 GOLD3 受 8 位拨码开关“GOLD3 置位”的控制。因此，当“GOLD3 置位”与“GOLD1 置位”一致而与“GOLD2 置位”不一致时，解调出的信息码为 SIGN1；当“GOLD3 置位”与“GOLD2 置位”一致而与“GOLD1 置位”不一致时，解调出的信息码为 SIGN2。拨位开关“信码速率”、“扩频码速率”、“解码”与发射部分的作用一致。

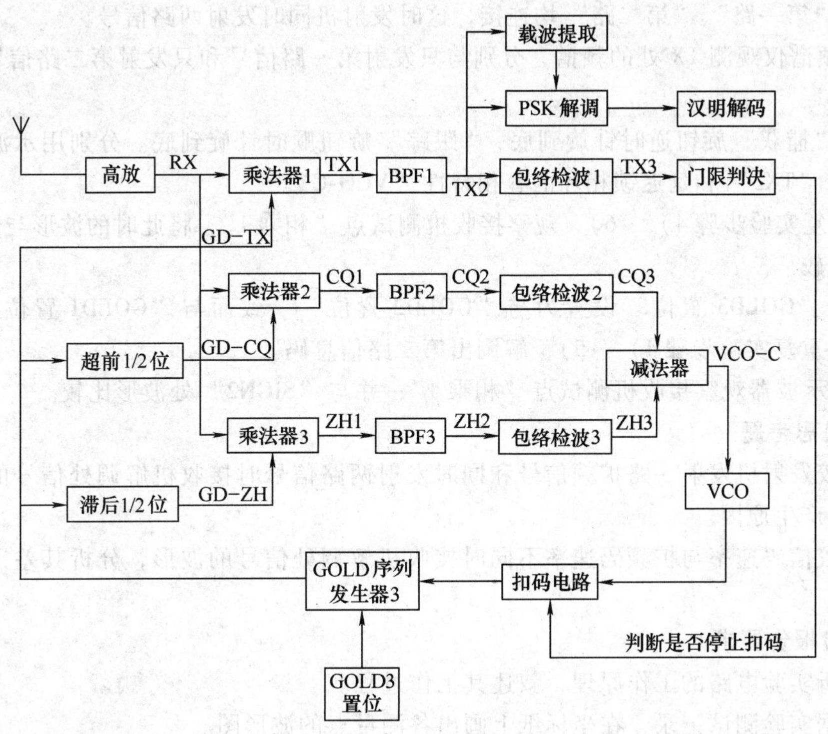

图 4-22　CDMA 系统接收机实现框图

除了单台实验箱组成 DS-CDMA 移动通信系统外，还可由多台实验箱组成 DS-CDMA 移动通信系统，方式可灵活多样。

4. 实验内容

1）测量单信道 DS-CDMA 通信系统发射机和接收机各点波形，了解发射机扩频调制及接收机相关检测的原理。

2）测量双信道 DS-CDMA 通信系统发射机和接收机各点波形，进一步了解发端扩频调制、收端相关检测及码分多址逻辑信道的形成原理。

5. 实验步骤

1）安装好发射天线和接收天线。

2）插上电源线，打开主机箱右侧的交流开关，再按下开关 POWER100、POWER101、POWER200 和 POWER201，对应的发光二极管 LED100、LED101、LED200 和 LED201 发光，CDMA 系统的发射机和接收机均开始工作。

3）将发射机拨位开关“信码速率”、“扩频码速率”、“扩频”、“编码”均拨下，并将拨码开关“GOLD1 置位”和“GOLD2 置位”设置为不同；将接收机拨位开关“信码速率”、“扩频码速率”、“跟踪”、“解码”均拨下，“调制信号输入”拨上。此时系统的信码速率为 1kbit/s，扩频码速率为 100kbit/s。将“第一路”连接，“第二路”断开，这时发射机发射的是第一路信号。将拨码开关“GOLD3 置位”拨为与“GOLD1 置位”一致。

4）调节“捕获”和“跟踪”旋钮，使接收机与发送机 GOLD 码完全一致。

5）调节“频率调节”旋钮，恢复出相干载波。

6）用示波器观察接收机测试点“相乘 1”，并与“SIGN1”处波形比较。

7）将“第一路”、“第二路”均连接，这时发射机同时发射两路信号。

8）用频谱仪观测 TX 处的频谱，分别与只发射第一路信号和只发射第二路信号的频谱对比（选做）。

9）将“捕获”旋钮逆时针旋到底，“跟踪”旋钮顺时针旋到底。分别用示波器观察此时的相关峰“TX3”和延迟锁相环的鉴相特性“VCO-C”。

10）重复实验步骤4）～6），观察接收机测试点“相乘1”，将此时的波形与步骤6）的波形进行比较。

11）将“GOLD3 置位”设置为与“GOLD2 置位”一致而与“GOLD1 置位”不一致，按复位键，重复实验步骤4）～5），解调出第二路信息码。

12）用示波器观察接收机测试点“相乘1”，并与“SIGN2”处波形比较。

6. 实验思考题

1）比较发射机发射一路扩频信号和同时发射两路信号时接收机解调处信号的波形，分析其差别及产生原因。

2）比较信码速率与扩频码速率不同时接收机解调处信号的波形，分析其差别及产生原因。

7. 实验报告要求

1）分析实验电路的工作原理，叙述其工作过程。

2）根据实验测试记录，在坐标纸上画出各测量点的波形图。

3）对实验思考题加以分析，并画出原理图与工作波形图。

4.7 小结

CDMA 是一种以扩频通信为基础的调制和多址连接技术。扩频通信技术在发信端用一高速伪随机码与数字信号相乘，由于伪随机码的速率比数字信号的速率大得多，因而扩展了信息的传输带宽。在收信端，用相同的伪随机码与接收信号相乘，进行相关运算，将扩频信号解扩。扩频通信具有隐蔽性强、保密性高、抗干扰等优点。

CDMA 系统网络结构与一般数字蜂窝移动通信系统的网络结构基本相同，差别主要在于无线信道的构成、相关的无线接口和无线设备、特殊的控制功能等。CDMA 系统中存在着几个重要接口，如 Um 接口、A 接口、Abis 接口等。

与 GSM 系统相同，在 CDMA 系统中，除了传输业务信息的业务信道之外，还有传输控制信息的控制信道。CDMA 系统前向链路由导频信道、同步信道、寻呼信道和业务信道组成，导频信道是基站连续发送的导频信号，为移动台提供解调用的相干载波，并作为移动台过境切换的测量信号；同步信道是基站连续发送的同步信号，为移动台提供同步信息；寻呼信道的功能是向小区内的移动台发送呼入信号、信道分配和其他信令，在需要时寻呼信道也可以用做业务信道；业务信道的功能主要是传送业务信息；反向链路由反向业务信道和接入信道所组成，反向业务信道与前向链路业务信道相同；接入信道与前向链路的寻呼信道相对应，传输指令、应答和其他有关信息，被移动台用来初始化呼叫、响应基站的寻呼或信息要求。

CDMA 移动通信系统的服务由基本服务和 OAM 服务组成。基本服务又分为初级服务和辅助服务。初级服务包含话音、数据和短信息服务等；辅助服务（包括前向呼叫、会议呼叫和识别主叫用户）是附加服务并向用户提供选项。OAM 服务分为操作、维护和管理服务，以确保向用户提供高质量的服务。

扩频技术是 CDMA 系统的基础，除此以外，CDMA 系统还包含其他几种关键技术，如可变速率声码器、功率控制、Rake 接收、软切换等。

4.8 习题

1. CDMA 是什么含义？
2. CDMA 蜂窝通信系统的基本原理是什么？
3. CDMA 系统有哪些优点？
4. 试说明扩频通信技术的含义。
5. 试简单画出 CDMA 系统的网络结构。
6. 前向链路包含哪些信道类型？各自的作用是什么？
7. 反向链路包含哪些信道类型？各自的作用是什么？
8. 为什么要实行功率控制？
9. 更软切换和软切换的区别是什么？

第5章　移动通信基站的工程建设

移动通信网络是由众多基站组成的。基站密密麻麻地分布在城市、郊区及农村。基站建设的工程量及建站条件差别很大，涉及的单位和部门也很多。在这种情况下，需要制订统一的工程规范和指导书，以便各类施工技术人员遵照执行。移动通信基站工程包括站址选择及机房建设、基站防雷与接地、交流引入与电源系统、设备安装与工程优化等项目。对工程规范的学习与掌握是保证工程质量的前提，本章对有关规范作一介绍。

5.1　站址选择及机房建设

移动通信基站机房的设计应符合城建、环保、消防、抗震、人防等有关要求。耐久年限应为50年以上，耐火等级应不低于二级。必须根据当地的地质、水文气象资料和配套资源及无线传播环境情况对机房站点做出合理选择。

5.1.1　站址选择

1. 基本要求

根据无线网络规划，基站机房地址宜选择在规划点的位置附近，其偏离的距离，城区宜小于1/8基站区半径、乡村宜小于1/4基站区半径。基站四周应视野开阔，在城区基站的主波瓣前方200～300m范围内应没有高于基站天线高度的高大建筑物阻挡。在乡村，1/3～1/2基站覆盖半径附近应没有高于基站天线高度的高山阻挡。

选择各基站机房地址应结合当地的市政规划、环保方案，并与市政规划等相关部门做好协调、沟通，避免由于对市政规划不了解而造成的工程调整。结合当地的水文、地质、气象资料，宜选在地形平坦、地质良好、坚实的地段，避开有可能塌方、滑坡的地方。严禁在基本农田保护区域内选择站点，严禁在民航航线上、军事管制区、军事航线上选择站点。不宜在道路、江河航道、高速公路及其他控制区内选择站点。站址应选择在比较安全的环境内，不应选择在易燃、易爆场所附近，不应选择在生产过程中容易发生火灾、爆炸危险以及散发有毒气体、多烟雾、粉尘、有害物质的工业企业附近。避免在大功率无线电发射台、雷达站、生产强脉冲干扰的热合机、高频炉的企业或其他强干扰源附近设置基站机房。拟建地面塔的站点距离电力、通信线路、加油站、加气站、铁路、其他建筑物等危险、重要设施的水平距离宜不小于地面塔高的1.3倍。对郊区（农村）基站，应尽量避免设在雷击区和大功率变电站附近（距离大功率变电站直线距离200m以外）。

鉴于充分考虑站址获取的可行性和利用现有电信机房资源，应尽量选择交通方便及容易协商的物业、土地和交流供电。基站专用机房应充分考虑设备的可扩展性，机房的平面尺寸根据和物业业主协商的具体情况，选取的面积宜为15～25m^2；同时，机房长不小于3.5m，宽不小于2m，机房净高宜大于2.6m。

在基站站址选择时若有相邻几个建筑均可选时，则应首选框架结构的建筑作为基站站址，其次才考虑选用砖混结构的建筑作为基站站址。

机房位置应尽量靠近天面，机房到天面之间最好有弱电井通道且空间足够，以利于室外走线架安装及馈线的布放，馈线布放长度宜小于80m。室外走线架及馈线不得在房屋的临街面外墙布放。

如果物业业主指定机房过大，就应尽量考虑采用隔断的方式独立出基站专用机房。当设置隔断时，应尽量保证机房进出方便以及利于电源、传输、馈线及接地线的布放。如果物业提供的机房面积小于前述要求，则需要根据现场具体情况确认宏基站主体及配套设备的摆放是否满足设备要求及楼板承重要求，是否能够留有足够空间进行设备的安装及维护操作。若机房不满足条件，但天面满足安装条件，则可利用 BBU + RRU 或建室外型基站。

如果采用在楼顶新建活动机房，那么活动机房的大小应根据现场情况定制。在条件具备的情况下，宜采用 4m ×4m 或 4m ×5m 规格，机房净高应不小于 2.8m。

根据选择站点实际施工条件、基站天馈线挂高要求及站点的远景规划，拟建站点征、租用的土地面积应为塔包房不小于 15m ×15m；对塔、房分离的情况应为 15m ×23m。

2. BBU + RRU 的设置和选址

BBU + RRU 即射频拉远站，其核心思想是将基站的基带部分和射频部分分开，射频部分可以灵活地被放置在室内或室外。在机房大楼集中放置基站的基带共享资源池（即 BBU），使用光纤连接基带池和射频拉远单元（即 RRU）。

BBU + RRU 具有集中部署网络容量、分布式无线覆盖、施工简便、成本低的优势，可满足城市、郊区、农村、高速公路、铁路等地区的无线覆盖的要求。

BBU + RRU 主要应用于基站选址困难、分布式覆盖的环境，如：基站选址楼房承重达不到规范要求；基站机房协调困难，但天面位置很好且可用；宏基站施工难度大；基站周围有自己机房，但天面达不到覆盖要求。新增室内站址，需要基站占用尽量少的室内空间，以节省场地租金。

BBU + RRU 也可应用于大规模的室内分布系统。

5.1.2 机房要求

1. 基本规定

若选择已有建筑（旧房屋）作为移动通信机房使用，则应选择抗震设防烈度大于或等于7度的建筑，尽量不要选择抗震设防烈度低于7度的建筑。

对拟利用的房屋应做鉴定和评估，为房屋的改造决策提供依据。鉴定和评估主要包含以下3项内容，即查阅原工程资料（包括施工图、竣工图、工程地质报告、竣工验收文件）、查阅和收集施工过程中的原始施工情况以及检查房屋的实际使用情况和使用年限。

对房屋利用和加固，应以确保原房屋的结构安全为前提，以通过局部简单的改造就能达到使用要求为原则。

根据《电信专用房屋设计规范》（YD 5003—94）规范要求：作为移动通信机房使用的房间，其楼面活荷载标准值不应小于 6.0kN/m^2。当校核楼面荷载时，可按楼面等效均布荷载的方法。除设备荷载按实际情况考虑外，对楼面其他无设备区域的操作荷载，包括操作人员、一般工具等的自重，可按 1.0kN/m^2 采用。当实际选择时，机房楼面活荷载标准值宜大于 3.0kN/m^2，但应不小于 2.0kN/m^2。

由于房屋利用和加固改变了原建筑的使用功能和要求，所以应经技术鉴定和设计许可，由原设计单位或委托其他具有相应资质的设计单位进行结构复核和加固设计。

2. 房屋利用

房屋利用应保证在新增设备后，楼面等效均布活荷载不超过原设计楼面的使用活荷载。在新增设备后楼面等效均布活荷载的标准值，应根据工艺提供的设备重量、底面尺寸、安装排列方式以及建筑结构梁板布置等条件，按内力等值的原则计算确定。楼面等效均布活荷载的计算，可按 GB 50009—2001《建筑结构荷载规范》的规定确定。

对设备的布置，在满足工艺安装使用要求的前提下，应尽可能分散，靠近梁、柱、墙布置，避免集中布置和布置在梁板跨中；应对使用做出明确要求，并固定设备的安放位置。蓄电池应靠墙、柱摆放，距离墙面距离 100mm，在蓄电池下面应垫一层绝缘垫。

3. 房屋加固

当房屋不能满足前面提到的要求时，应进行加固设计。在进行加固设计时，应根据原建筑的结构形式、受力特点，结合工艺使用要求和当地施工技术力量，采取合理的加固方案，并进行结构的局部和整体计算复核。

房屋加固必须委托具备相应资质的设计、监理、施工等单位进行，对加固范围较大或涉及需整体结构加固的情况，宜委托原设计单位或专业的加固设计单位进行加固设计。建设单位应为加固设计单位提供房屋的原始资料，如不能提供应委托专业的检测机构对房屋进行技术鉴定。加固设计单位应根据房屋的原始资料或鉴定结果，结合工艺布置和使用要求进行核算后提出初步的加固方案和建议。建设单位对加固方案进行评审通过后，由设计单位进行加固设计。在加固设计完成后，由建设单位组织设计、监理、施工等相关单位对加固设计图样进行会审。在加固设计会审通过后，由监理单位负责对施工过程进行全程监理，建设单位进行抽查，并根据国家相关施工验收规范的要求组织分部和总体工程验收。

房屋加固应做到经济、合理、有效、实用，力求通过局部简单的加固处理达到使用要求。对于使用年限已接近 50 年的房屋，不宜考虑加固处理后作为机房使用。如需利用，应委托专业机构对房屋作出技术鉴定。对于一般民用住宅和其他楼面设计使用荷载不超过 $2.0\mathrm{kN/m^2}$ 的房屋，均必须进行加固处理后才可作为机房使用。当楼板承载能力不满足要求时，一般可采用下列加固处理方法：增大设备底面面积；增设钢托梁（架）将设备荷载直接传到梁或墙上。当梁柱承载能力不满足要求时，一般可采用钢构套、现浇钢筋混凝土套、加大梁截面高度加固等方法。当砌体结构墙体承载能力不满足要求时，一般可采用面层加固或外加柱加固等处理方法。当地基承载能力不满足要求时，一般可采取放大基础底面积、加固地基等措施。对于出现前两条以及需加固框架梁柱的情况，由于加固处理比较复杂，牵涉面较广，处理费用较高，所以一般不宜采用，应另外重新选点。

当采用增设钢托梁（架）时，应符合下列要求：钢托梁（架）应布置在设备安装区域，并用钢板支座固定在混凝土梁上其示意图如图 5-1 所示。长度和宽度应依据设备底面尺寸，设备应放置于钢托梁（架）上。钢托梁（架）的构造应符合：①角钢不宜小于 L63×6，并通过计算确定，钢板厚度不宜小于 12mm，焊缝宜满焊；②钢托梁（架）底面应比楼板顶面高出一定距离，一般可取 200mm；③钢托梁（架）主梁一般采用工字钢或槽钢，大小通过计算确定。钢托梁（架）的施工应避免损伤原混凝土结构，钢材表面应涂刷防锈漆。

当用钢构套加固梁柱时，应符合下列要求：①当钢构套加固梁时，应在梁的阳角外贴角

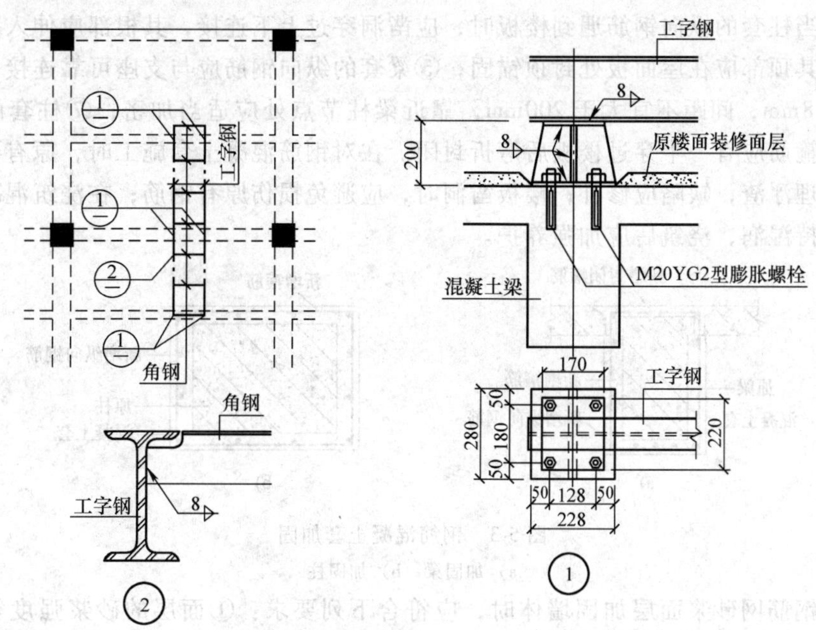

图 5-1　增设钢托梁（架）示意图

钢（如图 5-2a 所示），使角钢与穿过梁板的∏型钢缀板和梁底钢缀板焊接，使角钢两端与支座连接；②当钢构套加固柱时，应在柱四角外贴角钢（如图 5-2b 所示），角钢应与外围的钢缀板焊接；③角钢到楼板处应凿洞穿过上下焊接；④顶层的角钢应与屋面板可靠连接，底层的角钢应与基础锚固。钢构套的构造应符合：①角钢不宜小于 L50×6，钢缀板截面不宜小于 40mm×4mm，其间距不应大于单肢角钢的截面回转半径的 40 倍，且不应大于 400mm；②钢构套与梁柱混凝土之间应采用粘结料粘结。钢构套的施工应符合下列要求：③原有的梁柱表面应清洗干净，缺陷应修补，角部应磨出小圆角；④当在楼板凿洞时，应避免损伤原有钢筋；⑤构架的角钢宜粘贴于原构件，并应用夹具在两个方向夹紧，缀板应待粘结料凝固后分段焊接；⑥钢材表面应涂刷防锈漆，或在构架外围抹 25mm 厚的 1:3 水泥砂浆保护层。

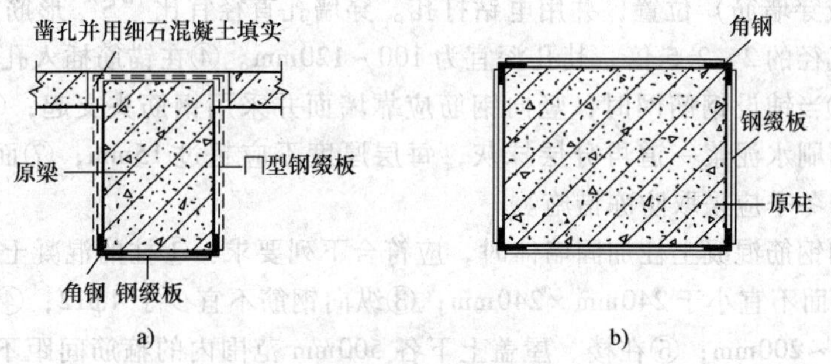

图 5-2　钢构套加固
a）加固梁　b）加固柱

当采用钢筋混凝土套加固梁柱时，应符合下列要求：①当加固梁时，应将新增纵向钢筋设在梁底面和梁上部（如图 5-3a 所示），并应在纵向钢筋外围设置箍筋；②加固柱时，应在柱周围增设纵向钢筋（如图 5-3b 所示），并应在纵向钢筋外围设置封闭箍筋。③钢筋混凝土套的材料和构造宜采用细石混凝土，强度等级不应低于 C20，且不应低于原构件混凝土的强度等级；④当柱套的纵向钢筋遇到楼板时，应凿洞穿过上下连接，其根部应伸入基础并满足锚固要求，其顶部应在屋面板处封顶锚固；⑤梁套的纵向钢筋应与支座可靠连接；⑥箍筋直径不宜小于 8mm，间距不宜大于 200mm，靠近梁柱节点处应适当加密；⑦柱套的箍筋应封闭，梁套的箍筋应有一半穿过楼板后弯折封闭。在对钢筋混凝土套施工时，原有的梁柱表面应凿毛并清理浮渣，缺陷应修补；楼板凿洞时，应避免损伤原有钢筋；在浇筑混凝土前应用水清洗并保持湿润，浇筑后应加强养护。

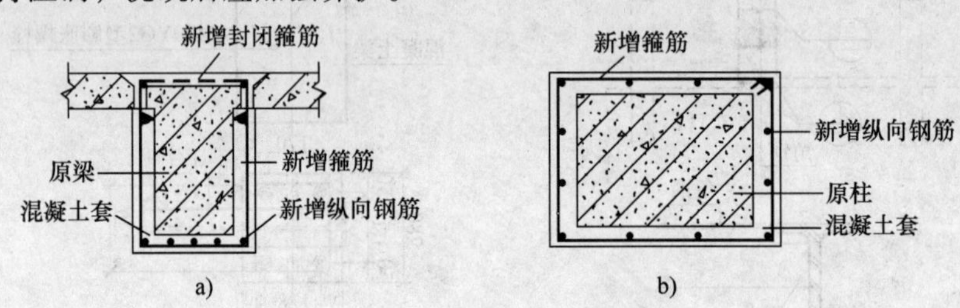

图 5-3　钢筋混凝土套加固

a）加固梁　b）加固柱

当采用钢筋网砂浆面层加固墙体时，应符合下列要求：①面层的砂浆强度等级宜采用 M10；②钢筋网砂浆面层的厚度宜为 35mm，钢筋外保护层厚度不应小于 10mm，钢筋网片与墙面的空隙不宜小于 5mm；③钢筋网的钢筋直径宜为 $\phi4$ 或 $\phi6$；④网格尺寸宜为 300mm × 300mm；⑤单面加面层的钢筋网应采用 $\phi6$ 的 L 形锚筋，用水泥砂浆固定在墙体上，间距宜为 600mm；⑥双面加面层的钢筋网应采用 $\phi6$ 的 S 形穿墙筋连接，间距宜为 900mm，并呈梅花状布置；⑦钢筋网四周应与楼板或梁、柱或墙体连接，可采用锚筋、插入短筋、拉结筋等连接方法；⑧当钢筋网的横向钢筋遇有门窗洞口时，单面加固宜将钢筋弯入窗洞侧边锚固；⑨双面加固宜将两侧横向钢筋在洞口闭合。

面层宜按下列顺序施工：①原墙面清底、钻孔并用水冲刷，铺设钢筋网并安设锚筋，浇水湿润墙面，抹水泥砂浆并养护及墙面装饰；②当原墙面碱蚀严重时，应先清除松散部分，并用 1∶3 水泥砂浆抹面，对已松动的勾缝砂浆应剔除；③在墙面钻孔时，应按设计要求先划线标出锚筋（或穿墙筋）位置，并用电钻打孔。穿墙孔直径宜比“S”形筋大 2mm，锚筋孔直径宜为锚筋直径的 2 ~ 2.5 倍，其孔深宜为 100 ~ 120mm。④在锚筋插入孔洞后，应采用水泥砂浆填实；⑤当铺设钢筋网时，竖向钢筋应靠墙面并采用钢筋头支起；⑥当抹水泥砂浆时，应先在墙面刷水泥浆一道再分层抹灰，每层厚度不应超过 15mm；⑦面层应浇水养护，防止阳光曝晒，冬季应采取防冻措施。

当采用外加钢筋混凝土柱加固墙体时，应符合下列要求：①柱的混凝土强度等级不应低于 C20；②柱截面不宜小于 240mm × 240mm；③纵向钢筋不宜少于 $4\phi12$；④箍筋可采用 $\phi6$，其间距宜为 150 ~ 200mm；⑤在楼、屋盖上下各 500mm 范围内的箍筋间距不应大于 100mm；⑥外加柱应与墙体可靠连接，宜在楼层 1/3 和 2/3 层高处同时设置拉结钢筋和销键与墙体连接，也可沿墙体高度每隔 500mm 设置胀管螺栓、压浆锚杆或锚筋与墙体连接；⑦在室外地坪标高和墙基础的大方角处应设销健和压浆锚杆或锚筋连接；⑧外加柱应做基础，埋深宜与墙基础相同；⑨拉结钢筋可采用两根直径为 12mm 的钢筋，长度不应小于 1.5m，应紧贴横墙布置，其一端应锚在外加柱内，另一端应锚入横墙的孔洞内；⑩拉结钢筋的锚固长度不应小于其直径的 15 倍，孔洞应用混凝土填实；⑪销键截面宜为 240mm × 180mm，入墙深度可为 180mm，销键应配 4ϕ18 钢筋和 2ϕ6 箍筋，销键与外加柱必须同时浇灌；⑫压浆锚杆可用一根 ϕ14 的钢筋，在柱与横墙内的锚固长度均不应小于锚杆直径的 35 倍，锚杆应先在墙面固定后，再浇灌外加柱混凝土，在墙体锚孔压浆前应用压力水将孔洞冲刷干净；⑬锚筋适用于砌筑砂浆强度等级不低于 M2.5 的实心砖墙体，可采用 ϕ12 钢筋；⑭锚孔直径可取 25mm，锚入深度可采用 150～200mm。

4. 机房装修要求

1）机房内装修：①基站机房应采用密闭结构，机房在楼顶的，对机房顶部需要做防水渗透处理；②机房的墙面应平整洁净、无尘网、无装饰、无吊顶，机房墙面、顶棚采用白色涂料，严禁出现“掉灰”现象；③机房地面应光洁平整，不漏水，可以采用水泥地面（刷绝缘漆）、水泥豆石地面或铺设白色瓷砖并进行防尘处理，原有水泥豆石地面或瓷砖的可以照旧，原为水泥地面的需要刷绝缘漆；④已有玻璃窗的基站机房，需用遮光、防火、隔热材料进行封堵，以保证机房的隔热效果。若用砖块封堵玻璃窗，其外墙应与整幢楼宇的外立面协调。严禁使用窗帘等易燃材料。

2）基站机房的进户门为外开防火防盗门、锁，耐火等级为二级。同一地区（县）建议配置通锁，方便维护。机房消防告警系统、消防设施、消防器材的配备必须符合消防部门的要求，至少配备两个手持二氧化碳灭火器，布放位置明显，便于取用，设有醒目标志，并保持随时有效。

3）机房应安装冷光灯，灯电源线用 PVC 管敷设到机房交流配电箱。机房应配置两个交流电源插座，两个空调插座。插座电源线用 PVC 管敷设到机房交流配电箱（线路、开关参照建筑电源安装规范布设）。插座接线必须严格遵守“左零右火上接地”规范，同时必须接保护地线。开关、插座均应选用正方、明装形式。机房照明必须有正常和应急两种照明。交流配电箱尽量靠近走线架下方，交流配电箱下沿距离地面 1.5～1.8m，插座离地 0.3m。

4）馈线孔应尽量开在不临街的外墙面上，以便于馈线从外墙布放至楼顶，根据厂家馈线窗尺寸要求确定，馈线孔下端距离地面高度为 2 100mm。机房空调排水管的位置应设置合理，严禁影响周围居民的生活。机房需预留 3 个孔洞，分别是交流电源引入孔、空调孔、接地引入孔。

5）室内走线架制作材料为结构钢（表面喷塑），尺寸为 400mm×40mm×25mm（壁厚不小于 0.8mm），制作材料必须表面光滑无毛刺。室内走线架连接接头两边各用两颗螺栓紧固；室内部分走线架吊杆，每组间隔 2m 或走线架连接点处、但不得超过 3m，并用 ϕ10mm 膨胀螺栓固定。室内走线架的安装必须水平、整齐、馈线窗内外走线架尺寸必须一致，其高度宜为 2000mm。

5.1.3 基站土建要求

1. 机房的建筑要求

机房建设应根据站点环境要求，灵活选择采用活动机房还是土建机房。

根据选择站点实际施工条件及无线基站天馈线挂高要求，站点的远景规划，拟建站点可使用土地面积在 35m^2 以下，则只能修建铁塔，基站设备采用室外型基站。

基站专用机房应充分考虑设备的可扩展性，面积不宜小于 15m^2，新建机房尺寸宜为：塔包房 4m×4m、普通机房 3.3m×5.3m，高不小于 2.8m（均为房内净值）；旧机房可用面积应具有 2～3 个机架的空间。

新建基站机房应尽量采用塔、房分离方式，机房距离铁塔为 3～5m。在土地面积有限的条件下，方可考虑采用塔包房方式，但严禁采用房顶建铁塔的方式。

机房结构柱与水平梁的钢筋接头部分必须采用焊接方式，严禁绑接，屋面钢筋网与梁屋顶圈梁之间至少应有 4 个焊接点。

基站土建工程回填土必须按建筑规范要求夯实。

活动机房基础应置于硬土上，如遇软土地基应进行换土处理。活动机房的空调外机位置也需做基础。活动机房平面布置图和其基础平、剖面图分别如图 5-4 和图 5-5 所示。

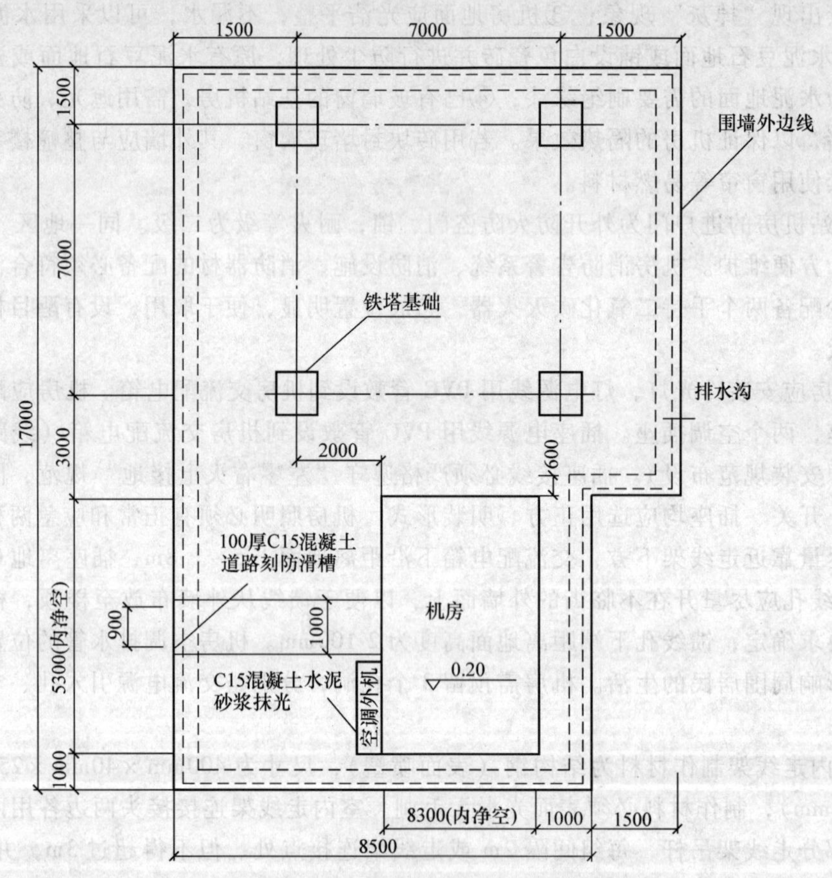

图 5-4　活动机房平面布置图

所有机房墙体必须预留馈线洞（馈线窗规格分别如图 5-6 和图 5-7 所示）、交流引入孔、空调排水孔（双孔）。馈洞应高出室内走线架 100mm，若层高不足，则可以根据实际需要作相应调整，但不能影响安装布局。所有窗、孔必须用防火泥封堵。

2. 活动机房的材质要求

所选用的板块材料应满足耐冲击、抗老化、无毒、阻燃等要求。板块搭接部分的钢板应用拉式铆钉连接，屋面板与墙板两板接缝处都应采用企口式。墙体与基础连接，板块应置于地槽铝内，用膨胀螺栓固定基础，地槽与墙板用拉式铆钉锚固。

屋面结构：用厚 2mm 镀锌喷塑连接，屋面墙体用厚 0.475mm 彩钢拉铆钉或自攻螺栓连

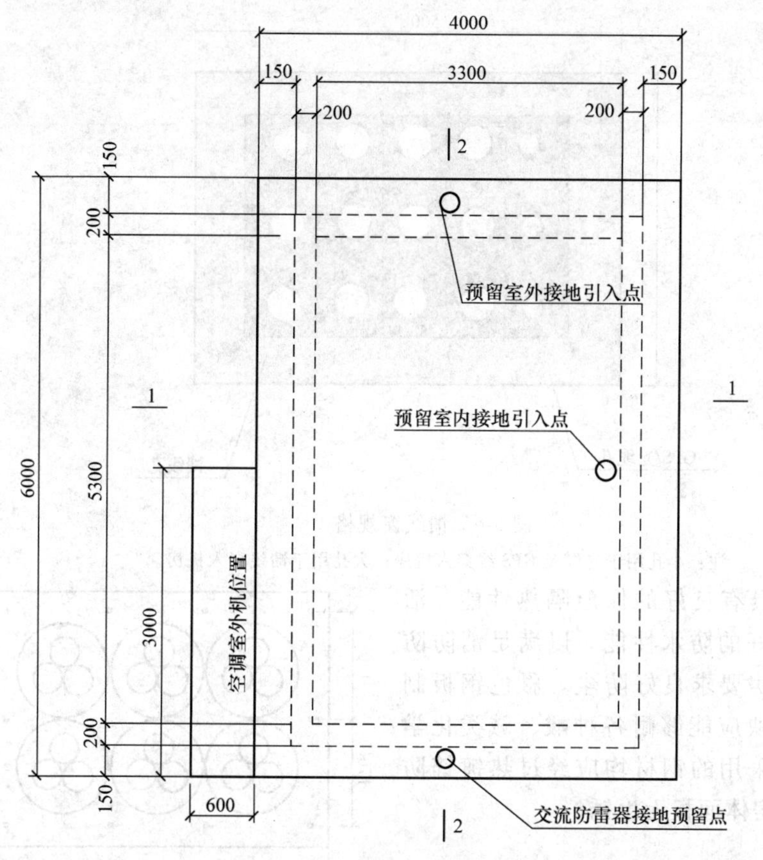

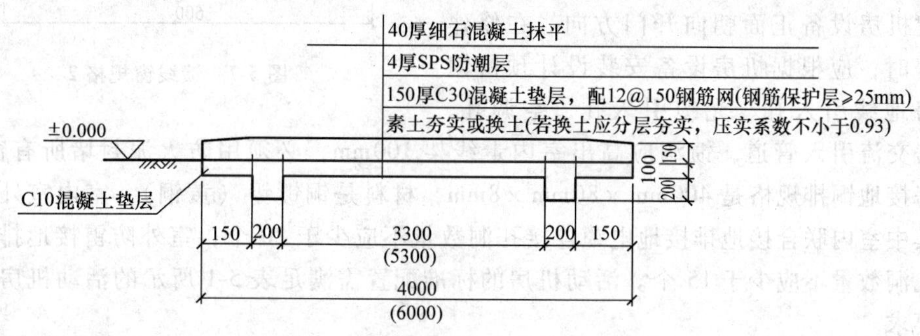

图 5-5 活动机房基础平、剖面图

接，在接缝处打密封胶，并用压缝条遮盖。

位于铁塔包围下的活动机房屋顶需采用双层结构。要求墙面、顶棚面面层材料为单层 0.475mm 热镀锌彩钢板，彩钢板为正规钢铁厂的质量合格产品（必须提供原厂的材质证明），采用含锌量≥180g/m^2 的漆，即两涂两烘聚酯漆进行防锈处理。夹心材料为聚苯乙烯夹心保温板。墙体厚度≥100mm。

3. 机房防水防潮要求

新建机房基座周围必须修建排水沟，同时基座水平高度应高于房屋四周，以保持排水沟畅通。新建机房屋顶必须做好屋面“找坡”和防水层，屋顶排水用 PVC 管，将雨水引离机房墙体。机房地面应进行防潮处理。

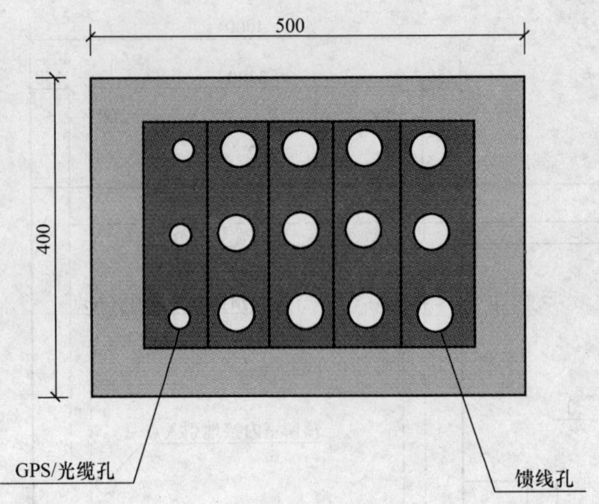

图 5-6　馈线窗规格 1

注：小孔用于光缆及 GPS 线穿入机房；大孔用于馈线穿入机房。

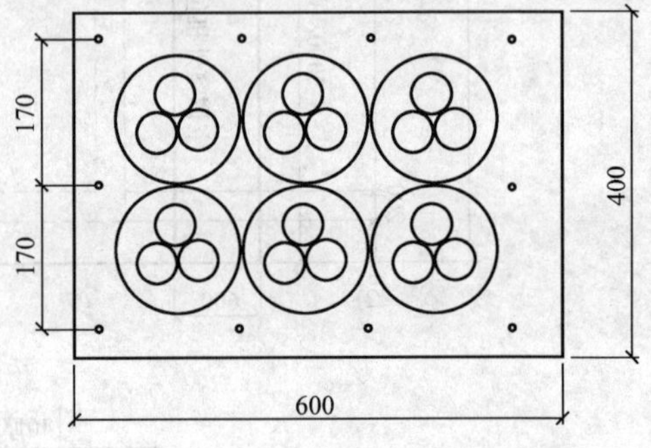

图 5-7　馈线窗规格 2

活动机房应具有良好的保温隔热性能。活动机房应具有良好的防水性能，以满足消防防火要求。活动机房要求良好防尘。彩色钢板制造而成的房体板块应能够耐各种酸、碱类化学药品的腐蚀。所采用的钢材均应经过热镀锌防锈处理，以保证房体面板无生锈。

4. 其他要求

新建机房设备正面朝向开门方向。在修建活动机房时，应根据机房设备安装设计预留馈洞、机房地线引入孔、光缆引入孔、空调孔、预埋机房交流引入管道，馈洞应高出室内走线架 100mm，必须用防火泥封堵所有窗、孔。活动机房接地铜排规格是 400mm×80mm×8mm，材料是铜镀锡（黄铜），室内室外各安装一块。其中室内联合接地排接地电缆连接孔洞数量不应少于 20 个；室外防雷接地排接地电缆连接孔洞数量不应少于 15 个。活动机房的标准配置需满足表 5-1 所示的活动机房的标准配置的要求。

表 5-1　活动机房的标准配置

序　号	规格名称	单　位	数　量	备　注
1	防盗安全门	扇	1	高 2m，宽 0.8m
2	墙体与门过渡框	套	1	
3	顶板封框	套	1	
4	电镀、喷塑角铁件	套	1	
5	40W 荧光灯	套	2	
6	机房用配套辅助材料	套	1	
7	接地铜排（400mm×80mm×8mm 的铜镀锡接地铜排）	块	2	
8	400mm 不锈钢“T”型走线架	套	1	标准为长 14m

（续）

序　　号	规格名称	单　　位	数　　量	备　　注
9	电源走线槽板	套	1	
10	二脚、三脚电源插座	只	1	
11	机房接地装置	套	1	
12	18 孔（7/8in 内径）馈线窗	付	1	
13	防滑地砖	套	1	
14	配电箱	套	1	
15	机房高度	m	2.8	

野外独立机房原则上应搭建围墙，围墙高度应不低于 2.5m，规格采用 24 墙、37 柱，柱间距离小于 3m；围墙应采用 M7.5 水泥砂浆砌筑，双面原浆勾平缝，外墙抹灰。围墙应做到牢固，顶置碎玻璃。围墙不得建筑在机房或铁塔基础的回填土上。围墙要求尽可能小，若是土建机房，则应尽量利用机房的 2 ~ 3 面墙做围墙。围墙距铁塔塔角距离不得低于 3m，距活动机房外墙距离不得低于 1m。围墙基础可因地制宜，采用石块或片石砌筑，其示意图如图 5-8 所示。围墙基础深入持力层不应小于 500mm。

新建机房应修建排水沟，应分别在围墙内、外各修建一条排水沟。排水沟结构剖面图如图 5-9 所示。

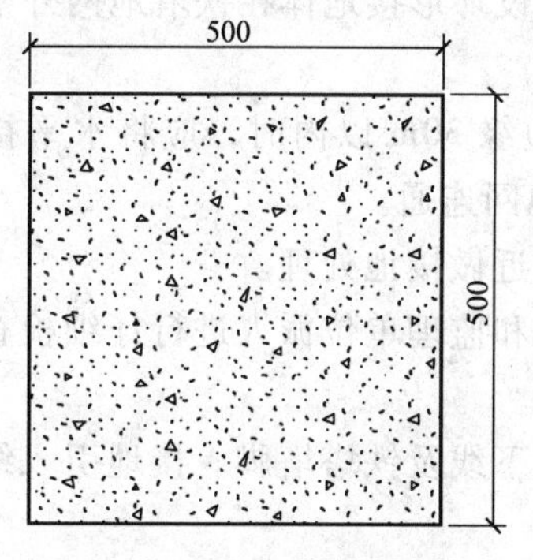

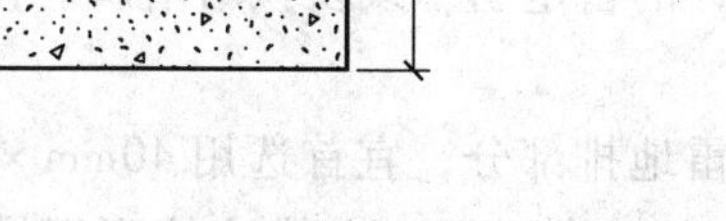

图 5-8　围墙基础示意图

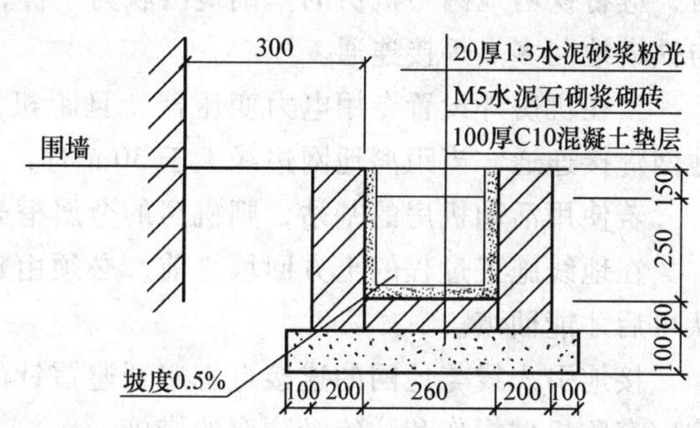

图 5-9　排水沟结构剖面图

当挡土墙小于 4m 时：墙身及基础应采用 M5 水泥砂浆砌 MU30 毛石，外露面用 M7.5 砂浆勾缝。尽可能选用较大的和表面较平的毛石砌筑，其最小厚度为 200mm。每隔 10 ~ 20m 设缝宽 20 ~ 30mm 伸缩缝，内填塞沥青麻筋或有弹性的防水材料，沿内、外、顶三方填塞，深度不小于 150mm。堡坎需设泄水孔，孔的尺寸为 100mm × 150mm。孔眼水平间距为 2 ~ 3m；竖直间距为 1 ~ 2m，上下左右交错设置。泄水口设反滤层（透水性材料），最低泄水孔下部应夯填至少 300mm 厚的粘土隔水层。

当挡土墙大于 4m 时：应根据 04J008 图集进行专业设计。

5.2 基站防雷与接地

基站必须进行防雷与接地处理。基站防雷与接地工程应本着综合治理、全方位系统防护的原则，统筹设计，统筹施工。设计和施工公司应分别具有省级以上防雷中心颁发的防雷设计许可证及防雷工程施工许可证，并能提供完善的技术支持。在基站的防雷与接地工程设计中采用的防雷产品，应是具有理论依据、经实践证明行之有效并经部级主管部门鉴定合格的产品，并要求其产品供应商能提供良好的售后服务保障。

5.2.1 机房地网

基站的主地网应由机房地网、铁塔地网组成，或由机房地网、铁塔地网和变压器地网组成。铁塔地网与机房地网之间可每隔 3～5m 相互焊接连通一次，且连接点不应少于两点。机房地网由机房建筑基础（含地桩）和外围环形接地体组成。环形接地体应沿机房建筑物散水点外敷设，并与机房建筑物基础横竖梁内两根以上主钢筋焊接连通。当机房建筑物基础有地桩时，应将各地桩主钢筋与环形接地体焊接连通。

新建机房的接地系统应与基础工程同时施工，预先将接地系统埋设在基础旁，地线引上部分预留在外。

铁塔地网应采用 40mm×4mm 的热镀锌扁钢，将铁塔 4 个塔脚地基内的金属构件焊接连通。铁塔地网的网格尺寸不应大于 3m×3m。当铁塔位于机房旁边时，应采用 40mm×4mm 的热镀锌扁钢在地下将铁塔地网与机房外环形接地体焊接连通。机房被包围在铁塔四脚内时，应将铁塔地网与机房的基础地网联为一体，应将外设环形接地体在铁塔地网外敷设，并与铁塔地网多点焊接连通。

当在机房外设置专用电力变压器、且距机房地网边缘 30m 以内时，应将水平接地体与地网焊接连通。当距离地网边缘大于 30m 时，可不与地网连通。

若使用活动机房的基站，则机房的金属框架必须就近做接地处理。

在地线施工过程的土方回填之前，必须由建设单位和监理单位派人进行仔细检查，签字认可后才能回填。

接地引入线与地网的连接点宜避开避雷针的雷电引下线及铁塔塔脚。接地引入线出土部位应有防机械损伤和防绝缘防腐的措施。

对接地埋设点至机房联合地排和室外防雷地排部分，宜首选用 40mm×4mm 的热镀锌扁钢以焊接的形式引至铜排下方，再用 $95mm^2$ 以上多股铜心电缆连接到铜排，多股铜心线要尽量短；或直接采用多股铜心电缆连接，电缆线径宜用 $95\ mm^2$ 以上，自接地引接点至铜排位置。对接地埋设点至交流防雷器接地引入点，宜选用 40mm×4mm 的热镀锌扁钢以焊接的形式引至交流防雷器对应室外的墙上，引接长度不得超过 30m。防雷地的引接点应距离工作/保护地的引接点 5m 以上。

新建基站联合接地网的接地电阻值必须小于 10Ω，且需做站内等电位连接。图 5-10 为基站综合接地系统示意图。

机房大楼综合地网不能引接地，应单独埋设地线。在楼底分别引接防雷地、工作/保护地、交流防雷地，防雷地与工作/保护地、交流防雷地的间距应在 5m 以上。接地体埋深宜不小于0.7m（指接地体上端距地面的距离）。在严寒地区，接地体应埋设在冻土层以下。

新埋设地线水平接地体宜采用40mm×4mm的热镀锌钢材；垂直接地体宜采用长度为2m的热镀锌钢材、铜材、铜包钢或其他新型的接地体。新设地线应采用环型地网，若对于受施工场地限制不能设置环型地网的情况，则可设置延伸式地线，各接地体间距3m以上。地网各焊接点应当牢固、良好，焊接处及引出连接扁钢应采用沥青或沥青漆等进行防腐处理。所有露于外面连接处、螺钉均应涂抹凡士林。必须焊接接地体之间的所有连接。焊点均应进行防腐处理（浇灌在混凝土中的除外）。接地体扁钢搭接处的焊接长度，应为宽边的两倍；采用圆钢时应为其直径的10倍。

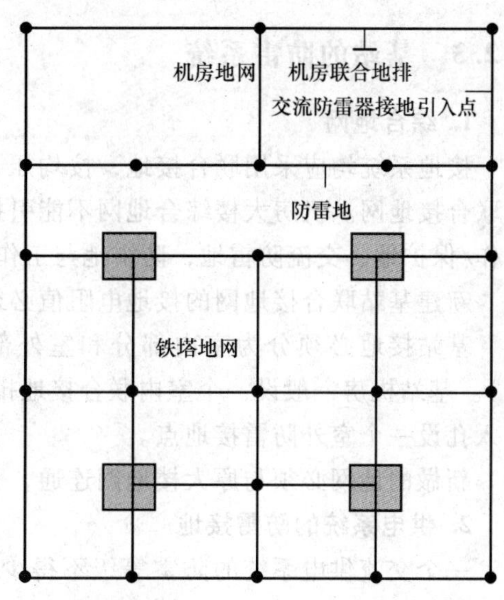

图5-10　基站综合接地系统示意图

注：1. "●"表示垂直接地体；"——"表示水平接地体（扁钢）。

2. 机房联合地排引入点应尽量远离铁塔地网；机房室外防雷地与工作/保护地引接点的位置应大于5m。

3. 图中机房地网与铁塔地网（间隔5m以上）之间只有两处连接点，在实际施工中，可根据情况适当增加。

4. 图中▇表示铁塔基础。

建议活动机房正对铁塔方向墙外侧预留接地引入点（馈线孔正下方），机房内在馈线孔对面墙外侧预留接地引入点，室内联合地排下方预留接地引入点。预留接地引入点的位置可根据机房、铁塔布局进行调整，见图5-4。

5.2.2　铁塔的防雷与接地

基站铁塔应有完善的防直击雷及二次感应雷的防雷装置。位置处在航空、航道上的基站铁塔，需安装塔灯；其余基站铁塔不需安装塔灯。塔灯宜采用太阳能塔灯。对于使用交流电馈电的航空标专灯，其电源线应采用具有金属外护层的电缆，电缆的金属外护层应在塔顶及进机房入口处的外侧就近接地。塔灯控制线及电源线的每根相线均应在机房入口处分别对地加装避雷器，零线应直接接地。

根据新建基站点的地质情况，应结合铁塔设计的地线部分共同完成机房、铁塔地网的勘察设计，对需要作延伸式地线的基站，还应标明延伸线的走向、埋设深度等。

接地系统均采用联合接地，按均压、等电位的原理，将工作/保护地、防雷地组成一个联合接地网，机房地网应与铁塔地网连接，铁塔地网与机房地网之间应每隔3～5m在地下相互焊接连通一次，连接点不应少于两点。

新建自立式落地铁塔和新建机房的接地系统与基础工程应同时施工，预先将接地系统埋设在基础旁，地线引上部分预留在外（铁塔在基础对角预留两处地线引上扁钢）。在地线施工过程的土方回填之前，必须由建设单位和监理单位派人进行仔细检查，签字认可后才能回填。当铁塔位于房顶时，铁塔四脚应与楼顶避雷带就近不少于两处焊接联通；房顶升高架、竖杆、室外走线架也应与楼顶避雷带焊接连通至少两处。严禁在塔身主材上进行焊接。

5.2.3 基站的防雷系统

1. 综合地网

接地系统均应采用联合接地，按均压、等电位的原理，将工作/保护地、防雷地组成一个联合接地网。机房大楼综合地网不能引接的，应单独埋设地线。在楼底分别引接防雷地、工作/保护地、交流防雷地，防雷地与工作/保护地、交流防雷地的间距应在5m以上。

新建基站联合接地网的接地电阻值必须小于10Ω。

基站接地必须分为室内部分和室外部分，严禁室内、外地线混接（由室外引接到室内）。基站机房一般设一个室内联合接地排，靠近馈线窗设一个室外防雷接地排，靠近交流引入孔设一个室外防雷接地点。

新做的地网必须与原大楼地网连通，且连通节点不少于两个。

2. 供电系统的防雷接地

一个交流供电系统的防雷等级不得少于三级防雷。电力线应穿钢管埋地引入基站机房内，电力电缆金属护套或钢管两端应就近可靠接地，接地电阻值小于10Ω。电力电缆与架空电力线路接口处的3根相线要加装一组氧化锌避雷器。当电力变压器设在站外时，变压器应距离机房3m以上，并且变压器要做好接地，保护地与零线地应严格分开，决不能混做。地线应埋深入地在3m以上，地阻在10Ω以下。

基站内通信电源防雷保护系统按B级防雷标准确定，主要分为三级结构，其设备点及避雷器的主要性能要求是：第一级，在低压电力电缆引入机房处就近装置避雷器；第二级，在站内供电设备（如组合电源）交流进线开关后装置避雷器；第三级，在电源出线端处装置压敏电阻。

第一级避雷器输出应就近接入交流配电箱的输入端。避雷器、交流配电箱机壳应就近接入保护地。防雷器交流接线及地线应尽可能短、直，且要穿管。防雷器必须并接在电路中，严禁串接，防雷器接线材料为阻燃铜心线，线径不得小于$16mm^2$。若将第二级开关电源C级防雷安装在交流引入进线处，则必须将其改接至开关电源内空气开关后。站内、外避雷器耐雷电冲击参数应符合相关标准，第一、二级之间距离过短时应设置退耦器。

基站供电设备的正常不带电的金属部分和避雷器的接地端，均应做好保护接地，严禁做接零保护。

基站电源设备应满足相关标准以及规范中关于耐雷电冲击指标的规定，交流屏、整流器（或高频开关电源）应设有分级防护装置。

电源避雷器和天馈线避雷器的耐雷电冲击指标等参数应符合相关标准和规范的规定。

3. 室外天馈系统的防雷接地

基站天线应在铁塔或天线支撑杆避雷针的45°保护范围内，必须将铁塔避雷针单独用扁钢引接（焊接方式）入地，材料应选用40mm×4mm的热浸镀锌扁钢。必须将屋顶天线支撑杆、室外走线架就近良好接入避雷带。

馈线应在铁塔上部、下部（离开铁塔前）、进入馈线窗处分别做一次接地，在进馈线窗前应接到防雷地排上。若馈线在铁塔上长度超过60m，则需在铁塔中部再做一次接地。需在铁塔上馈线接地处分别设置接地排，供馈线接地用。馈线在屋顶支撑杆布放时，应在天线处、进入馈线窗处分别做一次接地。

当其他各专业的信号、电源线出入基站或在布线间隔等方面达不到规定要求时，应采用金属管屏蔽或在端口设置避雷器的方式进行保护。

4. 室内设备的防雷接地

机房内所有设备均需要可靠接地，接地电阻要求小于10Ω。机房内工作接地排、保护接地排通过多股铜心电缆与大楼底部建筑地网引出扁钢连接。机房外防雷接地排通过多股铜心电缆与大楼底部建筑地网引出扁钢连接。在条件具备的情况下，可以从机房同层的建筑地网上引接多股铜心电缆至机房外防雷接地排上。机房内工作/保护地及机房外防雷地必须严格分开，严禁室内、外地线混接（由室外引接到室内）。室外防雷地与工作/保护地引接点的位置应大于5m。

若大楼底部没有建筑地网引出扁钢，则需要新建地网。对于利用商品房作为机房的情况，应尽量找出建筑防雷接地网或其他专用地网，并就近再设一组地网，三者相互在地下焊接连通，有困难时也可在地面上的可见部分焊接成一体作为机房地网。当找不到原有地网时，应因地制宜就近设一组地网作为机房工作/保护地和铁塔防雷地。工作地及防雷地在地网上的引接点相互距离不宜小于5m，铁塔应与建筑物避雷带就近两处以上连通。

5. 信号线路的防雷接地

进局光缆的金属加强芯和金属护层应在分线盒或ODF架内可靠连通，并在与机架绝缘后使用截面积不小于$16mm^2$的多股铜线，引至本机房内第一级接地汇流排（或汇集线）上。

出入室外型基站的缆线（信号线、电源线）应选用具有金属护套的电缆，或将缆线穿入金属管内布放。电缆金属护层或金属管应与接地汇集排或基站金属支架进行可靠的电气连接。必须对电缆空余线对进行接地处理。线缆严禁系挂在避雷网或避雷带上敷设。

6. 其他设施的防雷接地

基站的建筑物应安装完善的防直击雷及抑制二次感应雷的防雷装置（避雷网、避雷带和接闪器等）。机房顶部的各种金属设施，均应分别与屋顶避雷带就近连通。机房室内走线架、吊挂铁架、机架或机壳、金属通风管道、金属门窗等均应做好保护接地。保护接地引线一般宜采用截面积不小于$16mm^2$的多股铜导线。室内走线架必须全部用多股铜心线连通，多股铜心线的截面积不应小于$35mm^2$。

5.3 交流引入与电源系统

基站交流电源宜采用专用变压器引入市电，对交流引入距离短、设置变压器有困难的站点，可从市电变压器上单独引入。市电引入容量应按站点的远景规划设计，站点市电引入容量应为10～17kV·A。

5.3.1 交流引入

基站交流引入宜采用三相低压交流引入，若条件确不具备，则也可采用单相引入。交流引入单相采用三线制，三相采用五线制。

交流引入电源布线如需通过露天场所，对未铠装电缆且线径较细的则必须加装PVC管。使用PVC管必须考虑电缆的散热问题。当交流引入线穿墙进屋时，墙体内必须穿管保护，保护管长度略大于墙体厚度。安装时应注意的是，保护管的室内端要高于室外端，以防雨水顺管或墙体流入配电箱。

对新建野外机房的交流引入线，必须采用金属护套电力电缆或绝缘护套的电力电缆穿钢管埋地（围墙内部分）引入基站机房内。电力电缆的金属外护层和钢管应就近接地，接地点不少于两处。对新建交流引入的机房，必须在机房内设置独立的交流配电箱，机房内所有用电系统（包括照明、空调、机房设备等）的用电都从交流配电箱引出。在配电箱内必须设有保护地线。

新建机房的交流配电箱宜配置两路交流输入端口，配置倒换开关。交流配电箱内应有浪涌保护装置，空开设置必须满足设备的用电要求。三相引入时分路开关三相配备 3 ~ 4 个，单相配备 3 ~ 4 个；单相引入时分路开关单相配备 7 ~ 8 个。空调空开必须一一对应，严禁两个以上空调接在同一空开上。

电灯、插座、排风扇的用电应分别接有独立的墙壁开关控制。电源线接头必须采用铜鼻子压接方式，若交流引入线采用铝心线，则在和铜心线相接时必须使用铜铝压接管压接，严禁绕接。电源线与空气开关或电表必须紧固连接，严禁为方便连接而剪掉部分线芯。所有用线必须采用整线连接方式，严禁断头复接形式。线路的敷设（含配电箱内）应做到横平竖直，贴墙敷设应穿 PVC 线槽给予保护，在走线架上敷设应用线卡固定，使走线规整美观。

5.3.2 电源系统

电力电缆必须采用阻燃的铜心线，其线径需根据设备的功耗确定。

新建机房的开关电源整流模块数可按近期负荷配置，但满架容量应考虑远期负荷发展，其中：城区宜按不小于 400A、乡村宜按不小于 300A 终极容量设置。整流模块采用 -48V DC/50A，或 -48V DC/30A 规格，模块当期容量数量必须采用冗余配置，即 N+1 方式配置。

开关电源应具备低电压两级切断功能。开关电源机架宜采用 1600mm 高的尺寸配置。直流系统的系统压降，即开关电源输出端到设备输入端的压降按 3.2V 考虑。蓄电池组的容量应按近期负荷配置，依据蓄电池的寿命，适当考虑远期发展。

电源系统应具有以下功能：①实时监视被控设备工作状态；②采集和存储被控设备的运行参数；③按照局（站）监控管理中心的命令对被控设备进行遥控、遥信、遥测。遥控包括浮充/均充转换和开/关机；遥信包括交流配电主要开关的状态，交流输入直流输出过、欠电压告警，熔断器告警，整流模块的浮充/均充状态，蓄电池熔丝状态，主要分路熔丝/开关故障，故障告警；遥测包括交流输入直流输出电压、电流及整流模块的输出电流、总负载电流、主要分路电流，蓄电池充放电电流。

电源应具有直流输出电流的限制性能，限制电流范围可在其标称值的 20% ~ 110%。应有过电流与短路的自动保护性能，在过电流或短路故障排除后应能自动恢复正常工作状态。具有二次下电功能。过功率保护：当输出功率超过设定值时，自动限制输出的功率。过温保护：当散热片温度超过限制值时，整流模块会减少输出功率，并在温度超过关机设定值时自动关机。

直流配电部分应可在蓄电池电压低时自动切断蓄电池输出，而在该设备的输出电压升高后自动或人工再接入蓄电池。

保护装置：电源为限制某些故障的进一步扩大而设置的装置。输入输出电路应具有熔断器（或断路器）保护装置。

负载输出配置：至少两路160A熔断器、4路100A熔断器，两路63A空开，4路40A空开，4路10A空开。

每个机房的直流供电系统应有两组蓄电池配置；交流不间断电源设备（UPS）的蓄电池组每台宜设置1组。不同厂家、不同容量、不同型号、不同时期（出厂时期相差1年以上）的蓄电池组严禁并联使用。蓄电池的供电采用浮充工作方式。蓄电池输出母线材料为多股铜心线。蓄电池需安装在抗震支架上或绝缘垫上。若安装在抗震支架上，则抗震支架必须有接地保护。在电池安装完成后，需进行设备检测，并填写安装及检测报告。

交流配电箱必须接交流防雷器，交流防雷器等级为B级。交流防雷器冲击通流容量按实际设计考虑。防雷器前开关K3为32A，分断力为10kA，不设保护。SPD接线进出线应远离箱内开关进出线，不宜混在一起。新建机房的交流配电箱宜配置油机电源输入倒换开关。

5.4 设备安装与工程优化

5.4.1 开工前准备

工程开工前必须对机房建筑情况进行检查，具备下列条件后方可开工：①机房内部的装修工作已经全部完工，室内已充分干燥，地面、墙壁、顶棚等处的预留孔洞、预埋件的规格、尺寸、位置、数量等均符合施工图设计要求；②市电已引入机房，机房照明已能正常使用；③通风取暖、空调等设施已安装完毕，并能提供使用，室内温度、湿度符合设备要求；④机房建筑的防雷接地和保护接地、工作接地体及引线已经完工并验收合格，接地电阻符合施工图设计要求；⑤机房内具备有效的消防设施。机房内及其附近严禁存放易燃易爆等危险品。

开工前建设单位、物资供应单位、施工单位和维护单位应组成联合检查组，对到达施工现场的设备、主要材料的品种、规格、数量进行开箱清点和外观检查，具备下列条件时方可开工：①设备机架、子架框、加固件及影响布线、接线的部件必须全部到齐，规格型号符合施工图设计要求，外观无破损现象；②走线架等铁件必须全部到齐，规格程式符合施工图设计要求；③铜排或铝排规格程工、数量均符合施工图设计要求，无明显的扭曲现象；④馈线、射频同轴电缆、电源线、保护地线电缆、数据线等主要电缆的规格程式、数量均符合施工图设计要求；⑤各种电缆、线料外皮完整无损，满足出厂绝缘指标要求。

当联合检查组在对局（站）设备、材料做开箱检查时，应做好详细记录，发现有短缺、受潮及损坏现象，由物资供应单位及时联系相关单位予以解决。施工中不得使用不合格的材料。当主要材料的规格不符合施工图设计要求而需要其他材料替代时，必须事先征得设计单位同意，办理必要的手续后方可使用。

5.4.2 工艺要求

1. 设备安装要求

机房内设备机架排列的相互距离应符合施工图的设计要求。机架的安装应端正牢固，满足抗震加固的要求，各直列上、下两端垂直倾斜误差应不大于3mm。机架应采用膨胀螺栓

（或木螺栓）对地加固。设备的抗震加固应符合工信部通信设备安装抗震加固的要求，加固方式应符合施工图的设计要求。所有紧固件必须拧紧，同一类螺钉露出螺帽的长度应一致。机架上的各种零件不得脱落或碰坏，漆面如有脱落应予补漆。各种文字和符号标志应正确、清晰、齐全。当地线与铁架连接时，应加弹簧垫片，以保证接触良好。

2. 电缆布放要求

布放电缆的规格、路由、截面和位置应符合施工图的规定，电缆排列必须被整齐，外皮无损伤。必须分开布放交、直流电源的馈电电缆；应分离布放电源电缆、信号电缆、用户电缆与中继电缆。电缆转弯应均匀圆滑，电缆弯的曲率半径应满足相应的曲率要求。需绑扎好电缆，整齐布放在走线架上。电力电缆水平安装的电缆加固点间的距离≤1000mm，垂直安装的电缆加固点间的距离≤1500mm；其他电缆加固点间的距离宜为300mm。电缆两端需挂硬塑料吊牌。吊牌格式分别如图5-11和图5-12所示。

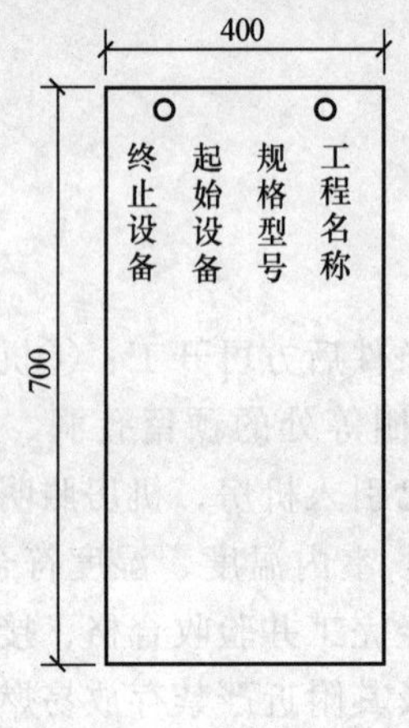

图5-11　吊牌格式A

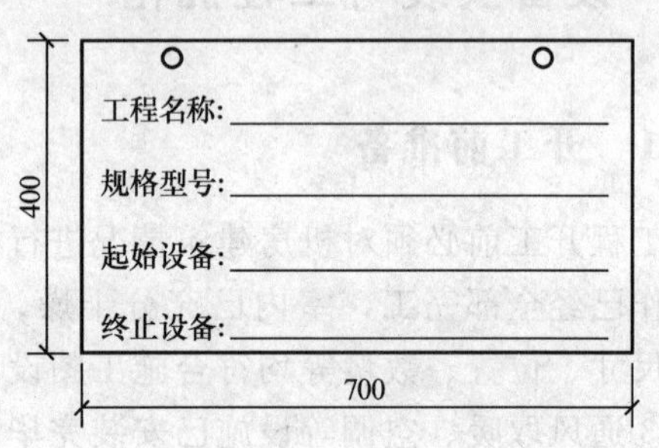

图5-12　吊牌格式B

机房直流电源线的安装路由、路数及布放位置应符合施工图的规定。电源线的规格、熔丝的容量均应符合设计要求。电源线必须采用整段线料，中间无接头。铜鼻子、螺钉等主要材料的规格、数量应符合设计规定。电源线的敷设路由及截面应符合设计规定。直流电源线与交流线宜分开敷设，避免捆在同一线束内。沿地敷设的电缆不宜直接和水泥地面接触。敷设电源线应平直靠拢、整齐，不得有急剧弯曲和凹凸不平的现象；在走线架上敷设电源线的绑扎间隔应符合设计规定，绑扎线扣应整齐、松紧合适，结扣在两条电缆的中心线上，麻线在横铁下不交叉，麻线结头蕴藏而不露于外侧。

当需电源线转弯时，其曲率半径应符合设计规定（电缆不得小于其半径的6倍）。电源线穿钢管应符合设计规定：①钢管管口应光滑，管内清洁、干燥，接头紧密，不得使用螺钉接头；②钢管管径及钢管位置应符合设计规定；③穿入管内的电源线不得有接头，对穿线后的穿线管应按设计规定将管口密封；④非同一级电压的电力电缆不得穿在同一管内；⑤室外直埋电缆应按隐蔽工程处理。遇有障碍物或穿过马路时，应敷设穿线钢管，在中间接头或终端处应留有2~3m的余长。

电源线与设备连接：①电源线剖头部分均应缠塑料带，缠扎厚度与绝缘外批一致，各电源线缠扎长度应一致；②当截面$10mm^2$及以下的单芯电源线需打接头圈连接时，线头弯曲的方向应与紧固螺钉方向一致，并在导线与螺母间装垫圈，每处接线端最多允许两根芯线，且在两根芯线间加装垫圈，所有接线螺钉均应拧紧；③截面 $10mm^2$ 及以上的多股电源线应加装铜鼻子，其尺寸应与导线相配合，线鼻子与设备的接触部分应平整洁净，应在接触处涂一薄层中性凡士林，安装平直端正，紧固螺钉；④当电源线与设备接线端子连接时，不应使端子受到机械应力。

电源线需用的彩色线：-48V：蓝色；工作地：黑色；保护地：黄绿。通信设备电源线需采用型号为 ZA-RVV（ZRRVV、ZRVVR、RVVZ）的通信电源用阻燃软电缆。

光纤连接线的规格、程式应符合设计规定，光纤连接线二端的余留长度应统一，并符合工艺要求。光纤连接线拐弯处的曲率半径不小于 38～40mm。在走线架上的光纤连接线应加套或线槽予以保护。无套管保护部分宜用活扣扎带绑扎，扎带不宜扎得过紧。在走线架上应顺直编扎后的光纤连接线，无明显扭绞即可。

射频同轴电缆的端头处理应符合下列规定：电缆余留长度应统一，同轴电缆各层的开剥尺寸应与电缆插头相应部分相适合；芯线焊接端正、牢固，焊锡适量，焊点光滑、不带尖、不成瘤形。在组装同轴电缆插头时，配件应齐全，位置应正确，装配应牢固。在进行屏蔽线的端头处理时，剖头长度应一致，与同轴接线端子的外导体接触良好。当剖头外需加热缩套管时，热缩套长度宜统一适中，以达到热缩均匀。

5.4.3 设备安装

1. 设备安装

当安装基站设备时，在机柜前开门 0.8m 范围内不能安装任何设备。一般将蓄电池靠墙、柱摆放，其背面与墙之间的净宽宜为 100mm；蓄电池的侧面与墙之间的净宽应不小于 200mm。蓄电池需安装在抗震支架上或绝缘垫上。究竟使用抗震支架还是绝缘垫，没有严格的要求。从机房承重考虑，宜使用绝缘垫方式，以增加与承重楼面的接触面积。一般情况下，对蓄电池采用单层双列摆放。

安装 BBU + RRU 设备。BBU 是基站的基带处理部分，可将其安装在基站机房；RRU 是室外型射频拉远模块，可将其直接安装于靠近天线位置的金属桅杆或墙面上。BBU 的安装要符合设备安装要求。

2. 基站机房隔音和降振处理

对隔音、降振等有特殊要求的机房，机房四面墙若为砖砌墙，则在机房内的墙身四面可安装厚墙身吸音板，以降低室内混响噪声。通过更换隔音玻璃、封堵孔洞，可达到无线基站机房隔音和降噪的效果；通过在设备下增加防振胶垫，可达到无线基站机房隔音和降振的效果。增加防振胶垫必须在保证设备安装牢固的前提下进行。

3. 天馈系统安装

全向天线收、发间距要满足隔离度的要求，在屋顶安装时，全向天线与避雷器之间的室外馈线需布放在室外走线架上，沿边缘布放，每隔 800mm 用馈线卡固定一次，在馈线接头、接地处用防水胶带密封。

馈线入馈线窗的处理：①在馈线窗进入机房的馈线口处，要用防雨布胶进行密封处理，进入机房前应将每条馈线加固在垂直爬梯上、且室内处高于室外的地方，以防止积水流入室内；②馈线在进入馈线窗处需略向下弯曲，以防止积水流入室内；③防水弯最低处要求低于馈线窗下沿 10～20cm。7/8″馈线和 1/2″软馈线的曲率分别为 250mm 及 120mm；④若馈线在进入馈线窗处无法作回水弯，则可直接进入馈线窗，但必须在馈线窗上方加装防水雨棚。对馈线窗应按馈线在走线架上的布放位置纵向使用。馈线窗示意图如图 5-13 所示。

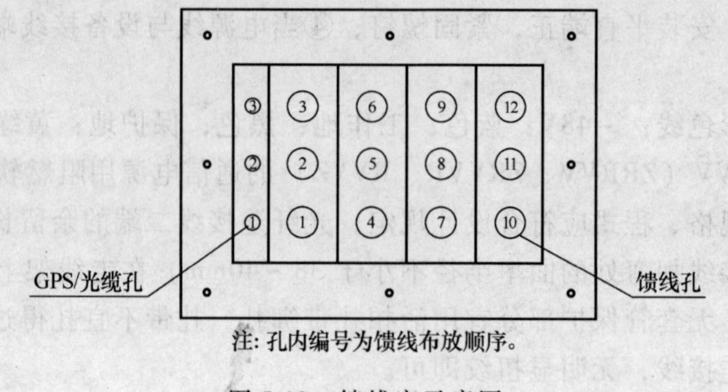

图 5-13　馈线窗示意图

5.4.4　工程优化

1. 总体要求

在工程完工后，首先要进行工程优化调整，再转交维护部门。

新建基站在完成数据制作准备开通入网前，工程优化是入网的基础，主要原因在于新建基站开通后会让周边无线环境发生巨大变化，可能会导致无线环境恶化，导致网络性能下降或影响客户感知。

工程优化的目的是，在新建基站开通入网后，确保新建基站各参数的设置正常，开通后的各指标正常，不影响客户感知，以达到新建基站建设的目的。

2. 工程优化原则和关键点控制

(1) 工程优化原则

入网前必须进行新建基站的基本数据检查。入网后必须对新建基站的无线性能进行评估，并对新建基站路测性能进行评估。

(2) 工程优化关键点控制

1) 新建基站数据制作的控制。由数据人员在每期工程前统一提供新建基站数据制作模板。该模板应该包括该期工程所有站型；当进行每期工程数据制作时，必须按照提供的模板进行制作，由优化人员在优化过程中进行检查。

2) 新建基站开通控制。必须在新建基站开通前进行基本数据的检查；必须在完成数据检查后 3 日内完成无线性能分析与 DT 测试，并及时反馈问题；在新建基站开通后，必须及时将基站开通信息发给相关人员和提供新建基站的优化信息。

3. 优化结果

工程优化要求达到预期的覆盖要求。对工程优化的结果，需在各参加单位、部门签字后，移交给维护部门。

5.5　小结

移动通信基站机房的设计应符合城建、环保、消防、抗震、人防等有关要求；耐久年限应为 50 年以上，耐火等级应不低于二级。对机房站点，必须根据当地的地质、水文气象资料、配套资源和无线传播环境情况做出合理选择。

充分考虑站址获取的可行性，充分考虑利用现有电信机房的资源，尽量选择交通方便、容易协商的物业、土地及交流供电。在基站站址选择时若有相邻几个建筑均可选时，则应首选框架结构建筑作为基站站址，其次考虑选用砖混结构建筑作为基站站址。机房位置尽量靠近天面，若机房不满足条件，但天面满足安装条件，则可利用 BBU + RRU 或建室外型基站。

房屋利用应保证在新增设备后，楼面等效均布活荷载不超过原设计楼面使用活荷载。新增设备后楼面等效均布活荷载的标准值，应根据工艺提供的设备重量、底面尺寸、安装排列方式以及建筑结构梁板布置等条件，按内力等值的原则计算确定。

当不能满足前面提到的要求时，应进行加固设计。在进行加固设计时，应根据原建筑的结构形式、受力特点，并结合工艺使用要求和当地施工技术力量，采取合理的加固方案，并进行结构的局部和整体计算复核。

基站机房应采用密闭结构；机房设在楼顶的，应在机房顶部做防水渗透处理。

基站必须进行防雷与接地处理。基站防雷与接地工程应本着综合治理、全方位系统防护原则，统筹设计、统筹施工，设计、施工公司应分别具有省级以上防雷中心颁发的防雷设计许可证及防雷工程施工许可证，并能提供完善的技术支持。在基站的防雷与接地工程设计中采用的防雷产品应是具有理论依据、经实践证明行之有效、并经部级主管部门鉴定合格的产品，并要求产品供应商提供良好的售后服务保障。

基站的主地网应由机房地网、铁塔地网组成，或由机房地网、铁塔地网和变压器地网组成。基站铁塔应有完善的防直击雷及二次感应雷的防雷装置。接地系统均采用联合接地，按均压、等电位的原理，将工作/保护地、防雷地组成一个联合接地网，机房地网应与铁塔地网连接，铁塔地网与机房地网之间应每隔 3 ~ 5m 在地下相互焊接连通一次，连接点不应少于两点。

一个交流供电系统的防雷等级不得少于三级防雷。基站内通信电源防雷保护系统按 B 级防雷标准确定，主要分为三级结构。基站电源设备应满足相关标准、规范中关于耐雷电冲击指标的规定，交流屏、整流器（或高频开关电源）应设有分级防护装置。

基站交流引入宜采用三相低压交流引入，若条件确不具备，则可采用单相引入。交流引入单相采用三线制，三相采用五线制。新建机房的开关电源整流模块数可按近期负荷配置，但满架容量应考虑远期负荷发展，其中：城区宜按不小于 400A、乡村宜按不小于 300A 终极容量设置。整流模块采用 -48V DC/50A，或 -48V DC/30A 规格，模块当期容量数量必须采用冗余配置，即 N +1 方式配置。

开工前建设单位、物资供应单位、施工单位和维护单位应组成联合检查组，对到达施工现场的设备、主要材料的品种、规格、数量进行开箱清点和外观检查，同时对机房建筑情况也要进行检查，在达到要求后方可开工。

机房内设备机架排列的相互距离应符合施工图的设计要求。布放电缆的规格、路由、截面和位置应符合施工图的规定，电缆排列必须整齐，外皮无损伤。机房直流电源线的安装路由、路数及布放位置应符合施工图的规定。

在工程完工后，首先要进行工程优化调整，再转交维护部门。入网前必须进行新建基站的基本数据检查；入网后必须对新建基站的无线性能进行评估，并对新建基站路测性能进行评估。工程优化要求达到预期的覆盖要求。对工程优化的结果，需各参加单位、部门签字后，移交给维护部门。

5.6 习题

1. 试列出哪些区域不能建基站。
2. 试说明 BBU + RRU 应用场景。
3. 机房地板承重应大于多少?
4. 在机房内插座接线时应遵守什么规范?
5. 对机房供电有哪些要求?
6. 基站联合接地网的接地电阻值必须小于多少?
7. 地线分为哪几类? 各自应用在什么场合?
8. 铁塔的防雷主要采取了哪些措施?
9. 通信电源的防雷保护主要采取了哪些措施?
10. 基站交流引入是采用三相制，还是采用单相制?
11. 基站电源的负荷一般为多大?
12. 机房对温度和湿度有哪些具体要求?

第6章 第三代移动通信

移动通信的发展速度超过人们的预料，手机的迅速普及使得通信向个人化方向发展，互联网用户数的成倍膨胀又带来了移动数据通信的发展机遇。特别是移动多媒体和高速数据业务的急剧发展，迫切需要设计和建设一种新的网络，以提供更宽的工作频带，支持更加灵活的多种类业务，并使移动终端能够在不同的网络间进行漫游。市场的需求促使第三代移动通信（简称3G）的概念应运而生。3G系统由卫星移动通信网和地面移动通信网所组成，形成一个对全球无缝覆盖的立体通信网络，满足城市和偏远地区各种用户密度需求，将高速移动接入和基于互联网协议的服务结合起来，在提高无限频率利用率的同时，为用户提供更经济、内容更丰富的无线通信服务。

6.1 3G的标准

第三代移动通信（3G）的发展经历了漫长而曲折的过程，虽然3G的标准已经制定，3G的实验和应用也已展开，但直至今天，关于3G问题的讨论仍在进行。

6.1.1 3G的发展

人们孜孜不倦地开发新技术的主要目的是满足市场更高的应用需求。当前，满足对高速率数据传输和多媒体业务的需求是推动3G发展的主要动力。第二代移动通信系统主要支持语音业务，仅能提供一般的低速数据业务，速率为9.6～14.4kbit/s。改进后的第二代系统能够支持几十 kbit/s 到上百 kbit/s 的数据业务。而3G最高能够支持2Mbit/s的速率，并且还在不断地发展，将来能够支持更高的数据速率。这也为3G广阔的应用前景提供了良好的

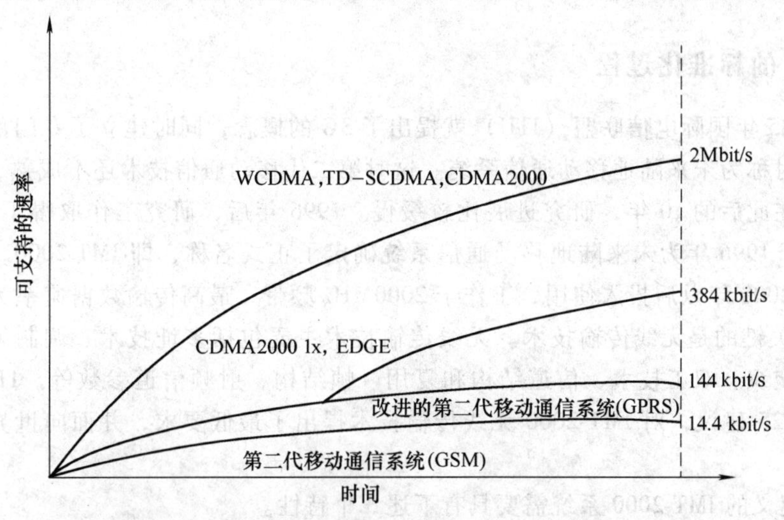

图6-1 第二代移动通信系统与3G系统支持的业务速率

技术保障。图 6-1 所示为第二代移动通信系统与 3G 系统支持的业务速率。

任何一种技术只有能够很好地满足市场需求，并具有良好的质量保证，才会体现出技术的价值所在。3G 系统能够很好地支持大量的不同业务，并可以方便地引入新的业务。各种不同的业务分别具有不同的业务特性，需要占用不同的带宽。从语音到动态视频，所需的带宽差别很大，从图 6-2 中可以看出 3G 系统可提供的从窄带到宽带的不同业务及其所需的信息速率范围。

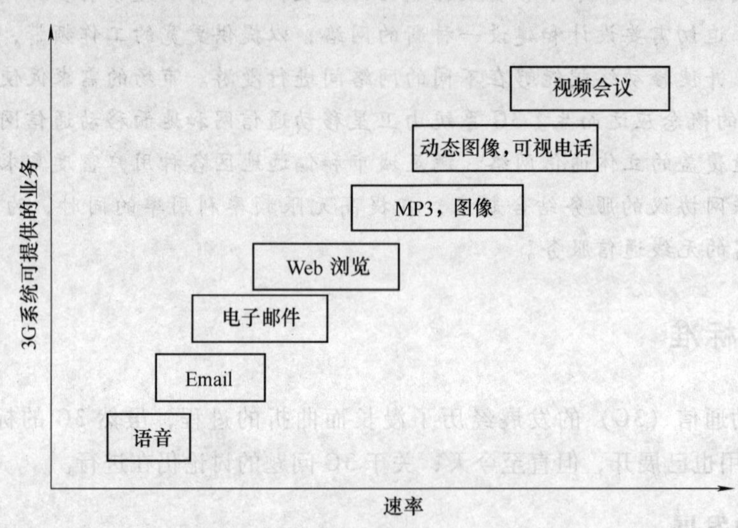

图 6-2　3G 系统可提供的不同业务及其所需的信息速率范围

另外，对不同的通信业务，其性能要求也是不同的，如语音、视频需要具有较好的实时性和连续性，而电子函件、网上下载等对时延并不是很敏感，但要求具有较高的数据可靠性。由此可见，对不同业务的实时性和服务质量的要求差别很大。同时，大量数据业务，如浏览网页、下载音乐等，还需要上、下行不对称的传输。所有这些，3G 系统都能够很好地予以满足。

6.1.2　3G 的标准化过程

早在 1985 年国际电信联盟（ITU）就提出了 3G 的概念，同时建立了专门的组织机构进行研究，当时称为未来陆地移动通信系统。这时第二代移动通信技术还不成熟，CDMA 技术尚未出现。在此后的 10 年，研究进展比较缓慢。1996 年后，研究工作取得了迅速的进展。首先，ITU 于 1996 年为未来陆地移动通信系统确定了正式名称，即 IMT-2000，其含义为该系统预期在 2000 年以后投入使用，工作于 2000MHz 频带，最高传输数据速率为 2000kbit/s。IMT-2000 最关键的是无线传输技术。无线传输技术主要包括多址技术、调制解调技术、信道编解码与交织、双工技术、信道结构和复用、帧结构、射频信道参数等。ITU 于 1997 年制订了 M. 1225 建议，对 IMT-2000 无线传输技术提出了最低要求，并面向世界范围征求无线传输建议。

ITU 所定义的 IMT-2000 系统需要具有下述 3 个特性。

1）全球化。IMT-2000 是一个全球性的系统，各个地区多种系统组成了一个 IMT-2000

家族，各个系统间在设计上具有高度的互通性，使用共同的频段和全球统一标准，能提供全球无缝漫游。

2）综合化。能够提供多种业务，特别能够支持多媒体业务和互联网业务，并有能力容纳新型业务。

3）个人化。用户使用全球惟一的个人号码，系统能提供高容量、高保密性、高质量的服务。

鉴于全世界第二代移动通信体制和标准不尽相同，而且第二代和第三代将在今后较长的时间内共存，ITU 提出了“IMT-2000 家族”概念，这意味着只要某系统在网络和业务能力上满足要求，就可以成为 IMT-2000 成员。为了能够在未来的全球化标准的竞赛中取得领先地位，各个国家、地区、公司及标准化组织纷纷提出了自己的技术标准，截止到 1998 年 6 月 30 日，ITU 共收到 16 项建议，针对地面移动通信的就有 10 项之多。其中包括我国电信科学技术研究院代表中国提出的 TD-SCDMA 技术。

欧洲受第二代数字移动系统 GSM 在全球成功应用的鼓舞，决心在 3G 系统的研究开发中继续保持自己的领先地位。欧洲前后共提出了 5 种无线传输技术方案，其中比较有影响的是 WCDMA 和 TD-CDMA 两种。前者主要由爱立信、诺基业公司提出，后者主要由西门子公司提出。美国提出的方案是 CDMA2000，主要由高通、朗讯、摩托罗拉和北电等公司一起提出。美国还提出了另外一些类似于 WCDMA 的标准和时分多址标准。日本鉴于第一代模拟移动系统和第二代数字移动系统只在国内占领市场的教训，同时也考虑到 3G 系统提供的多媒体业务会刺激用户需求，故对 3G 系统的研制与标准化工作非常积极，先后制订出 6 种无线传输技术方案，经过层层筛选和合并，形成了以 NTT DoCoMo 公司为主提出的 WCDMA 方案。日本的 WCDMA 方案和欧洲提出的 WCDMA 极为相似，两者相互融合。

在这些提案中，以欧洲的 WCDMA 和美国的 CDMA2000 在技术方面较为成熟。同时，中国的 TD-SCDMA 由于采用先进的技术并得到中国政府、运营商和产业界的支持，所以也很受瞩目。上述 3 种标准的共同点是都使用了 CDMA 技术。通过一年半时间的评估和融合，1999 年 11 月 5 日 ITU 在赫尔辛基举行的会议上，通过了输出文件 ITU-R M.1457，确认了三大主流技术标准，即 WCDMA、CDMA2000 以及 TD-SCDMA。这标志着 3G 标准已基本定型。

6.1.3 3G 的目标和要求

3G 的发展已成为目前人们关注一个焦点，IMT-2000 应该能够提供各种不同的业务，适应不同的营运机制。

1. 目标

IMT-2000 明确提出了 3G 的主要目标，即实现移动通信网络全球化、业务综合化和通信个人化，具体包括以下几方面。

1）全球漫游。用户能够以低成本的多模式终端在整个系统和全球漫游。

2）适应多种环境。3G 应该适应于多层小区结构，如微微小区、微小区、宏小区等，同时将地面移动通信系统和卫星移动通信系统结合在一起。

3）提供多种业务。如高质量语音、可变速率的数据、高分辨率的图像和多媒体业务等。

4）具有较高的频谱利用率和较大的系统容量。为此，系统需要拥有强大的多种用户管理能力、高保密性能和服务质量。

5）统一标准。在全球范围内，系统设计必须保持高度一致。在 IMT-2000 家族内部以及 IMT-2000 与固定通信网络之间的业务要相互兼容。

6）具有较好的经济性能。即网络投资费用（包括网络建设费、系统设备费和用户终端费）要尽可能低，并且终端设备体积要小，耗电要少，以便能够满足通信个人化的要求。

2. 要求

为了实现上述目标，IMT-2000 对 3G 的无线传输技术提出了以下要求。

1）为支持高速率数据和多媒体业务，在各种条件下所应提供的业务速率为：

- 室内环境至少 2Mbit/s。
- 室外步行环境至少 384kbit/s。
- 室外车载运动中至少 144kbit/s。

2）传输速率能够按需分配。

3）上下行链路适应于传输不对称业务的需要。

同时，3G 系统应能够后向兼容第二代移动通信系统，实现第二代移动通信系统到 3G 的平滑过渡。

6.2 三大主流标准介绍

被 ITU 确认为 IMT-2000 的三大主流标准目前都成功地实现了实验上的端到端通话，从技术层面上看已不存在任何障碍。

6.2.1 CDMA2000 标准

以美国为代表的北美电信标准化组织向 ITU 提出的 3G 方案称为 CDMA2000，其核心是由高通、朗讯、摩托罗拉和北电等公司联合提出的宽带 CDMAone 技术。

1. CDMA2000 系列的演进历程

IS-95A：1995 年美国正式颁布了窄带 CDMA 标准，定名 IS-95A。

IS-95B：1998 年制定的标准是从 IS-95A 发展而来的，目的是满足更高比特率业务的需求。IS-95B 理论上可提供的最高比特率为 115kbit/s，实际只能实现 64kbit/s。IS-95A 和 IS-95B总称 IS-95。

CDMAone：这是以 IS-95 为标准的各种第二代 CDMA 产品的总称。

CDAM2000：这是美国向 ITU 提出的 3G 无线传输标准，是 IS-95 标准向 3G 演进的体制方案，是宽带 CDMA 技术。CDMA2000 在室内环境时速率为 2Mbit/s 以上；步行环境时速率为 384kbit/s；车载环境时速率为 144kbit/s 以上。

IS-2000：是采用 CDMA2000 技术的正式标准总称。

CDMA2000-1X：指 CDMA2000 的第一阶段（速率高于 IS-95，低于 2Mbit/s），可支持 308kbit/s 速率的数据传输，网络部分引入分组交换，可支持移动 IP 业务。

CDMA2000-3X：也称为宽带 CDMAone，是基于 IS-95 标准演化的一个重要组成部分。它与 CDMA2000-1X 的主要区别是下行 CDMA 信道采用 3 载波方式，而 CDMA2000-1X 用单载波方式。因此它的优势在于能提供更高的数据速率。3X 表示 3 载波，即 3 个 1.25MHz，共

3.75MHz 的频带宽度。与其他的标准类似，CDMA2000-3X 将在 CDMA2000-1X 标准的基础上提供附加的功能和相应的业务支持。这些特性包括：

- 提供比 CDMA2000-1X 更大的系统容量。
- 提供 2Mbit/s 的数据速率。
- 实现与 CDMA2000-1X 和 CDMAone 系统的后向兼容性等。

增加 CDMA2000 的载波数量可以提高系统的传输速率，但载波数量的增加，将使系统硬件复杂和成本提高。CDMA2000-3X 的前景还难以预测。

CDMA2000-1XEV：CDMA2000-1X 的增强标准，采用高通公司的高速率数据技术，或摩托罗拉和诺基亚公司的 1XTREME，在与 CDMA2000-1X 相同的 1.25MHz 内，提供 2Mbit/s 以上速率的数据业务。

2. CDMA2000 的主要技术特点

CMDA2000 信号带宽为 1.25MHz，码片速率 1.2288Mchip/s；采用单载波直接序列扩频 CDMA 多址接入方式；帧长 20ms；调制方式为 QPSK（下行）和 BIT/SK（上行）；CDMA2000 的容量是 IS-95A 系统的两倍，可支持 2Mbit/s 以上速率的数据传输；兼容 IS-95A/B。

CDMA2000 要求完全兼容 CDMAone，因此，它支持 ANSI-41 作为自己的核心网络协议并与其兼容。

CDMA2000 引入了分组交换方式。在上、下行信道，通过发送辅助信道指配消息，可以建立辅助码分信道，使数据在消息指定的时间段内，通过辅助码分信道发送给移动台或基站。如果反向链路需要的分组数据传输量很多，移动台就通过发送辅助信道请求消息与基站建立相应的反向辅助码分信道，使数据在消息指定的时间段内通过反向辅助码分信道发送给基站。使 CDMA 2000 能更灵活地支持分组业务。

CDMA2000 采用开环、闭环功率控制，速率为 800 次/s；上、下行同时采用导频辅助相干解调；网络采用全球定位系统 GPS 同步，给组网带来一定的复杂性；信道编码采用卷积码和 Turbo 码；支持软切换、频间切换与 IS-95B 间的切换；前向分集：OTD、STS。

6.2.2 WCDMA 标准

WCDMA 由欧洲和日本提出，它的核心网络基于 GSM/GPRS，充分考虑了与 GSM 系统的互操作性和对 GSM 核心网络的兼容性。随着越来越多的世界知名手机厂商的加入，WCDMA 终端不再成为制约因素。WCDMA 标准趋于成熟稳定，迄今为止，超过 80% 的运营商采用了 WCDMA。据业内人士称，中国电信有可能选择 WCDMA 和 TD-SCDMA 两种技术共建网络，因为中国电信会支持由我国大唐电信提出的国际标准 TD-SCDMA，而 WCDMA 又具有建网成本低、标准开放、应用广泛等诸多优点，最重要的就是它可以和 TD-SCDMA 进行兼容，在大话务量地区可以进行自由切换。

运营商之所以看重 WCDMA 技术，最重要的一点是因为建网成本低。据专家分析，在 3G 的网络成本中，高达 70% 的是无线网络成本。而影响 3G 无线网络成本的首先是硬件设备的利用率，硬件设备越少，成本越低，一个高容量的 WCDMA 网络配置的利用率相当于其他技术配置的 3 倍；其次是频谱利用率，单位带宽的用户越多，所需的站点数越少；第三是 QoS，如果没有 QoS 功能，就会有更多额外的投入，而且仍不能保证提供高水平的服务；第四是规模经济。综上所述，WCDMA 标准在建网成本方面的优势十分明显。

1. WCDMA 标准的演进历程

WCDMA 技术主要起源于欧洲和日本。欧洲和日本的 WCDMA 方案在 ITU 进行融合，形成了现在的 WCDMA 标准。WCDMA 标准分为不同版本，到目前共有 R99、R4 和 R5 共 3 个版本。

R99 发布于 1999 年。R99 确定了 WCDMA 无线传输技术的接口，无线接入网络接口都基于 ATM 传输，而核心网络基于演进的移动交换中心和 GPRS 服务节点。R99 版本在技术的完备性和产业化程度上都是最成熟的，商用化程度最高。

R4 发布于 2001 年。R4 中最主要的特点是引进低码片速率时分双工模式，即由中国提出的 TD-SCDMA，在核心网电路域中实现了软交换的概念。

R5 发布于 2002 年。最主要的特点包括以下几个方面。

1）无线接入网络部分定义了采用 IP 传输的可选方式，并可实现与 ATM 之间的互通。

2）核心网络定义了多媒体子系统，以分组域作为承载传输，更好地控制实时和非实时多媒体业务。

3）提出了高速下行分组接入技术。该技术可提供更高的下行数据速率，最高可达到 10Mbit/s。目前的 R4 与 R5 只是初步的和基于设想的规范状态。

2. WCDMA 的主要技术特点

1）信号带宽为 5MHz；码片速率为 3. 84Mchip/s；采用单载波直接序列扩频 CDMA 多址接入方式；帧长 10ms；调制方式为 QPSK（下行）和 BPSK（上行）。

2）WCDMA 要求实现与 GSM 网络的全兼容，所以它把 GSM 移动应用协议和 GPRS 隧道技术作为移动管理机制的上层核心网络协议。

3）发送分集方式：TSTD、STTD、FBTD。

4）信道编码：卷积码和 Turbo 码，支持 2Mbit/s 速率的数据业务。

5）解调方式：导频辅助相干解调。

6）WCDMA 系统不同的基站可选择同步（需 GPS）或异步（不需 GPS）两种工作方式。

7）语音编码采用 AMR 方式，自适应多速率，与 GSM 兼容。

8）内环、外环功率控制，控制速率 1500 次/s。

9）支持软切换、频间切换与 GSM 间切换。

6. 2. 3　TD-SCDMA 标准

从 ITU 向全世界征求 IMT-2000 无线传输技术方案起，我国就意识到对第三代移动通信技术标准研究的重要性，积极参加了第三代移动通信系统标准的研究和制订。

1. TD-SCDMA 标准的形成

TD-SCDMA 标准是信息产业部电信科学技术研究院（现大唐电信集团）在国家主管部门的支持下，根据多年的研究而提出的具有一定特色的 3G 系统标准。它的提出同时得到中国移动、中国电信、中国联通等公司的大力支持和帮助。该标准文件在我国无线电通信标准组最终修改完成后，经原邮电部批准，于 1998 年 6 月提交到 ITU 和相关国际标准组织。TD-SCDMA 标准公开之后，在国际上引起强烈反响，得到西门子等许多著名公司的重视和支持。1999 年 11 月在芬兰赫尔辛基召开的 ITU 大会上，TD-SCDMA 被列入 ITU 文件 ITU-R M. 1457，成为 ITU 认可的 3G 主流技术标准之一。这是近百年来我国通信发展史上第一个具有完全自主知识产权的国际标准，它的出现在我国通信发展史上具有里程碑的意义，标志着中国在移动通信技术方面进入世界先进行列。这是整个中国通信业的重大突破，它将产生深远影响。

2. TD-SCDMA 的技术特点

TD-SCDMA 系统全面满足 IMT-2000 的基本要求。它采用不需配对频率的 TDD 双工方式以及 FDMA/TDMA/CDMA 相结合的多址接入方式。TD-SCDMA 核心网络充分考虑了与 GSM 系统的互操作性和对 GSM 核心网络的兼容性。它的基本特点如下。

1）信号带宽为 1.6 MHz；码片速率为 1.28Mchip/s；单载波直接序列扩频时分多址 + 同步 CDMA 多址接入；帧长 10ms；调制方式为下行 QPSK、上行 BPSK；内环、外环功率控制，控制速率 200 次/s。

2）与 CDMA2000 和 WCDMA 采用频分双工（FDD）模式不同，TD-SCDMA 采用时分双工（TDD）模式，这使它具有独特的优势。FDD 模式因为其上行链路和下行链路是相互独立的，所以资源不能相互利用。对于对称业务，FDD 有很好的频谱利用率；而对于不对称业务，其频谱利用率将有所降低。TD-SCDMA 的 TDD 模式有如下优点：

① TDD 能使用各种频率资源，不需要成对的频率。

② 采用在周期性重复的时间帧里传输 TDMA 突发脉冲的工作方式（和 GSM 相同），通 过周期性地切换传输方向，在同一载波上，交替地进行上下行链路传输。上下行链路的转折点可以因业务的不同而任意调整，从而可以实现 3G 所要求的两类通信业务，即对称的电路交换业务和非对称的分组交换业务。因此，TD-SCDMA 可以充分利用不对称的频谱资源，大大提高了频谱利用率。

③ TDD 上、下行工作于同一频率，对称的电波传播特性使之便于使用诸如智能天线等新技术，达到提高性能、降低成本的目的。

④ TDD 系统设备成本较低，比 FDD 系统低 20% ~50%。

3）TD-SCDMA 采用同步 CDMA 技术，降低上行用户间的干扰和保护时隙的宽度。TDD 的上行链路和下行链路是根据时间而不是频率来区分的，因此它需要同步化的基站来解决哪一个链路进行发射以及何时进行发射的问题，否则将导致严重的干扰。上行同步技术是根据一定的算法由网络向终端发送 SS 命令来实现的，因为 SS 的最小修正步长为 1/8chip，所以系统最终可以达到 1/8chip 精度的上行同步。精确的上行同步使移动终端的数据到达基站保持同步。其次，在 TD-SCDMA 系统中，上行链路和下行链路都采用正交码扩频，只有精确的上行同步才能保证接收到的扩频码保持正交，从而可以有效地减少复接干扰，大大提高系统容量，并降低基站接收机的复杂度。

4）在 TD-SCDMA 中，对多个低比特率信号并行传输的情况（如多个语音信号同时传输）采用 CDMA 传输方式。基本的 TDMA 帧时隙最多可同时支持 16 个不同的 CDMA 信号。对串行的高速率信号，如互联网和其他包交换信号，采用不扩频的 TDMA 传输方式。此时时隙内是一个串行的宽带信号，它是依据不同用户、不同长度的要求而组合起来的信息包。

5）TD-SCDMA 采用接力切换技术。接力切换不同于传统的硬切换和软切换，其出发点是利用移动台的位置信息，结合切换算法和上行同步技术，准确地将需要切换的移动台切换到新的小区。接力切换避免了频繁地切换，大大提高了系统容量。在切换时，也可根据系统需要采用硬切换或软切换的机理。

6）多用户联合检测技术。在TD-SCDMA系统中，每个时隙最多由16个不同的资源用户组成。多用户联合检测技术先用训练序列通过相关运算，对移动信道进行估计，然后对每个时隙中的多码道信号进行联合处理，在处理过程中把其他用户信息视为干扰，消除干扰和多径分量，进而精确地解调出各个用户的信号。多用户联合检测技术使接收信号的动态范围可达大约20dB。多用户联合检测比RAKE接收等单信道检测的效果要好得多。由于多用户检测算法复杂，实现比较困难，多用户检测仅可用于改善上行链路的性能，所以只适合在基站使用。多用户检测无法克服小区外干扰等问题。目前研究得最多的还是次最佳多用户信号检测器，而且目前还只能用在TDD系统中。

7）基站采用主从同步方式，需借助全球定位系统（GPS）。

8）智能天线技术。TDD模式的TD-SCDMA的优势是，用户信号的发送和接收都在相同的频率上。因此在上行和下行两个方向中的传输条件是相同的（或者说是对称的），使得智能天线能将小区间干扰降至最低，从而获得最佳的系统性能。

9）采用软件无线电技术。

10）采用AMR语音编码，支持可变速率，与GSM兼容。

3. TD-SCDMA系统的主要问题

TD-SCDMA采用了TDD技术，而TDD技术存在的主要问题有以下两方面。

1）允许终端移动的速度较低。目前ITU要求TDD系统允许速度达到120km/h，而FDD系统则要求达到500km/h。这是因为FDD系统是连续控制，而TDD系统是时分控制的。在高速移动时，多普勒效应将导致快衰落，速度越高，衰落深度越深。基于目前芯片的处理速度和算法，TD-SCDMA只能做到数据率为144kbit/s时，移动速度最大可达250km/h。

2）覆盖范围较小。TDD小区半径只有几km，FDD的小区半径可达数十km。原因在于TDD使用相同频率，而用时间来划分上、下行时隙。电波传播需要时间，在上下行时隙之间必须留下保护时隙。小区半径越大，保护时隙越长，系统开销就越大，系统效率将降低。若小区半径超过12km，则系统容量将难以保证人口密集地区的需求。另外，CDMA的TDD系统要求比较大的峰值/平均功率比（超过10dB）。由于CDMA系统必须工作在线性状态，所以要求放大器有较大的线性输出能力，这就限制了手机的通信距离（考虑到成本及电池容量）。

综上所述，FDD和TDD各有所长。3G系统似乎应该是一个复合的网络：卫星移动通信系统完成全球无缝覆盖；FDD用来建设全国和国际移动通信网；TDD系统用来在城市人口集中地区提供高密度和高容量的语音、数据及多媒体业务。用双模甚至多模用户终端来实现全球漫游。

我国GSM系统占据了移动通信大部分市场，平稳地由第二代移动通信系统向3G过渡是明智的选择。TD-SCDMA系统是这种选择的一种较好的方案。采用这种方案，GSM基站可以继续使用；TD-SCDMA的基础系统功能可以增强，以支持IP业务的传送，并可直接和IP传输网络连接，实现向IP网的过渡，逐步地替代原有的第二代系统，实现系统的升级和更新换代。

6.2.4 3种主流标准的性能比较

1. CDMA 技术的利用程度

TD-SCDMA 在充分利用 CDMA 方面较差。原因是：一方面，TD-SCDMA 要和 GSM 兼容；另一方面，不能充分利用多径，降低了系统的效率，而且软切换和软容量能力实现起来相对较困难，但联合检测容易。

2. 同步方式、功率控制和支持高速能力

目前的 IS-95 采用 64 位的 Walsh 正交扩频码序列，反向链路采用非相关接收方式，这成为限制容量的主要问题，所以在 3G 系统中反向链路普遍采用相关接收方式。WCDMA 采用内插导频符号辅助相关接收技术，两者性能还难以比较。CDMAone 需要 GPS 精确定时同步；而 WCDMA 和 TD-SCDMA 则不需要小区之间的同步。此外，TD-SCDMA 继承了 GSM900/DCS1800 正反向信道同步的特点，从而克服了反向信道的容量瓶颈效应。而同步意味着帧反向信道均可使用正交码，从而克服了远近效应，降低了对功率控制的要求。TD-SCDMA 采用了消除对数正态衰落的功率控制，抗衰落的能力较强，能支持较快移动的通信，这在现代通信中是至关重要的。

在多速率复用传输时，WCDMA 实现较为容易。而 TD-SCDMA 采用的是每个时隙内的多路传输和时分复用。为达到 2Mbit/s 的峰值速率，必须采用十六进制的 QAM 调制方式，当动态的传输速率要求较高时，需要较高的发射功率，又因为和 GSM 兼容，所以无法充分利用资源。

3. 在频谱利用率方面

TD-SCDMA 在这方面具有明显的优势，被认为是目前频谱利用率最高的技术。其原因一方面是 TDD 方式能够更好地利用频率资源；另一方面在于，TD-SCDMA 的设计目标是要做到设计的所有信道都能同时工作，而在这方面，目前 WCDMA 系统 256 个扩频信道中只有 60 个可以同时工作。因为不对称的移动因特网将是 IMT-2000 的主要业务，TD-SCDMA 能很好地支持不对称业务，而成为最适合移动因特网业务的技术，也被认为是 TD-SCDMA 的一个重要优势。而 FDD 系统在支持不对称业务时，频谱利用率会降低，并且目前尚未找到更为理想的解决方案。

4. 在应用技术方面

TD-SCDMA 技术在许多方面非常符合移动通信未来的发展方向。智能天线技术、软件无线电技术、下行高速包交换数据传输技术等将是未来移动通信系统中普遍采用的技术。显然，这些技术都已经不同程度地在 TD-SCDMA 系统中得到应用，而且 TD-SCDMA 也是目前惟一明确将智能天线和高速数字调制技术设计在标准中的 3G 系统。

5. 市场前景

目前，在已公布的 3G 合同中，WCDMA 占有绝大多数的市场份额。在 3 个主要 3G 标准中，参与 WCDMA 标准的企业最多，包括了大多数世界著名的移动通信设备厂商，如爱立信、诺基亚、西门子、阿尔卡特、摩托罗拉、北电以及三星、NTT DoCoMo、Fujitsu 等。CDMA2000 的技术最为成熟，从商用的系统来看，CDMA2000 的势头比较好。TD-SCDMA 在许多方面非常符合移动通信未来的发展方向，但成功与否将最终体现在市场上。

WCDMA、CDMA2000 和 TD-SCDMA 这 3 种 3G 候选标准的比较见表 6-1。

表 6-1　3 种 3G 候选标准的比较

	WCDMA	CDMA2000	TD-SCDMA
信道带宽/MHz	5(单向)	1.25(单向)	1.6(双向)
码片速率/(Mc/s)	3.84	1.2288	1.28
多址方式	单载波 DS-CDMA	单载波 DS-CDMA	单载波 DS-CDMA + TD-SCDMA
双工方式	FDD/TDD	FDD	TDD
帧长/ms	10	20	10
调制	数据调制:QPSK/BPSK 扩频调制:QPSK	数据调制:QPSK/BPSK 扩频调制:QPSK/OQPSK	接入信道:DQPSK 接入信道:DQPSK/16QAM
相干解调	前向:专用导频信道(TDM) 反向:专用导频信道(TDM)	前向:共用导频信道 反向:专用导频信道(TDM)	前向:专用导频信道(TDM) 反向:专用导频信道(TDM)
语音编码	AMR	CELP	EFR
最大数据率/(Mbit/s)	2.048	2.5	2.048
功率控制	FDD:开环 + 快速闭环(1.6kHz) TDD:开环 + 慢速闭环	开环 + 快速闭环(800Hz)	开环 + 快速闭环(200Hz)
基站同步	异步(不需 GPS)	同步(需 GPS)	主从同步(需 GPS)

从技术标准上来讲，WCDMA、CDMA2000 和 TD-SCDMA 这 3 种技术标准都还没有完全成熟，都需要继续开展全面而深入的研究、试验以及测试，任何一种标准都是在某一方面、某一领域内有其优越性和特殊性。因此，这 3 种标准会互相融合、互相补充，从而得到完善和发展，不断走向成熟。

6.3　3G 涉及的若干技术

在 3G 系统中引入了一些新技术，主要有信道编码和交织、智能天线、软件无线电、多用户检测、动态信道分配及高速下行分组接入等。

6.3.1　信道编码和交织

信道编码和交织依赖于信道特性和业务需求。不仅对于业务信道和控制信道应采用不同的编码和交织技术，而且对于同一信道的不同业务也应采用不同的编码和交织技术。在 IMT-2000 中，在语音和低速率、对译码时延要求比较苛刻的数据链路中使用卷积码。Turbo 码具有接近仙农极限的纠错性能，在高速率（例如 32kbit/s 以上）、对译码时延要求不高的数据链路中，使用 Turbo 码可以提供优异的纠错性能。

6.3.2　智能天线

天线有两大特性：一是阻抗特性，研究阻抗特性的目的是使馈线与天线阻抗匹配，以提高传输效率。二是天线的方向特性，研究方向性的目的是使天线发射的电磁波指向所希望的方向，以提高天线的效率，减少对其他用户的干扰。

智能天线能根据外界信号的变化，通过信号处理对它本身的辐射和接收方向图自动进行优化，产生空间定向波束，使天线主波束对准用户信号到达方向，旁瓣或零陷对准干扰信号到达方向，达到高效利用有用信号，抑制干扰信号的目的。智能天线通常是由多个天线单元组成的天线系统。传统的多址方式有时分多址（TDMA）、频分多址（FDMA）和码分多址（CDMA）方式，智能天线引入了第4种多址方式，即空分多址（SDMA）方式，即在相同时隙、相同频率、相同地址码的情况下，用户还可以根据信号不同的空间传播路径加以区分。

智能天线可分为多波束智能天线与自适应阵智能天线两大类，简称多波束天线和自适应阵天线。

多波束天线利用多个并行波束覆盖整个用户区，天线方向图形状基本不变。它通过测向确定用户信号的到达方向，然后根据信号到达方向选取合适的阵元加权，将方向图的主瓣指向用户方向，从而提高用户的信噪比。因为用户信号并不一定在固定波束的中心处，当用户位于波束边缘、干扰信号位于波束中央时，接收效果最差，所以多波束天线不能实现信号的最佳接收效果。但是与自适应阵天线相比，多波束天线具有结构简单、无需判定用户信号到达方向的优点。

自适应阵天线是由多个天线单元组成的，一般采用4~16天线阵元结构，阵元间距1/2波长，阵元分布方式有直线型、圆环型和平面型。它可自动测出用户方向，并通过调节各阵元信号的加权幅度和相位来改变阵列的天线方向图，使主波束对准用户信号方向，实现波束随着用户走；而在干扰信号方向恰为天线方向图零陷或较低的功率方向，从而抑制干扰，提高信噪比和天线增益，减少信号发射功率，延长电池寿命，减小用户设备的体积。

智能天线可以成倍地扩展通信容量，与其他复用技术相结合，能够最大限度地利用有限的频谱资源。在移动通信中，时延扩散、瑞利衰落、多径、共信道干扰等使通信质量受到严重影响，采用智能天线可以有效地解决这些问题。

天线技术是当前移动通信发展的最有活力的技术领域之一，目前有以下几个趋势值得注意。

1）对天线不断提出各种要求：如小体积、宽频带、多频段、高方向性及低副瓣等。

2）新材料天线层出不穷：如陶瓷介质材料、超导天线等。

3）新的天线形式：如金属介质多层结构、复合缝隙阵、各种阵列天线等天线形式不断涌现。

4）随着电磁环境的日益恶化，将空分多址SDMA技术和TDMA、CDMA、智能天线和软件无线电技术综合运用，可能是解决问题的良好出路。

6.3.3 软件无线电

软件无线电是近几年发展起来的技术，它基于现代信号处理理论，尽可能在靠近天线的部位（中频，甚至射频），进行宽带A/D和D/A变换。无线通信部分把硬件作为基本平台，把尽可能多的无线通信功能用软件来实现。软件无线电为3G手机与基站的无线通信系统提供了一个开放的、模块化的系统结构，具有很好的通用性、灵活性，使系统互连和升级变得非常方便。其硬件主要包括天线、射频部分、基带的A/D和D/A转换设备以及数字信号处理单元。在软件无线电设备中，所有的信号处理（包括放大、变频、滤波、调制解调、信道编译码、信源编译码、信号流变换，信道、接口的协议/信令处理、加/解密、抗干扰处理、网络监控管理等）都以数字信号的形式进行。由于软件处理的灵活性，使其在设计、测试和修改方面非常方便，而且也容易实现不同系统之间的兼容。

3G 所要实现的主要目标是提供不同环境下的多媒体业务、实现全球无缝覆盖；适应多种业务环境；与第 2 代移动通信系统兼容，并可从第 2 代平滑升级。因而 3G 要求实现无线网与无线网的综合、移动网与固定网的综合、陆地网与卫星网的综合。

3G 标准的统一是非常困难的，IMT-2000 放弃了在空中接口、网络技术方面等一致性的努力，而致力于制定网络接口的标准和互通方案。

对于移动基站和终端而言，它面对的是多种网络的综合系统，因而需要实现多频、多模式、多业务的基站和终端。软件无线电基于统一的硬件平台，利用不同的软件来实现不同的功能，因而是解决基站和终端问题的利器。具体而言，软件无线电解决了以下问题。

1）为 3G 基站与终端提供了一个开放的、模块化的系统结构。这种系统结构为 3G 系统提供了通用的系统结构，功能实现灵活，系统改进与升级也很方便。模块具有通用性，在不同的系统及升级时容易复用。

2）智能天线结构的实现、用户信号到来方向的检测、射频通道加权参数的计算、天线方向图的赋形。

3）各种信号处理软件的实现，包括各类无线信令处理软件，信号流变换软件，同步检测、建立和保持软件，调制解调算法软件，载波恢复、频率校准和跟踪软件，功率控制软件，信源编码算法软件以及信道纠错算法编码软件等。

6.3.4 多用户检测

CDMA 传输的普遍问题在于，大量码分的用户信号分别在每个载波和每个收发信机上同时传送。所有传送信号的功率汇总到基站的收发信机中。信号成功检测的先决条件是，各个接收信号的电平相互之间的偏差小于 1.5dB。由于手机和基站间的距离不同，所以多个用户信号经不同的路径到达基站时有不同的衰减。另外，每个信号都有由用户移动所带来的不同延迟扩展和信号抖动。为了将基站收信机输入的所有接收信号电平控制在一定的范围内，必须进行多环路快速功率控制。经过平衡的多址接入信号，在基站的收信机输入里，会产生对每个被检测用户信号的较强干扰。这种多址接入干扰限制了 CDMA 系统的频谱利用率。

目前的 CDMA 接收机都是基于 RAKE 接收原理的。它的缺点是在对一个用户解调时没有利用已知的其他用户的信息。多用户检测接收机正是充分考虑到多址干扰实质上是一种有结构性的伪随机序列信号，设法将所有用户信号都检测出来，将其他用户信号从总信号中减掉，仅保存有用信号。这就是多用户检测（又称为联合检测、干扰消除技术）的基本思想。CDMA 系统是干扰受限系统，多用户信号检测提供了一种有效地减少多址干扰的方法，从而增加了系统的容量。

由于最佳的多用户检测太复杂，难以实用，所以，一般是在接收机的复杂度和性能之间寻找一个比较好的平衡点，这样便衍生出许多种次优的多用户检测方案。这些方案基本上可以分成两大类，即线性多用户检测和干扰抵消多用户检测。

6.3.5 动态信道分配

CDMA 系统受到两种系统自身干扰：一是小区内干扰，也称为多用户接入干扰，它是由小区内的多用户接入产生的；二是小区间相互干扰。

TD-SCDMA 系统通过多用户联合检测来减小小区内干扰。减小小区间干扰的方法之一是采用干扰逃逸程序，具有动态信道分配功能的 TD-SCDMA 系统是典型的例子之一。

在 TDD 模式中，利用用户设备可以分析用户所在时隙和其他信道的干扰情况。据此，通过小区内切换，使受干扰的移动用户可以避开各种干扰。有以下 3 种不同的动态信道分配方式。

1）时域动态信道分配。如果在目前使用的时隙中发生干扰，就通过改变时隙避开干扰。

2）频域动态信道分配。如果在目前使用的无线载波的所有时隙中发生干扰，就通过改变无线载波避开干扰。

3）空域动态信道分配。空域动态信道分配是通过智能天线的定向性来实现的。它的产生和时域与频域动态信道分配有关。

通过合并时域、频域和空域的动态信道分配技术，TD-SCDMA 能够自动将系统自身的干扰最小化。

6.3.6 高速下行分组接入

3G 业务上、下行的不对称性，使 FDD 系统需要一种有效的支持不对称业务的技术。高速下行分组接入技术就是一种对多用户提供高速下行数据业务的技术，其速率可达 10.8Mbit/s，特别适合于多媒体、互联网等大量下载信息的业务。在传输较高速率的数据时，高速下行分组接入在特定时隙中使用较高调制方式（8PSK、16QAM、甚至 64QAM）来进行传输。在 TD-SCDMA 中，已经使用 8PSK 来传输 2Mbit/s 的业务。在 CDMA2000-1X 中的某些时隙，使用 16QAM 传输高速数据，在 1.25MHz 的带宽下可传输 2Mbit/s 的数据。采用若干新技术，可使下行速率达到 8Mbit/s 直至 20Mbit/s 以上。高速下行分组接入技术包括自适应调制和编码技术、混合 ARQ 协议技术、快速小区选择技术、多入多出天线技术以及独立的 DSCH 信道技术等。

6.4 我国 3G 系统的发展

我国现在已经拥有世界上最大的移动通信网，2002 年的中国移动用户已突破两亿户，并且每年仍以净增大约 6000 万用户的规模持续发展。不论是用户总量还是每年净增用户量，我国都位居全球之首，是世界上移动通信发展最快的国家之一。

在第一代和第二代移动通信系统发展进程中，由于多方面的因素，我们未能真正形成自己的移动通信产业。目前，第三代移动通信（3G）给我国移动通信业界提供了一个不可多得的机遇。

我国发展 3G 有以下几点有利条件：

1）大中城市频率资源逐渐短缺，要求 3G 来扩容。

2）对高速移动数据业务、多媒体业务的要求逐年增加。

3）对第 2 代 GSM 网络已积累了营运的管理经验。

4）通过引进国外技术、技术合作以及近 10 年的研究开发，已对移动通信各类关键技术有所认识，有所掌握，有所创新。交换机及移动台开发及生产能力有明显提高。

5）政府及企业界非常重视。

随着人们对我国提出的 TD-SCDMA 技术的深入了解，特别是 2000 年 12 月，TD-SCDMA 技术论坛在北京成立以来，越来越多的国内外企业和机构开始参与到 TD-SCDMA 的研发中，TD-SCDMA 技术论坛的会员也由原来的 8 家发起单位增加到现在的 260 多家。

在 2001 年 3 月 R4 版本中得以确定，TD-SCDMA 成为真正的国际标准。2001 年 4 月 TD-SCDMA 完成了其全球的首次呼叫。随后又进行了实时图像传输公开演示，初步验证了 TD-SCDMA 系统的性能，正是由于这些突破性的进展，大大增强了人们对 TD-SCDMA 系统的信心，使 TD-SCDMA 成为发展最快的 3G 技术，并展现出美好的发展前景。

2002 年 10 月 23 日，我国在《关于第三代公众移动通信系统频率规划问题的通知》中划定了 3G 频段，为 TD-SCDM 预留了 155MHz 的 TDD 非对称频段（1880 ~ 1920MHz，2010 ~ 2025MHz，2300 ~ 2400MHz），而对 W-CDMA 和 CDMA2000 的频率与 ITU 的规划相同，即采用通用的 3G 核心频率，共计留出了 60MHz × 2（1920 ~ 1980MHz）的 FDD 对称频段。这进一步表明，我国政府将全力支持 TD-SCDMA 的发展。

2002 年 10 月 30 日，TD-SCDMA 产业联盟成立大会在北京人民大会堂举行，大唐电信、南方高科、华立、华为、联想、中兴、中国电子、中国普天等 8 家知名通信企业作为首批成员，签署了致力于 TD-SCDMA 产业发展的《发起人协议》。我国第一个具有自主知识产权的国际标准 TD-SCDMA 终于获得了产业界的整体响应。

6.5 小结

第二代移动通信系统（2G）主要支持语音业务，仅能提供一般的低速数据业务，不能满足日益增长的高速数据业务的要求，因此需要设计和建设一种新的网络以提供更宽的工作频带。在这一背景下，第三代移动通信（3G）的概念应运而生。

IMT-2000 是“未来陆地移动通信系统”的正式名称，其含义为该系统预期在 2000 年以后投入使用，工作于 2000MHz 频带，最高传输数据速率为 2000kbit/s。鉴于 2G 和 3G 将在今后较长的时间内共存，ITU 提出了“IMT-2000 家族”概念，即只要某系统在网络和业务能力上满足要求，都可以成为 IMT-2000 成员。1999 年 ITU 在赫尔辛基会议上确定 WCDMA、CDMA2000 以及 TD-SCDMA 为 3G 的三大主流技术标准，这标志着 3G 标准已基本定型。

以美国为代表的北美电信标准化组织向 ITU 提出的 3G 方案称为 CDMA2000，其核心是由高通、朗讯、摩托罗拉和北电等公司联合提出的宽带 CDMAone 技术。CMDA2000 信号带宽为 1.25MHz，码片速率为 1.2288Mchip/s；采用单载波直接序列扩频 CDMA 多址接入方式；帧长为 20ms；调制方式为 QPSK（下行）和 BPSK（上行）；CDMA2000 的容量是 IS-95A 系统的两倍，可支持 2Mbit/s 以上速率的数据传输；兼容 IS-95A/B。

WCDMA 由欧洲和日本提出，其核心网络基于 GSM/GPRS 的演进，它充分考虑了与 GSM 系统的互操作性和对 GSM 核心网络的兼容性。WCDMA 的信号带宽为 5MHz；码片速率为 3.84Mchip/s；采用单载波直接序列扩频 CDMA 多址接入方式；帧长为 10ms；调制方式为 QPSK（下行）和 BPSK（上行）。

TD-SCDMA 标准是中国提出的、具有一定特色的 3G 系统标准，是我国通信发展史上第一个具有完全自主知识产权的国际标准。TD-SCDMA 系统的信号带宽为 1.6MHz；码片速率为 1.28Mchip/s；单载波直接序列扩频时分多址 + 同步 CDMA 多址接入；帧长为 10ms；调制方式为下行 QPSK、上行 BPSK；内环、外环功率控制，控制速率为 200 次/s。

目前，在已公布的 3G 合同中，WCDMA 占有绝大多数的市场份额。而 CDMA2000 的技术最为成熟，从商用的系统来看，CDMA2000 的势头比较好。TD-SCDMA 在许多方面非常符合移动通信未来的发展方向，但成功与否最终体现在市场上。

在 3G 系统中引入了一些新技术，主要有信道编码和交织、智能天线、软件无线电、多用户检测、动态信道分配、高速下行分组接入等。

6.6 习题

1. 试说明 3G、ITU、IMT-2000 等名称的实际含义。
2. IMT-2000 的主要目标有哪些？
3. 3G 有哪 3 种主流标准？我国提出的是什么方案？
4. 试陈述 WCDMA 标准的技术特点。
5. 试陈述 CDMA2000 标准的技术特点。
6. 试陈述 TD-SCDMA 标准的技术特点。
7. 试列出 CDMA2000 演进历程中出现的各种标准。
8. 什么是软件无线电？
9. 智能天线有什么功能？
10. 上网或查阅资料了解 3G 的最新进展。

第7章　直放站与室内覆盖系统

直放站是随着移动通信的发展而出现的一种无线通信设备。在第一代移动通信系统（即模拟系统）建立时就已经开始了对它的应用，当时的设备体积大，价格高，指标较差，使用中经常造成对网络的干扰。目前使用的直放站设备外观和指标已经大大改善，但调试不好也会影响系统的性能。随着3G网络的深度覆盖，直放站制造厂家明显增多，各种各样的直放站应运而生，它已经成为无线网络覆盖中的重要设备。

室内覆盖是针对室内用户群改善建筑物内移动通信环境的一种成功方案，近几年在全国各地的移动通信运营商中得到了广泛应用。其原理是利用室内覆盖系统将移动基站的信号均匀分布在室内每个角落，从而保证室内区域拥有理想的信号覆盖。

本章介绍直放站与室内覆盖系统。

7.1　直放站的原理、类型与应用

直放站也称为转发器或中继器，它实际上是一种双向信号放大器，起着延伸基站覆盖范围和补盲的作用。直放站作为一种网络辅助手段，在完善蜂窝网覆盖、优化和改善服务质量、提高运营效益方面起着十分重要的作用。它既可以应用于室外局部盲点覆盖，又可以作为信号源应用于室内分布系统。

7.1.1　直放站的原理

直放站是由施主天线、直放机和覆盖天线组成的。与基站不同，直放站没有基带处理电路，不解调无线信号，没有容量扩展，仅仅是双向中继和放大无线信号，它的工作原理如图7-1所示。其中，直放机包含的电路模块主要有：双工器、低噪声放大器、滤波器、功率放大器（简称功放）、电源、监控电路等。在直放站中，朝向基站的天线称为施主天线，用于基站和直放站之间的链路，一般采用方向性很强的定向天线（如抛物面天线）。朝向用户的天线称为覆盖天线，用于直放站和移动用户之间的链路，一般采用具有一定张角的定向天线（如板状天线）。

当直放站进行工作时，首先是经施主天线接收来自基站的下行信号，在信号进入双工器后，被滤除带外的无用信号，再由低噪声放大器将信号放大，经滤波后送入末级功放，放大至所需功率，最后由覆盖天线发射出来。上行信号同下行信号的处理过程相似，但只是频率不同、方向不同。移动用户信号经由覆盖天线接入并经相应放大处理后，再由施主天线发送到基站。

双工器的作用是保持收/发信号之间的隔离度，并滤除杂波信号。双工器一般采用腔体的方式构成。腔体的性能如何，对于杂散辐射、带外抑制、相邻波道抑制都是很重要的。

低噪声放大器（简称LNA）的特点是本身的噪声系数很低，并具有良好的放大微弱信号的能力。

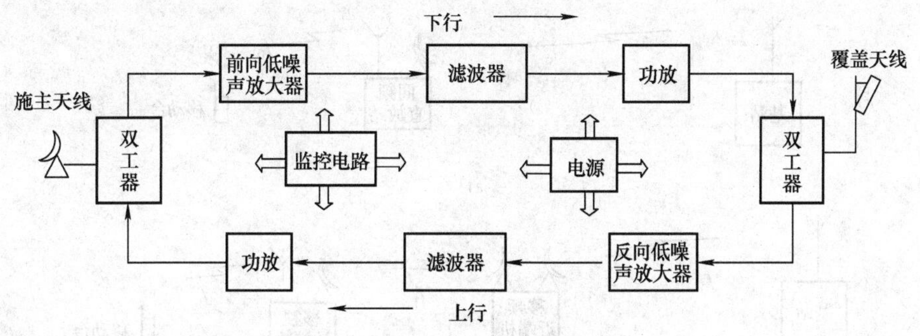

图 7-1　直放站工作原理图

功放是直放站的核心部件，其主要功能是把要转发的信号放大到需要的功率上。为保证输出信号的质量，功放应工作在线性放大区。目前，常采用固态线性功放模块，其饱和功率输出一般在 +43 ~ +47dBm 之间。不要一味追求高功率输出，这样必然增加成本（如采取预失真、预均衡等复杂技术手段）。在实际应用中，直放站的输出功率很难达到 +35dBm 以上。

为确保直放站的工作正常，及时发现设备的问题，并能将直放站的工作情况汇总至网管中心，在直放站内一般均设有监控电路。监控电路可以检测直放站内部各个部件的工作和参数变化情况，并能够对主要参数进行设置。通过无线 Modem，还可以将信息传送至远端的监控终端或网管中心。

大部分直放站使用交流电源，同其他设备共站时也可能使用直流电源。在经常断电的区域，还可以采用蓄电池，以浮充方式供电。在一些能源短缺的偏远山区，还可以使用太阳能电源或风力电源。

7.1.2　直放站的类型

1. 分类

移动通信直放站的分类方式有多种，常用的如下所述。

1）按系统体制来分：有 GSM 直放站、CDMA 直放站、3G 直放站。

2）按安装场所来分：有室外直放站、室内直放站。

3）按信号带宽来分：有宽带直放站、选频直放站。

4）按载频数目来分：有单载频直放站、多载频直放站。

5）按输出功率来分：有大功率直放站（$P_o \geq 40$dBm）、中功率直放站（30 dBm $\leq P_o \leq$ 40dBm）、小功率直放站（$P_o \leq 30$dBm）。

6）按供电方式来分：有交流供电、直流供电、蓄电池供电、太阳能供电、风力供电。

7）按传输方式来分：有同频直放站、移频直放站及光纤直放站。

2. 直放站的 3 种方式

图 7-2 示出了直放站同频、移频及光纤这 3 种传输方式，可以看出它们在构成上的区别。

1）同频直放站主要由放大器和滤波器组成，无需中间的传输链路，应用灵活，实施简便。同频直放站的主要特点是，将收到的信号经放大处理后重新发送出去，施主天线接收到

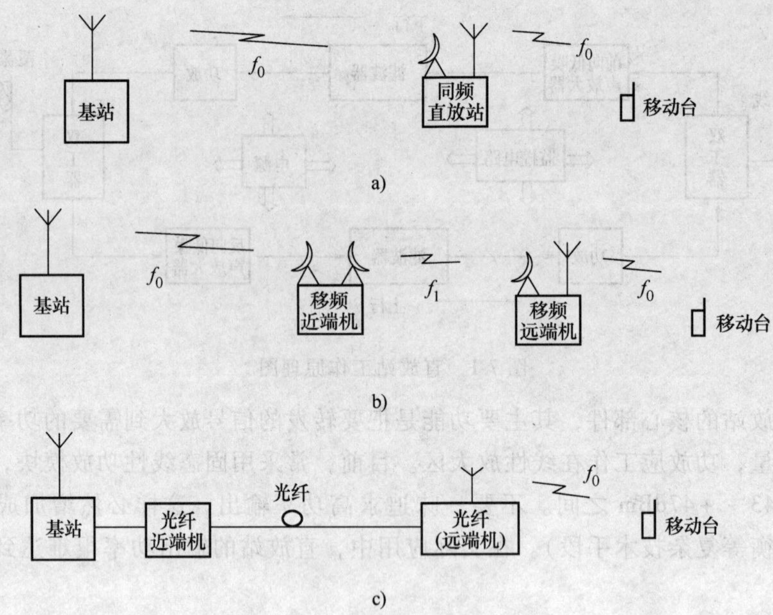

图 7-2　直放站的 3 种传输方式

a）同频直放站　b）移频直放站　c）光纤直放站

的信号与覆盖天线再发射的信号在频率上是一致的。缺点是容易引起反向干扰、噪声提高等负面影响。施主天线与覆盖天线之间需要的较大空间隔离度，且很难实现；同时，施主天线接收到的信号比较杂。因此，只建议应用在偏远地区或室内小范围区域的覆盖补充。

2）移频直放站由一个近端机和一个（或多个）远端机组成，这种一点对多点覆盖应用方式适合于某些特殊地区或环境。由于收发天线之间采用不同的频率，所以对空间隔离度的要求不高，还可以很快解决覆盖问题。但其造价偏高，故在实际应用中数量不多。

3）光纤直放站是将基站的耦合信号通过光纤传送到远端（一般不超过 15km），经光电转换后再放大发射。它的优点是避免了无线直放站可能引起的无线干扰等，可以实现全向覆盖，不存在施主天线与覆盖天线之间的隔离度问题，不用考虑施主天线所取信号的纯净性。缺点是需要占用光缆纤心，要考虑时延问题，同时价格较高。

7.1.3　直放站的应用

在进行蜂窝网络基站的工程设计时，由于基站的发射功率远大于手机，所以，计算基站的覆盖距离往往就是计算上行链路的传播衰耗。但在直放站的工程安装调测中，为方便起见，我们仍以手机接收到的基站信号强度进行估算（在下面的几个例子中，所涉及的电平值均为手机接收信号的功率值）。下面介绍直放站的几种典型应用。

1. 交通沿线的覆盖

交通沿线一般地形狭长，覆盖距离长，话务量很分散。对于比较平直的高速公路、铁路、河道等，重点要解决的是长距离覆盖；对于蜿蜒曲折和遮挡多的道路等，重点要解决的是盲区覆盖。

例如，在郊区某一基站东侧，有一主要公路交通干道，需要在基站东侧 14km 处安装一直放站，覆盖天线高度约55m。在直放站覆盖天线的输出口接一个2:1的功率分配器，分别接两个16dBi的板状天线。在未装直放站时，直放站所在地信号在-100dBm左右，通信时通时断，效果非常不好；在直放站开通后，直放站西侧一段约3~5km的公路信号明显改善。东侧直放站的安装，使通信距离又延伸了8~10km。

2. 偏远地区的乡镇覆盖

这些地方地域辽阔，热点分散，话务量一般非常小，但必须满足用户的正常通话要求。

例如，某村镇离基站5~6km，由于该镇经济条件较好，所以手机用户较多。在无直放站时，室外手机信号在-90~-95dBm左右，室外通信正常但无法保证室内通信。在安装直放站后，覆盖天线30m左右，采用全向天线，地面接收的基站信号电平提高约20dB，可以实现半径在500~800m内的室内覆盖。

3. 地形起伏遮挡区域的覆盖

在山区、丘陵地区，地形、地貌高低起伏较大，造成无线信号被遮挡或出现快衰落现象，而阴影地区又有比较重要的厂矿等需要信号覆盖。

例如，某一风景区位于山谷中，距离基站不到4km，但由于被山脉阻挡，手机根本无法工作。在山脉的尽头安装一直放站，而直放站接收信号的方向和发射信号的方向成一定的角度，相当于基站的电波在直放站处有一交叉。依靠山体的阻挡，直放站的施主天线和重覆盖天线分别被放在山体的两侧，隔离度很大，直放站的性能可以得到充分发挥，不但很好地解决了该风景区用户的通信问题，而且使该基站的通信距离向山谷里延伸了6km。

4. 隧道、地铁内的覆盖

因为深度衰减，基站信号难以覆盖到狭长的隧道或地铁内部，而这些地区恰恰是热点区域，所以必须进行覆盖。

5. 临时性会议地点的应急覆盖

例如，某公司在北京郊区某大型宾馆组织会议，由于信号较弱，在会议室和宾馆底层房间均不能进行通信。因为是临时会议，而且时间紧迫，所以不太可能在宾馆安装室内分布系统。经现场考察，宾馆顶层的信号较强，且信号单一，安装直放站不会引起同频干扰，覆盖天线放在楼群中间，利用楼体的隔离可以有效地控制直放站的覆盖。宾馆的面积不大，故直放站的增益设置较小，从而可使直放站工作很稳定。直放站半天即安装完毕，马上收到效果，不但会议室内信号明显增加，而且地下室也可以实现通信。

6. 开阔地域的覆盖

地广人稀的开阔地域往往是使用直放站进行覆盖的典型场合。当直放站采用全向天线时，只要有一定的铁塔高度，在直放站工作正常的情况下，3km内就可以明显感觉到直放站的增益作用。但距离超过5km以后，直放站的增益作用会迅速消失，用手机进行基站接收信号电平测试，无论直放站是否工作，接收电平都没有明显变化。此时，可以将直放站的天线改为高增益多波束天线，用这种天线进行覆盖后，将会取得明显效果。

7.2 直放站的调试与优化

直放站加入移动网要达到的基本要求是，不对基站系统产生干扰，满足覆盖要求，增加覆盖区的话务容量。为达到这些要求，对性能指标的调测是相当重要的。

7.2.1 直放站的技术指标

通常，对直放站的要求主要是以基站的技术要求为依据。

1. 工作频带

直放站的工作频带是指直放站在线性输出状态下的实际工作频率范围，例如 GSM 直放站上行工作频带应为 890 ~ 915MHz 和 1805 ~ 1850MHz，下行工作频带应为 935 ~ 960MHz 和 1710 ~ 1755MHz。

应注意的是，对于信道选择型直放站的实际工作频带，该指标规定的是设备选择某个载波后的实际工作带宽。如 GSM 单载频直放站的工作带宽为 200kHz，即工作频带为 $f_c - 100\text{kHz} \sim f_c + 100\text{kHz}$（$f_c$ 为某个载波的频率）。

2. 输出功率

直放站设备的输出功率 P_o 是指直放站在线性工作区内所能产生的最大功率。最大输出功率应包括上行输出和下行输出两个不同的方向。一般情况下，用下行功率来表示该直放站的功率输出。为了达到网内运行的设备指标，直放站内部均设有过功率告警电路，当输出功率超过规定的功率时，就会发出告警信号，同时还会关断功放。

通常最大输出功率在不超过国家无线电管理委员会规定的最大限值的情况下，应分成若干等级供用户选用，下行主要考虑覆盖，上行应保证基站能满意接收。因此，下行功率一般大于上行功率。

3. 设备增益

直放站设备增益 G 是指直放站在线性工作范围内对输入信号的最大放大能力，包括上行和下行两个方向的增益。在直放站安装开通后，增益是可以调整的重要指标。入网检测标准规定，G 不得超过 113dB。为使直放站能够适应各种复杂场合，直放站的增益均具有不小于 30dB 的可调范围，调节步长为 1dB。

为了保证输出功率稳定和避免输出非线性，一般直放站都带有不小于 10dB 的自动增益控制（AGC）。

4. 带内平坦度

带内平坦度是指直放站对带内信号均匀放大的能力，反映了直放站的幅频特性。带内平坦度会影响覆盖区手机信号的稳定性，如果手机信号在接收过程中出现跳跃，则很可能是带内平坦度不好。带内平坦度的指标一般为 2 ~ 3dB，在工程应用中使用的带有跟踪源的频谱仪可以很方便地测量这个参数。

5. 线性特性

直放站主要是由低噪声放大器、功率放大器等有源器件组成，必要时还可能采用中频滤波处理方式，使用变频器、中频放大器等器件。这些放大器的线性特性是影响设备性能指标的关键因素。如果线性特性不好，将会引起设备三阶互调过大，当多载波应用时，就会造成带内、带外杂散过高，带外抑制度不够等现象。国家无线电管理委员会在型号核准时对此指标已有明确规定。即使是符合指标的设备，如果增益设置不合理，也有可能工作在非线形区而使得线性指标变差。在工程现场，往往无法携带完整的仪器而难以测量，最简易的方法是，利用频谱仪观察在输入信号变化时输出信号是否也随之发生相应变化，只有这样，才可以保证设备工作在线性区域。如果设备没有工作在线性区，经直放站放大的信号质量就必然恶化。

6. 隔离度

工程实施中的直放站隔离度是指直放站的输入端口对输出端信号的抑制度（或衰减度）。这个隔离度与直放站设备本身没有关系，它取决于施主天线和覆盖天线的安装位置，与垂直及水平的距离、相向的角度有关。施主天线与覆盖天线之间必须达到较大的隔离度，才能提高直放站的增益，获得较大的输出功率。经常采用的方法是，将两个天线垂直拉开15m和水平拉开20m，尽量使天线背靠背，或利用山体、水塔、建筑物等自然地形阻隔。此外，还可通过加装隔离网增加其隔离度。隔离度的大小会影响增益的设置，一般要求直放站的增益比隔离度小10～15dB。在无线直放站安装调测前，必须测出隔离度的数值。图7-3所示是工程中常用的测量隔离度方法示意图，即利用带有跟踪源的频谱仪测量隔离度。

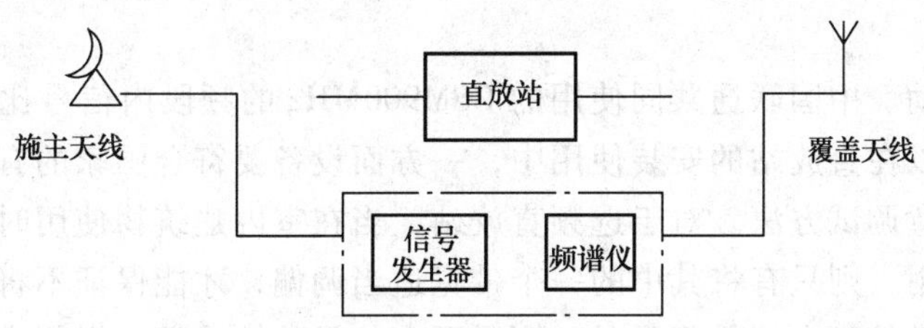

图7-3 工程中常用的测量隔离度方法示意图

7. 底部噪声

底部噪声（简称底噪）是当直放站的某一输入端无有用信号输入时，输出端所呈现的噪声信号。相对于基站而言，直放站具有上行及下行的底噪。需要指出的是，上行底噪对系统的影响较大。

当一个直放站在安装应用时，底噪主要由两部分组成。一部分来自于机器内部，实际上是由直放站接收机内部的电阻热噪声和有源器件（主要是低噪放和功放）的散弹噪声，这部分噪声可以称为静态噪声。底噪的另外一部分由动态噪声组成，主要来自于外部的环境噪声，如自然噪声和人为噪声。自然噪声指大气、太阳、银河噪声等；人为噪声则源于各种电气设备（如电力线、汽车发动机、工业设备等）的电磁辐射。

对于基站接收机而言，接收灵敏度是一个非常重要的指标，只有高于接收灵敏度的信号才可以被正确接收。因此，在安装直放站时，必须保证到达基站接收机输入端的底部噪声功率不影响接收灵敏度。一般情况下，接收灵敏度为－120dBm，故要控制直放站的底噪在到达基站接收机的输入端时不超过此数值。控制底部噪声功率的方法有降低噪声系数和调整设备增益。噪声系数在设备出厂后就确定了，一般不会变化，因此，在工程现场调测时，调整设备的增益就显得非常重要了。

7.2.2 直放站的干扰

在大量应用直放站后，明显提高了移动通信的网络覆盖，但也随之出现了一些干扰。只有解决好这些干扰问题，才能更好地应用直放站。

1. 对基站的干扰

直放站对基站的干扰主要体现为反向（上行）噪声及自激信号。

当直放站的底部噪声进入基站超过灵敏度（-120dBm）时，就构成了反向噪声。反向噪声过大会使基站降低话务容量及设备余量，减少使用的用户数量，缩小服务半径，严重时还会使基站告警，甚至无法工作。控制反向噪声的主要方法是控制进入直放站的噪声功率或调整直放站增益。

对于无线同频直放站而言，自激一直是设备生产、工程安装中的大忌。因为在生产过程中一般均会排除设备本身的自激，所以，在工程调试中要严格控制天线间的隔离度和直放站的增益。自激信号一旦产生，对基站的干扰是非常严重的。为了消除自激，首先应从设计上选择合适的安装位置，保证施主天线和覆盖天线间的隔离度，一旦出现了自激，解决的途径是，调整两个天线间的水平或垂直距离、方向角以及降低设备的增益。当由于安装施主天线的近场有遮挡（如高大建筑物、山体）而出现了自激现象时，靠上述调整则无效果，此时应调整直放站的安装位置。

2. 边带干扰

由于在中国移动、中国联通共同使用的GSM900MHz的频段内信号比较拥挤，极易造成相互间的干扰，所以在直放站的安装使用中，一方面设备要符合国家的有关规范和标准，另一方面也要适当注意调试方法。对于选频直放站，当在室内建筑物使用时，若两个运营商的信号均靠近边缘使用，则只有将其中的一个带宽适当调偏，才能保证不将另外一边的信号放大；若出现紧靠边带的频点信号很强时，则需要在信号的输入端加入相应的滤波器。

3. 三阶互调干扰

大部分生产直放站的厂家都是采用一块功放来完成多信道共同放大的，由于功放的工作非线性，尤其是三阶互调产物较强，其频率又位于移动通信频段，所以会对通话质量有较大影响，应通过降低上行和下行的输出功率来降低三阶互调产物。根据国际电信联盟（ITU）建议，蜂窝移动通信载噪比应大于17dB，应调整下行输出三阶互调不大于-15dBc（dBc是相对于载波功率计算的dB值）。在工程施工中，使用频谱仪观察直放站的输出信号频谱是非常必要的。

7.2.3 直放站的优化

直放站在移动通信网中所起的作用，主要是解决信号覆盖的问题，在扫除盲区、延伸覆盖的同时，调配（均衡）话务容量。在将直放站加入网络覆盖后，改变了覆盖特性，也就要求基站的参数做出相应调整，这也是网络优化所关注的内容。直放站是相对于移动通信基站主设备的补充设备，在扩大覆盖应用中，是价廉物美的选择。

目前，在直放站的使用中有一个误区，就是靠抬高直放站的发射功率去压制其他干扰信号，其结果很可能造成恶性循环。在这种情况下，建议首先进行网络优化，对基站的覆盖进行调整后，再决定是否采用直放站，否则，一旦基站参数进行优化调整，这个直放站的用处可能就不大了。

应用任何一个直放站，均希望达到应用效果，那么，如何判断应用效果呢？可以采用主观判断、仪表判断或使用路测仪。

1）主观判断。利用测试手机提供的测试功能看覆盖的效果，并用电话拨打进行测试观察通话效果；确定几个固定的点比较直放站开通前后的区别。这种方法比较粗糙，很容易遗漏一些测试项目和问题，故只能作为初步判断。

2）仪表判断。在覆盖区域内，利用频谱仪或移动信号分析仪观察上行和下行信号的幅度、频谱的形状以及周边信号是否有干扰信号存在。同时，利用手机拨打观察信号的变化情况。使用仪表基本上可以确认直放站的工作情况是否正常。

3）使用路测仪。对于直放站工作情况的判断，使用路测仪是比较好的办法。路测仪可以提供全面、完整的测试结果，尤其是经后台处理后，可以直观地给出覆盖区域的各种效果图。建议对竣工的直放站使用这种方法来进行验收，对于室内分布系统，则可以采用步测的方式进行验收检测。

直放站在整个移动通信网络中只是一种补充，比起基站等主设备来其技术含量不高。直放站在网络中应用性能的好坏及对整个网络的影响，更多是依靠工程技术人员在设计、安装、调试等各个环节中的把握。

7.3 直放站集中监控系统

移动通信网络为解决网络覆盖和降低运营成本而引入直放站是一种不可多得的方法。为有效提高移动网络的运行、维护和服务水平，减少维护成本，以实现对众多厂家提供的不同类型直放站的“集中控制，统一监管”，建立一套行之有效的直放站监控管理系统势在必行。

7.3.1 总体要求

1. 设计原则

建立直放站集中监控管理系统，一般以省级为单位，以集团公司的统一直放站管理协议为规范和依据。

直放站集中监控管理系统的设计必须遵循电信管理网（TMN）规范和相关技术规范，且要充分考虑到直放站集中监控管理系统发展的平稳性以及通过短信中心的通信能力，实现各不同直放站设备厂商的接入和统一管理（包括现网运行和将来新增），具备灵活地网元接入方式和组网方式。随着直放站集中监控和管理功能要求的提高，直放站集中监控管理系统可以随之进行扩充，以满足不断增长的网络管理需求。

直放站集中监控管理系统应具有开放性和兼容性，并且要求有很强的稳定性和强大的处理能力，满足无人值守的需要，提供标准的对外接口，以方便与其他系统的集成和信息共享，提供完善的存储和管理方式、强大的数据处理和统计分析功能、友好和方便的管理操作界面，便于系统维护。

系统提供完善的系统框架，便于扩容。

2. 功能要点

直放站集中监控管理系统立足于对全省的直放站实行“集中控制，统一监管”。从管理功能上，直放站集中监控管理系统必须实现如下基本的管理功能，即拓扑管理与网络监控、配置管理与配置统计分析、告警监控及故障管理、报表管理与自定义报表、操作管理、定时轮巡、系统自身管理以及安全管理。

7.3.2 网管系统平台的特点

移动通信网的网管系统平台为构建一个完整的网元管理解决方案提供了基本的框架模块，通过加载不同的采集逻辑、业务处理逻辑以及上层应用便可以构建出不同类型的网络管理系统解决方案。

网管系统平台体系结构采用严格的分层设计思想、程序处理逻辑与处理程序分离技术，构建了网元接入层、数据映射层、业务处理层以及上层应用的逻辑层次，对于每个逻辑层系统都提供相应的基础模块。

目前市面上成熟的移动通信网络管理系统基本上采用如图 7-4 所示的网管系统软件体系架构，它主要分为 3 个层次的结构，底层即数据采集层，为数据采集与接口设备，主要负责从网元收集数据以及为其他网络管理系统提供接口；中层即数据处理层，为数据处理层设备，完成系统数据存储，实现数据处理功能，它采用了数据库与消息平台双通道的方式，保证了数据处理的实时性，分担了系统的负载；上层即应用层，为应用业务处理设备，用于完成面向用户业务需求的应用处理功能。

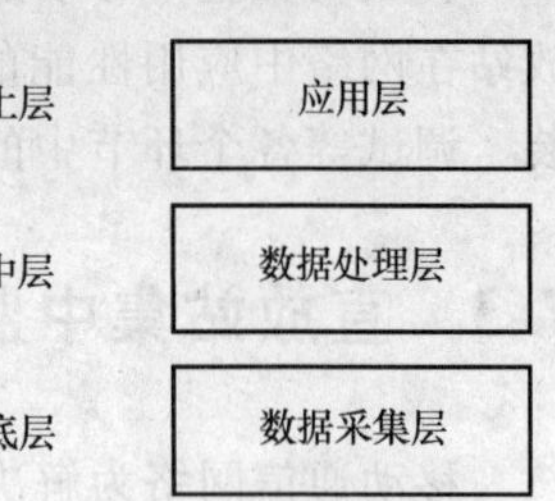

图 7-4 网管系统软件体系架构

底层的数据采集层使用了采集逻辑与采集模块分开的技术，并致力于提供一套完整的工具来支持各种网元（如码流、文件、数据库、消息等）的接入方式。只需简单修改或新增直放站网元的采集处理逻辑单元，即可快速接入网元，搭建完成直放站集中监控系统的框架，而且可以灵活的利用高级用户通过配置文件的方式来实现采集逻辑的客户化。

中间的数据处理层承担了核心层数据的汇总、转换工作和消息的分发及后处理操作。用户可以根据自己的需要，通过直放站集中监控管理系统提供的自定义数据汇总模板，来实现简单的数据汇总，包括忙时过滤和简单的网元级汇总。该层次基本无需进行调整，只需简单转换相应的映射关系即可。

上层的应用层提供一系列现成的应用模块来直接服务于直放站监控的应用功能需求，如监控模块、智能巡监、集中操作和配置管理等。

7.3.3 系统整体方案

1. 总体结构

系统建设通常以省为单位，在省级网管中心建设一套省监控中心，监控中心提供通过短信网关（SMG）与短信业务中心（SMSC）的连接，短信网关连接支持标准的 SMPP3.3 协议和 SGIP1.2 协议，有利于采集直放站的状态信息和告警信息以及交换直放站短信等控制信息。各直放站和直放站集中监控管理系统还可采用无线数据传输的方式交互信息。系统总体结构示意图如图 7-5 所示。

1）省监控中心可配置高性能的硬件服务器，以完成直放站状态数据的采集、数据库运行和实现管理直放站的操作等系统功能，管理全省的直放站设备。各地市级监控中心可通过现有的网管系统 DCN 资源与省监控中心进行连接，以完成数据的传输。各地市级监控中心可不配置任何硬件服务器，只需配置一台本地维护终端，即可登录到省监控中心，完成对直

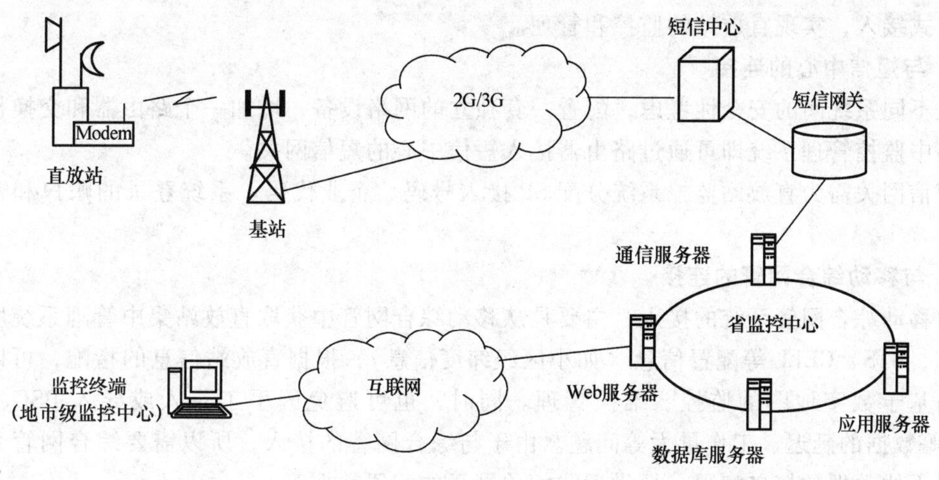

图 7-5　系统总体结构示意图

放站的管理。

2）系统中心服务器（含通信服务器、数据库服务器和应用服务器）主要负责系统的数据管理、数据采集、消息传递、故障处理等，是直放站集中监控管理系统的核心部分。

3）Web 服务器负责处理用户前端机发出的各种管理请求，并将处理结果以 Web 的方式返回给前端工作站，如定时轮训的智能巡监功能定制和管理信息发布等，采用 PC 服务器。

4）PC 终端分为省中心监控终端和地市监控终端。省中心监控终端运行网管应用程序，提供管理员与网管系统之间的人机接口，集中监控、统一管理；地市监控终端访问网管中心应用服务器，实现对本管辖区域内直放站的监控、维护调试管理，同时通过 Web 浏览器，可以查看和增、删、改相关的直放站配置，实时监控直放站的告警信息，查询直放站定时轮训结果以及相关的报表数据等。

直放站集中监控系统在硬件平台设计时充分考虑到系统的可扩展性，针对直放站网元种类多、数量大的情况，设计了可分布的采集阵列，从而保证监控系统的接入能力，提供平滑的功能扩展，同时可以面向运营商的进一步功能需求开发新的应用。

2. 直放站接入方案

（1）以短信方式接入

直放站和监控服务器之间通过无线通信链路，直放站内置的 Modem 以短信的方式和监控中心主服务器建立通信联络。直放站的主服务器采用 SMPP 或 SGIP 协议和短信网关通信，经过短信网关和直放站以短信的方式通信。直放站监控系统以 SP 的形式接入短信网关。

（2）以无线数据传输方式接入

在早期的直放站设备中，存在着部分以无线数据传输方式通信的直放站设备。此类设备通过直放站集中监控系统的中心服务器侧和直放站设备侧的无线 Modem 相互交互数据，在数据采集或监控维护时，向直放站侧进行无线拨号，建立无线通信连接，实现信息的交互。当直放站设备侧发生故障时，则由直放站侧 Modem 向网管中心拨号，将告警信息发送到网管中心。

还有一部分直放站，在本地设置有自己的监控终端（称之为前置机）。这类直放站通过其前置机提供上级网管接口，与省监控中心的系统的中心服务器通过无线 Modem 等以数字传输方式接入，实现直放站的监控和管理。

3. 与短信中心的连接

从不同系统间的安全性考虑，配置一套独立的网络设备，增加一个路由器和交换机。直放站集中监控管理系统即可通过路由器接入短信中心的短信网关。

短信网关需为直放站监控系统分配 SP 接入号码、企业代码、系统登录的账户和密钥等信息。

4. 与移动综合网管的连接

与移动综合网管系统的接入，主要是从移动综合网管中获取直放站集中管理系统所需要的 BSC、BTS、CELL 等配置信息（如小区经纬度信息），根据直放站信息的指配，可以实现直放站基于数字地图的监控、维护管理。同时，也可避免因手工录入或导入 BSC、BTS、CELL 等数据的延迟、工作量大等问题。由于与综合网管的接入，所以需要综合网管系统开放有关无线数据的接口权限，提供无线相关网元的配置数据等。

7.3.4 软件功能

建立在成熟网管系统平台架构上的直放站集中监控系统，很容易达到直放站的基本功能要求，并且使开发周期大大缩短，稳定性得到保证。

1. 基本功能

1）针对直放站配置的管理，通过分析统计全网资源配置和利用率，使管理者能采取有效的措施，发挥网络资源的最大效益。

2）实现直放站的告警集中监控和处理，采集各类网元的告警信息和网络事件，将收集的告警及事件入库保存，供告警统计和查询以及故障统计分析的需要。

3）实现对直放站的集中配置和管理，包括业务配置、网络配置等，充分扩展“技术骨干”的支持范围。

4）通过智能巡监实现直放站的定时轮训，并将结果上报给实时监控系统，方便及时发现网络故障，变故障监控由被动为主动，并将轮训结果入库，供日后分析处理。

5）通过对直放站管理域、用户组、用户权限的设定，保证设备接入、用户登录和数据操作的安全管理。

6）管理系统自身的配置、运行状况、备份和系统安全等，主要包括节点配置管理、网络监视、系统进程管理、系统备份和恢复、系统日志管理等。

2. 软件功能

1）拓扑管理与网络监控。以拓扑连接、导航树等多种拓扑表现手段，将业务区内的直放站状况用图形化的形式直观显示，实现各直放站与相应基站的拓扑信息相互关联的一种拓扑关系的管理功能。

2）配置管理与配置统计分析。完成对直放站设备静态属性的配置和操作维护功能，并且能够统计全网直放站设备的配置情况。通过短信或点对点接口等方式，实现对直放站进行远程控制（如通过向短信中心发送控制消息，实现对各直放站的维护操作）以及实现对配置信息、查询、修改、创建、删除等管理功能。

3）告警监控及故障管理。实时监视多种被直放站上报的告警信息，实现对告警信息进行显示、前转处理、告警级别过滤、相关性分析等管理功能。监控网络重大告警的处理情况。同时通过故障处理平台，实现对直放站的故障处理等维护操作。

故障综合管理包括各直放站的故障收集、故障管理支持、故障综合分析与处理等功能。

4）报表管理与自定义报表。依据网络配置数据、系统采集的告警数据，可定制满足多种条件的查询报表、统计报表、分析报表等。

5）操作管理。提供对多种网元设备的集中仿真终端的监控管理。可按厂家、地市、网络类型、直放站的类型（光纤、宽带、移频、干放等）组合灵活选择，用远端控制和查询等命令操作直放站，如上/下行功放的查询及门限设置、上下行低噪声放大器故障的查询及告警门限设置、直放站运行状态的查询及功率参数获取等。

6）智能巡检（定时轮训）。通过智能巡检实现对直放站的定时轮训功能，主动发现网络故障，实现面向用户和业务的维护机制，降低维护人员工作量，提高工作效率。

7）告警短信自动通知。实现将直放站网元告警事件上报到监控系统后自动报告给运行和维护工程师，可以灵活设置告警前转到手机或 Email，并可按告警级别、网络类型、设备归属等组合灵活控制前转，而且可分层通知，即若在规定的时间内故障得不到处理，则短信通知更高管理层。

8）系统自身和安全管理。系统自身和安全管理是从对网管系统自身监控出发，包含主机设备管理、网络设备管理、软件模块管理、应用进程管理、数据库管理、网管系统数据管理等；从系统自身安全考虑出发，包含用户管理、日志管理、登录管理等。

7.4 室内覆盖系统

随着城市移动通信用户的飞速增加以及高层建筑越来越多，话务密度和覆盖要求不断上升。而规模高大的建筑物对移动电话信号有很强的屏蔽作用。在大型建筑物的低层、地下商场、地下停车场等环境下，移动通信信号弱，手机无法正常使用，形成了移动通信的盲区和阴影区；在中间楼层，有来自周围不同基站信号的重叠，产生乒乓效应，手机频繁切换，甚至掉话，严重影响了手机的正常使用；在建筑物的高层，受基站天线的高度限制，信号无法正常覆盖，也是移动通信的盲区。另外，在有些建筑物内，虽然手机能够正常通话，但是用户密度大，基站信道拥挤，使手机上线困难。移动通信的网络覆盖、网络容量、网络质量是运营商获取竞争优势的关键因素，而这些关键因素又从根本上体现了移动网络的服务水平，是所有移动网络优化工作的主题。室内覆盖系统正是在这种背景之下产生的。

7.4.1 概述

建设室内覆盖系统，可以较为全面地改善建筑物内的通话质量，提高移动电话的接通率，开辟出高质量的室内移动通信区域。决定是否建设室内覆盖系统主要看 3 个方面，一是覆盖方面，在一些大型建筑、停车场、办公楼、宾馆和公寓等区域，由于建筑物自身的屏蔽和吸收作用，造成了无线电波较大的传输衰耗，形成了移动信号的弱场强区甚至盲区；二是容量方面，一些话务量高的大型室内场所，如车站、机场、商场、体育馆、会议中心等区域，移动电话使用密度过大，局部网络容量不能满足用户需求，无线信道常常发生拥塞现象；三是质量方面，在一些高层建筑的顶部，极易存在无线频率干扰，使服务小区信号不稳定，出现乒乓切换效应，话音质量难以保证，甚至出现掉话现象。

为提高移动通信服务质量，各家运营商均对室内覆盖提出了明确的要求，如中国移动通信集团公司提出："加强城市室内覆盖建设不仅是吸收话务量、提高通话质量的有力手段，各省要结合无线网络规划，确定必须建设室内覆盖的建筑。要求以下重要场所实现覆盖（即室内面积95%以上信号强度大于－94dB）：移动用户在10万以上的城市的政府办公场所、新闻中心；飞机场候机楼、火车站候车厅；地铁；三星级以上酒店、高档商业办公楼、娱乐中心；营业面积超过20 000m^2的大型商场；其他移动运营商有覆盖的场所；话务量大或用户投诉多的地方。"

7.4.2 信号源

室内覆盖系统主要由信号源和信号分布系统两部分组成，其组成示意图如图7-6所示。室内覆盖系统通过信号源接收基站信号，再通过信号分布系统将基站信号传送到室内的每一个区域，最后通过小型天线发射基站信号，从而达到消除室内覆盖盲区、抑制干扰的目的，为室内的移动通信用户提供稳定、可靠的信号，使用户在室内也能享受高质量的个人通信服务。

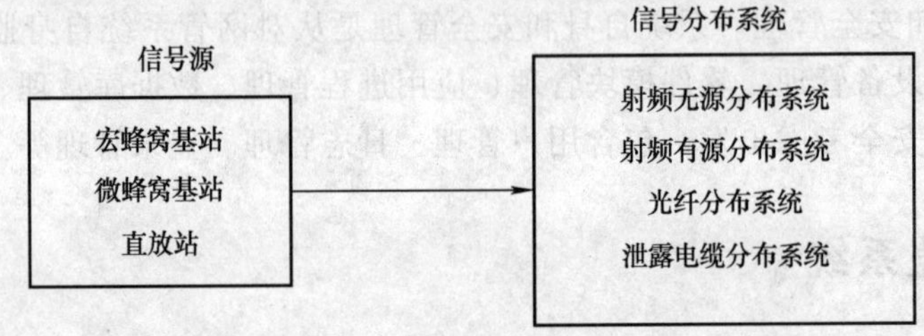

图7-6　室内覆盖系统的组成示意图

室内覆盖系统的信号源按接入方式可分为以下3种方式，即宏蜂窝方式、微蜂窝方式和直放站方式。

1. 宏蜂窝方式

宏蜂窝方式是以室外宏蜂窝作为室内覆盖系统的信号源，即无线接入方式。适用于低话务量和较小面积的室内覆盖盲区，在市郊等偏远地区使用较多。宏蜂窝方式的主要优势在于信号源容量大、覆盖范围广、信号质量好、容易实现无源分布、网络优化简单；但宏蜂窝成本较为昂贵，且需有传输通路，建设周期长，无线指标尤其是掉话率的影响比较明显。宏蜂窝基站在室内的应用示意图如图7-7所示。

2. 微蜂窝方式

微蜂窝技术是在宏蜂窝方式的基础上发展起来的一门技术，是目前解决高话务量地区容量问题的行之有效的方法之一。微蜂窝的覆盖半径大约为30～300m；发射功率较小，一般在1W以下；基站天线置于较低的地方（一般高于地面5～10m），传播主要沿着视线进行，信号在楼顶的泄露小。因此，微蜂窝方式可以被用来加大无线电覆盖，消除宏蜂窝方式中的盲点。同时，由于低发射功率的微蜂窝基站允许较小的频率复用距离，每个单元区域的信道数量较多，所以业务密度得到了巨大的增长，且射频干扰很低，将它安置在宏蜂窝的"热点"上，可满足该微小区域质量与容量两方面的要求。微蜂窝基站在室内的应用示意图如图7-8所示。

在实际设计中，微蜂窝作为无线覆盖的补充，一般用于宏蜂窝覆盖不到又有较大话务量

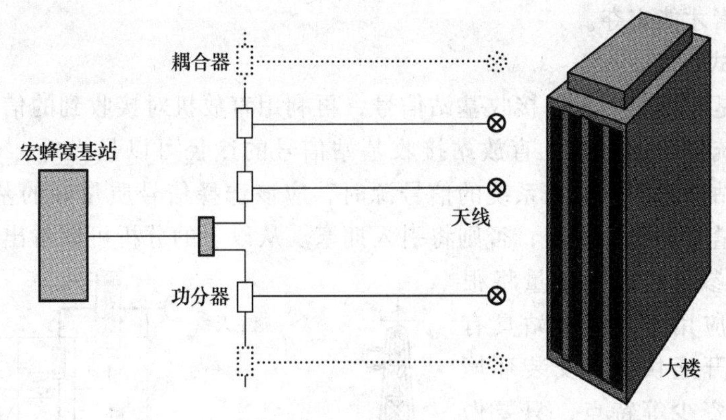

图 7-7　宏蜂窝基站应用示意图

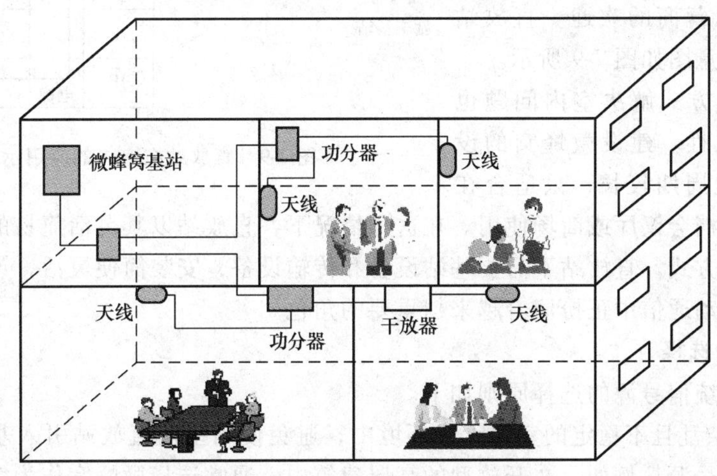

图 7-8　微蜂窝基站在室内的应用示意图

的地点，如地下会议室、娱乐室、地铁、隧道等。作为热点应用的场合，一般是话务量比较集中的地区，如购物中心、娱乐中心、会议中心、商务楼、停车场等。

微蜂窝组网简单，可直接加入到现有系统中，而不需改变现有的网络结构。其设备体积小，容易安装，因此应用灵活，可直接在需要的地方进行建设，从而可快速解决覆盖盲点及热点地区的通信问题。它对容量的提高是明显的，但需要较大的投资。

微蜂窝方式是以室内微蜂窝系统作为室内覆盖系统的信号源，即有线接入方式。适用于覆盖范围较大且话务量相对较高的建筑物内，在市区中心使用较多，以解决覆盖和容量问题。

改善高话务量地区的室内信号覆盖，微蜂窝方式是最佳解决方案。与宏蜂窝方式相比，微蜂窝方式是更好的室内系统解决方案。微蜂窝方式的通话质量比宏蜂窝方式要高出许多，对宏蜂窝无线指标的影响甚小，并且具有增加网络容量的效果。

但微蜂窝方式在室内使用时，受建筑物结构的影响，其覆盖受到很大限制。对于大型写字楼等建筑物，如何将信号最大限度、最均匀地分布到室内每一个地方，是网络优化所要考虑的关键。且微蜂窝方式的弱点在于成本较为昂贵，需要进行频率规划，需要增建传输系统，网络优化工作量大。因此，对宏蜂窝和微蜂窝方式的选取，需要综合权衡移动网络和运营商的多方面因素才能定夺。

3. 直放站方式

直放站方式是利用施主天线接收基站信号，再利用直放机对接收到的信号进行放大，从而为室内覆盖系统提供信号源。直放站接收基站信号的途径可以是光纤，也可以是无线通道。在使用直放站作为室内覆盖系统的信号源时，应该选择信号质量好的基站作为馈入源，并且保证基站容量有足够的富余，否则将引入拥塞。从以上的分析可以看出，直放站的建设必须有运营部门参与，否则质量将很难保证。在实际应用中，直放站具有安装调试简单、开通快捷、安装环境要求低和基建投资少等特点，只要做好对其设计与安装工作，直放站就将会越来越受到运营商的欢迎。直放站在室内的应用示意图如图 7-9 所示。

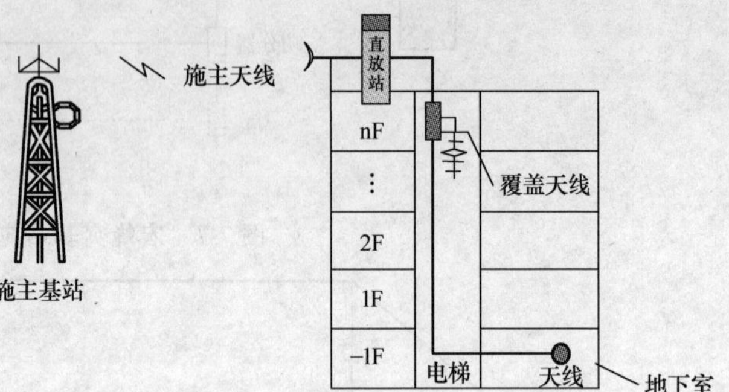

图 7-9　直放站在室内的应用示意图

利用微蜂窝方式解决室内问题也存在很大的局限性。建设微蜂窝的设备投入多，工程周期较长，只适合在话务量集中的高档会议厅或商场使用。在这种情况下，直放站以其灵活简易的特点成为解决简单问题的重要方式。直放站不需要基站设备和传输设备，安装简便灵活，设备型号也丰富多样，因此在移动通信中正扮演着越来越重要的角色。

4. 信号源的选择

室内覆盖系统信号源的选择原则如下。

1）在信号杂乱且不稳定的室内无线环境中，避免使用室内直放站引入基站信号，代之以微蜂窝作为信号源。例如，在开放型的高层建筑中，通常选择微蜂窝作为室内分布系统的信号源来达到抑制干扰、保证通话质量的目的。

2）在室内信号较弱或为覆盖盲区的环境中，如果通过定向天线可以取得较纯净且稳定的基站信号的条件下，就可以考虑采用直放站作为室内分布系统的信号引入设备。用户多的采用大容量的直放站，用户少的采用小容量的直放站，但必须考虑宿主基站的容量和直放站对室外覆盖的干扰问题。

3）在室内用户集中、话务拥塞的条件下，又不便通过增加室外宏基站的容量和数量的方式来解决问题，就可以考虑通过建设大容量的微蜂窝室内分布系统来分流话务量，以改善用户的通信质量。

4）对于话务需求量不大、面积较小的场所，宜采用直放站作为信源引入设备、同轴电缆作为信号传送媒介的无源系统方案，既保证覆盖效果，又节约投资。

5）对于话务需求量大的大型场所，如商场、机场、火车站、汽车站、展览中心、会议中心等，宜直接选用微蜂窝作为室内分布系统的信号源。

6）对于通信质量要求特别高的高档酒店、写字楼、政府机构等场所，可以考虑采用微蜂窝基站作为信号源的光纤分布系统或是射频电缆分布的系统方案，以保证高质量的覆盖效果。

7.4.3 信号分布系统

室内覆盖系统中的信号分布系统根据传输媒介可分为射频无源分布系统、射频有源分布系统、光纤分布系统、泄露电缆分布系统。下面逐一详细介绍。

1. 射频无源分布系统

射频无源分布系统主要由分/合路器、功分器、耦合器、馈线、天线组成。无源系统中的所有器件在工作时都不需要配电源设备，因此故障率低，可靠性高，几乎不需要维护，且容易扩展。但信号在馈线及各器件中传递时产生的损耗无法得到补偿，因此覆盖范围受信号源输出功率的影响较大。当信号源输出功率大时，无源系统可应用于大型室内覆盖工程，如大型写字楼、商场、会展中心等；当信号源输出功率较小时，无源系统仅应于小范围区域覆盖，如小的地下室、超市等。射频无源分布系统示意图如图 7-10 所示。

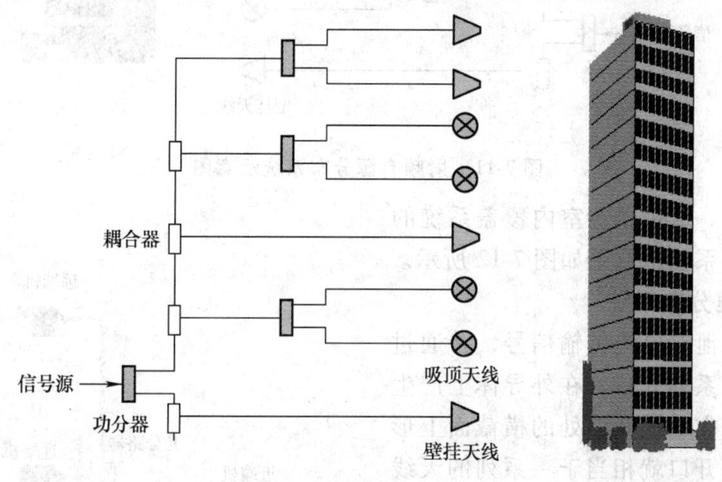

图 7-10 射频无源分布系统示意图

2. 射频有源分布系统

射频有源分布系统主要由干线放大器、功分器、耦合器、馈线、天线组成。其中的干线放大器为有源设备，可以有效补偿信号在传输中的损耗，从而延伸覆盖范围，受信号源输出功率影响较小。射频有源分布系统广泛应用于各种大中型室内覆盖系统工程，其示意图如图 7-11 所示。

在使用干线放大器时，要考虑噪声系数、互调、带内平坦度、增益、输出功率等指标，应避免干线放大器的多级串联而引起信噪比的下降。一般最多接入的干线放大器不超过 5 台。干线放大器的引入，除了设备本身的指标外，系统的调测也非常重要，特别要注意上、下行的平衡问题。一般上行衰减要比下行衰减多 3 ~ 8dB，应尽可能降低对系统上行噪声的抬升。目前的干线放大器一般都具备自动电平控制功能（ALC）功能，在调测时要注意，比如 10W 干线放大器最大输出功率为 40 ± 1dBm，应将下行 ALC 门限设置为 39dBm，目的是为了保证下行的线性输出，上行的设置方法同下行。

3. 光纤分布系统

光纤分布系统是采用光纤作为传输介质的，由近端机、远端机、光分/合路器件、天馈器件等组成。由于光纤损耗小，适合于长距离传输，所以该系统被广泛应用于大型写字楼、

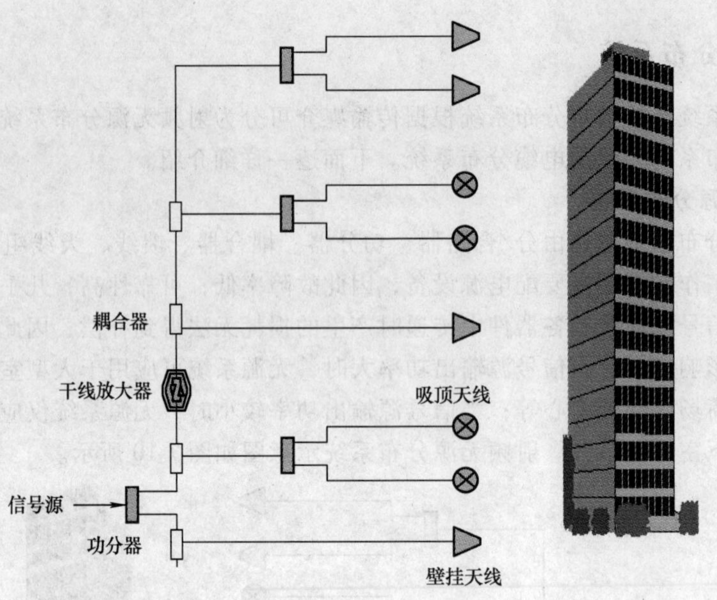

图 7-11　射频有源分布系统示意图

酒店、地下隧道、居民楼等室内覆盖系统的建设。光纤分布系统示意图如图 7-12 所示。

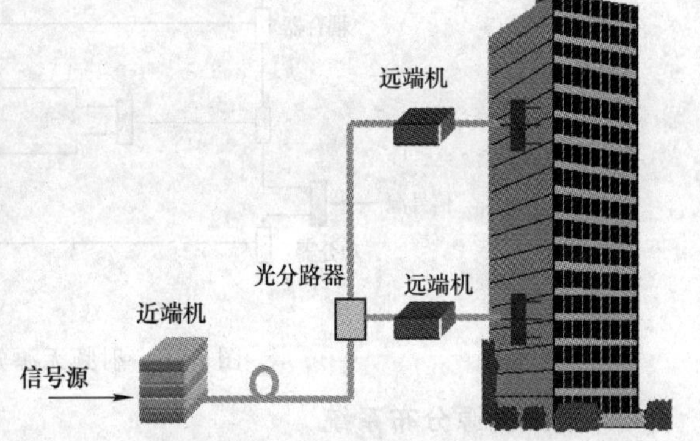

图 7-12　光纤分布系统示意图

4. 泄露电缆分布系统

信号源通过泄漏电缆传输信号，并通过电缆外导体的一系列开口，在外导体上产生表面电流，从而在电缆开口处的横截面上形成电磁场，这些开口就相当于一系列的天线起到信号的发射和接收作用。它适用于隧道、地铁、长廊等地形。

总的来说，信号分布系统要根据覆盖区域的具体情况，组合无源、有源、光纤、泄漏等方式，进行综合性的设计。在实际使用中，室内覆盖系统可使每个微蜂窝覆盖范围增至几十层楼左右。如果加装干线放大器，覆盖范围就还可大幅度增加。

7.4.4　功率分配设计

在信号分布系统中的功率分配单元是由电缆、功分器、定向耦合器、天线等无源器件组成的。功率分配设计主要是考虑功率分配问题，即如何以最低能量损耗，将信号源功率合理地分配到每个天线上。因此，功率分配器件的选择和组合是设计的关键。

1. 功率分配器件的选择

（1）功分器

功分器的全称是功率分配器，是一种将一路输入信号能量均分成两路或多路输出的器件，也可反过来将多路信号合成一路输出（此时可也称为合路器）。一个功分器在输出端口之间应保证一定的隔离度。功分器的主要技术参数有功率损耗（包括插入损耗、分配损耗和反射损耗)、各端口的电压驻波比以及功率分配端口间的隔离度、功率容量和频带宽度等。

(2) 定向耦合器

定向耦合器是一种通用的射频器件，它的本质是将射频信号按一定比例进行功率分配。

功分器、耦合器在功率分配单元中用于信号功率的合路或分路。在运用时，除了选择合适的功分器和不同耦合度的耦合器外，还应注意以下几点。

1) 选用插入损耗小的器件，以避免不必要的功率损耗。

2) 器件驻波比要小于1.5。

3) 考虑承受功率、阻抗、接头类型和工作频段。

(3) 射频电缆

射频电缆在室内覆盖系统中用于进行高频能量的传输。其电气性能的优劣、机械性能的好坏，对室内覆盖系统的效果影响很大，特别是射频电缆在室内覆盖系统中使用量很大，占整个工程造价的比例较高。因此，选择合适的射频电缆，使系统达到最佳性价比，是设计中需认真考虑的问题。

在室内覆盖系统工程中，常用的射频电缆是波纹铜管电缆。这种电缆较易弯曲，一般尺寸较大，损耗低，电气性能优越。

电缆尺寸的选择主要看使用场合，在需要覆盖面积大、走线长的地方，需选用直径粗的电缆；在覆盖面积小、走线短的地方，可以选择直径细的电缆。在工程中常用的电缆尺寸有8D、1/2″、7/8″这3种。1/2″电缆可用做主干线和支线传输电缆；在施工条件允许情况下，7/8″电缆可用做主干线传输电缆；8D电缆因为损耗大，在工程中仅作为跳线用。在室内，电缆一般在吊顶棚上走线，为了防火安全，应该选用阻燃电缆。

(4) 天线

室内用的覆盖天线都是低功率天线，设计时应根据安装位置和功能来选用不同型号的天线。全向、定向吸顶天线可安装在室内吊顶上；锥状对数天线、八木天线可以安装在电梯井道内；壁挂天线安装在墙壁或柱子上。选用天线除了考虑其工作频段、增益大小、阻抗、驻波比等指标外，还应该考虑外观造型是否别致以及与室内装修是否配套协调。

2. 功率分配器件的技术指标

1) 射频电缆。使用7/8″电缆时，损耗 < 4dB/100m。使用1/2″电缆时，损耗 < 8dB/100m。使用8D电缆时，损耗 < 14dB/100m。

2) 功分器。使用4功分器时，损耗 < 7dB。使用3功分器时，损耗 < 5dB。使用2功分器时，损耗 < 3.5dB。

3) 定向耦合器。使用耦合度为5dB的耦合器时，插入损耗为2.2dB。使用10dB耦合器时，插入损耗为0.7dB。使用15dB耦合器时，插入损耗为0.5dB。使用20~30dB耦合器时，插入损耗为0.3dB。

4) 天线。吸顶天线增益为2dB，壁挂式天线增益为7dB，八木天线增益为10dB。

3. 功率分配设计举例

(1) 无源功率分配单元设计

例如：某室内覆盖项目，一、二层是餐厅，三层是办公室，各区域需要安装的位置、天线到主干线的馈线长度如图7-13所示。各天线口馈入功率要求在10dBm左右，试进行功率分配单元设计和功率计算。

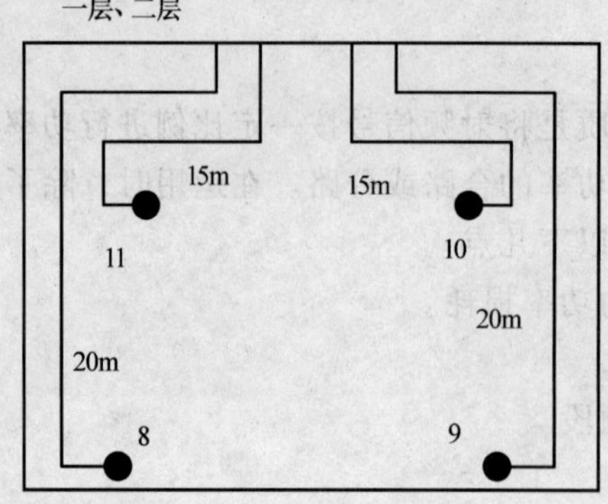

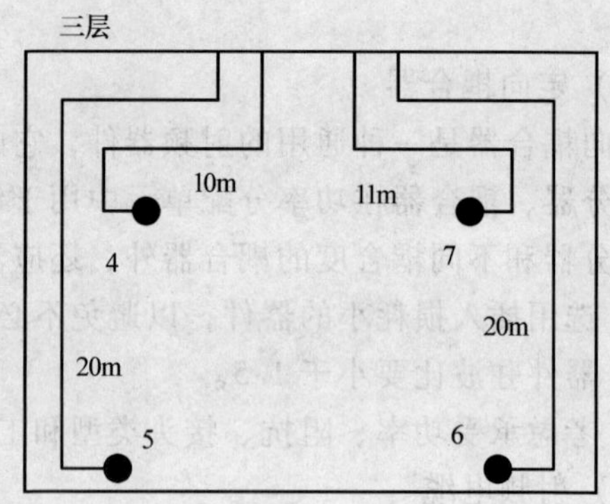

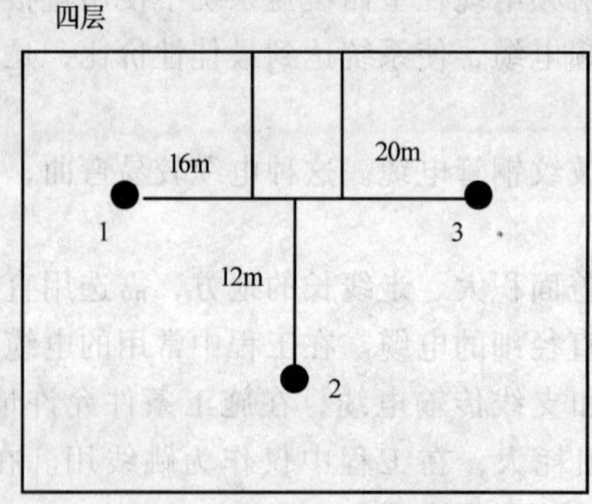

● 代表天线

图 7-13　天线安装位置平面图

首先，应估算各区域需要的功率。第一、二层共 8 副天线，若每副天线要求馈入功率为 10dBm（即 10mW），则该区域需要功率 80mW；第三层共 4 副天线，若每副为 10dBm，则该区域需要功率 40mW；第四层 3 副天线，每副为 10dBm，则该区域需要功率 30mW。4 层共需要功率 150mW（约 22dBm），再加上馈线、功分器、耦合器的插入损耗，估算约为 5 dB，则总功率需要 27dBm（=22+5），因此，信号源接入应按 27dBm 考虑。

其次，选用器件。馈线应选用 1/2″射频电缆；耦合器应选用 10dB 一只，5dB 两只；功分器应选用 2 功分三只，3 功分一只，4 功分两只；天线应选用吸顶天线 15 付。

该项目无源功率分配单元设计图如图 7-14 所示。

天线口的功率按下式计算：

P_{ANT} = 信号源输出功率 − 射频电缆功率 − 耦合器损耗 − 功分器插入损耗 − 接头损耗

其中，接头损耗按 0.05dB 计算。将各器件的有关数值代入上式，可分别得出各天线口的功率：

P_{ANT1} = 信号源输出功率 − 30m 射频电缆功率 − 10dB 耦合器耦合系数 − 3 功分器插入损耗 − 6 接头损耗

= (27 − 0.08 × 30 − 10 − 5 − 0.05 × 6) dBm = 9.3dBm

P_{ANT4} = 信号源输出功率 − 30m 射频电缆功率 − 10dB 耦合器插入损耗 − 5dB 耦合器耦合系数 ×2 − 2 功分器插入损耗 − 10 接头损耗

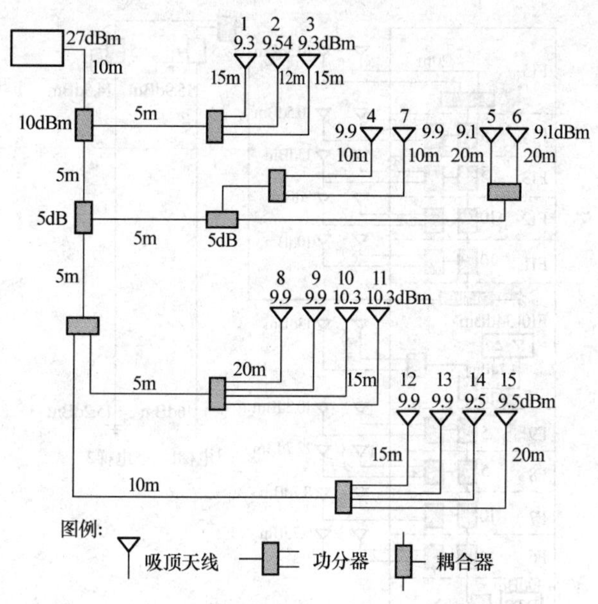

图 7-14　无源功率分配单元设计图

$= (27 - 0.08 \times 30 - 0.7 - 5 \times 2 - 3.5 - 0.05 \times 10)\ \text{dBm} = 9.9\text{dBm}$

用同样方法可以计算出其余 13 副天线口的功率。由图 7-14 上标出的结果看出，基本上每副天线馈入口功率都在 10dBm 左右，因此，该功率分配单元设计满足要求。

天线口功率和天线数量应根据不同覆盖区域所要求的边缘场强进行合理分配，同时，考虑电磁波对人体的影响，一般设计室内覆盖系统天线口功率在 0 ~ 10dBm 左右。

（2）有源功率分配单元设计

例如：某写字楼共 15 层，每层安放两副吸顶天线，两部电梯需要租盖，信号源为微蜂窝基站，输出功率为 30dBm/CH，机房设在 F5 层。电梯覆盖采用在电梯井道内安放八木天线方式，要求每副天线口馈入功率在 10dBm 左右（电梯内天线除外）。

根据覆盖要求，微蜂窝功率带 34 副天线，用无源分配单元显然功率是不够的。通过计算需要在 F10 层处加一台干线放大器来提升功率。图 7-15 所示是写字楼室内覆盖系统的有源功率分配单元设计图。

每副天线口馈入功率的计算可仿照前例。注意，天线到主干线口馈线长度均为 20m，损耗约 1.5dB。楼层高为 3.5m，馈线损耗按 0.3dB 计算。

有源功率分配单元设计时应注意以下几个问题。

1）设计干线放大器下行输入口接入电平应在 0dBm 左右，增益设计应专虑在多载频使用时的余量。例如选用干放额定输出功率 33dBm/CH，当微蜂窝使用 4 个载颇时，干线放大器的输出功率应为 30dBm/CH。

2）当系统需用多台干线放大器时，干线放大器只能并联运用，不能串联，这样使系统上行噪声减至最小。

3）在设计放大器时，下行应考虑其最大输出功率、增益和三阶互调。随着载频数的增加，放大器产生的三阶互调产物也将随之增加，此时需要提高功放指标，上行主要考虑选用低噪声系数放大器。

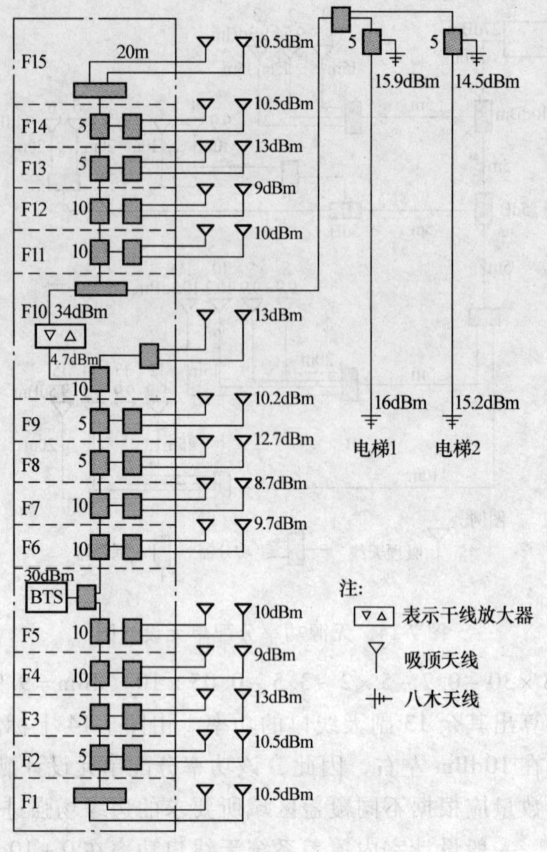

图 7-15　有源功率分配单元设计图

4）信号源基站的位置应选在覆盖范围的中部，这样信号源功率往各方向分配时，线路损耗相差较少。

7.5 小结

直放站是随着移动通信的发展而出现的一种无线通信设备。直放站的应用在第一代模拟移动通信网建立时就已经开始，但大量应用是近两年的事情。目前，直放站已经成为无线网络覆盖中的重要设备。直放站是由施主天线、直放机和覆盖天线组成的。其中，直放机没有基带处理电路，不解调无线信号，没有容量扩展，仅仅是双向中继和放大无线信号。直放站的分类方式有多种，从系统体制来分有 GSM 直放站、CDMA 直放站、3G 直放站；从安装场所来分有室外直放站、室内直放站；从信号带宽来分有宽带直放站、选频直放站；从传输方式来分有同频直放站、移频直放站及光纤直放站。直放站典型的应用场景有交通沿线的覆盖，偏远地区的乡镇覆盖，地形起伏遮挡区域覆盖，隧道、地铁内的覆盖，临时性会议地点的应急覆盖，开阔地域的覆盖等。

直放站的技术指标主要有工作频带、输出功率、设备增益、带内平坦度、线性特性、隔离度及底部噪声。在大量应用直放站后，也随之出现了一些干扰，如对基站的干扰、边带干扰、三阶互调干扰等。直放站的应用效果可以采用主观判断法、仪表判断法或使用路测仪来评定。直放站在整个移动通信网络中只是一种补充，其在网络中应用性能的好坏及对整个网络的影响，更多是依靠工程技术人员在设计、安装、调试等各个环节中的把握。

为有效提高移动网网络运行、维护和服务水平，减少维护成本，建设直放站集中监控管理系统势在必行。直放站集中监控管理系统一般以省级为单位建设，立足于对全省的直放站实行“集中控制，统一监管”。从管理功能上，直放站集中监控管理系统必须实现如下基本的管理功能，即拓扑管理与网络监控、配置管理与配置统计分析、告警监控及故障管理、报表管理与自定义报表、操作管理、定时轮巡、系统自身管理、安全管理。在省级网管中心建设一套省监控中心，监控中心提供通过短信网关（SMG）与短消息业务中心（SMSC）的连接；各直放站和监控中心还可采用无线数据传输的方式交互信息。

对室内覆盖系统的建设，可以较为全面地改善建筑物内的通话质量，提高移动电话接通率，开辟出高质量的室内移动通信区域。室内覆盖系统主要由信号源和信号分布系统两部分构成，系统通过信号源接收基站信号，再通过信号分布系统将基站信号传送到室内的每一个区域，最后通过小型天线发射基站信号，从而达到消除室内覆盖盲区、抑制干扰的目的。室内覆盖系统的信号源按接入方式可分为以下3种，即宏蜂窝方式、微蜂窝方式、直放站方式。室内覆盖系统中的信号分布系统根据传输媒介可分为射频无源分布系统、射频有源分布系统、光纤分布系统、泄露电缆分布系统。信号分布系统中的功率分配单元是由电缆、功分器、定向耦合器、天线等无源器件组成的。功率分配设计主要应考虑如何以最低能量损耗，将信号源功率合理地分配到每个天线上。

7.6 习题

1. 为什么要在移动通信网络中引入直放站？
2. 试叙述同频无线直放站的工作原理。
3. 试比较同频直放站和移频直放站各自的利弊。
4. 直放站是否应考虑接地和避雷设施？
5. 在建设基站时怎样防止“乒乓效应”的出现？
6. 怎样提高直放站的隔离度？
7. 为什么直放站要采用集中监控系统？
8. 直放站接入监控中心的方式有哪几种？
9. 什么地方需要室内覆盖？
10. 对信号源的提取，除了微蜂窝和直放站方式以外，还有没有其他方式？
11. 在设计室内覆盖系统时，如何计算出信号的传输损耗？
12. 信号分布有哪几种方式？各有什么优点？
13. 无源分布和有源分布有什么区别？
14. 为什么有时手机显示信号很强却无法接通？
15. 什么是“上、下行平衡”？
16. 在设计室内覆盖系统时，应遵循哪些原则？
17. 如何减小信号的传输损耗？

参考文献

[1] 章坚武．移动通信［M］．西安：西安电子科技大学出版社，2003

[2] 曹达仲，侯春萍．移动通信原理、系统及技术［M］．北京：清华大学出版社，2004.

[3] 严常清．移动通信原理与系统［M］．重庆：重庆大学出版社，2002.

[4] 郭梯云，邬国扬，李建东，等．移动通信［M］．西安：西安电子科技大学出版社，2000.

[5] 邱玉辉．移动通信原理与系统［M］．重庆：西南师范大学出版社，2000.

[6] 韦惠民，李白萍，等．蜂窝移动通信技术［M］．西安：西安电子科技大学出版社，2002.

[7] 韩斌杰，杜新颜，张建斌．GSM 原理及其网络优化［M］．北京：机械工业出版社，2009.

[8] 吕捷．GPRS 技术［M］．北京：北京邮电大学出版社，2001.

[9] 竺南直，肖辉，刘景波．码分多址（CDMA）移动通信系统［M］．北京：电子工业出版社，1999.

[10] 苏华鸿．蜂窝移动通信射频工程［M］．北京：人民邮电出版社，2005.

[11] 李世鹤．TD－SCDMA 第三代移动通信系统标准［M］．北京：人民邮电出版社，2003.

[12] 王卫东，高鹏，张英海．第 3 代移动通信系统设计原理与规划［M］．北京：电子工业出版社，2007.

[13] 刘宝玲，付长东，张铁凡．3G 移动通信系统概述［M］．北京：人民邮电出版社，2008.